单片机原理与应用

曹慧亮　主编

U0305723

中国水利水电出版社
www.waterpub.com.cn
·北京·

内 容 提 要

本书围绕 MCS-51 这一经典单片机讲解了单片机开发的思想和方法,原理和应用并重,从实用的角度介绍了单片机的应用技术。本书内容涵盖了 MCS-51 单片机的结构与工作原理、指令系统、汇编语言程序设计、中断系统等。

全书结构合理,条理清晰,内容丰富,可作为高等院校电气信息类相关专业学生的教材,也可以作为从事单片机应用系统研发工作的工程技术人员的参考书。

图书在版编目(CIP)数据

单片机原理与应用 / 曹慧亮主编. —北京:中国水利水电出版社,2019.3 (2024.1重印)

ISBN 978-7-5170-7552-3

Ⅰ. ①单… Ⅱ. ①曹… Ⅲ. ①单片微型计算机－高等学校－教材 Ⅳ. ①TP368.1

中国版本图书馆 CIP 数据核字(2019)第 056779 号

书　　名	单片机原理与应用 DANPIANJI YUANLI YU YINGYONG
作　　者	曹慧亮　主编
出版发行	中国水利水电出版社 (北京市海淀区玉渊潭南路 1 号 D 座 100038) 网址:www.waterpub.com.cn E-mail:sales@waterpub.com.cn 电话:(010)68367658(营销中心)
经　　售	北京科水图书销售中心(零售) 电话:(010)88383994、63202643、68545874 全国各地新华书店和相关出版物销售网点
排　　版	北京亚吉飞数码科技有限公司
印　　刷	三河市华晨印务有限公司
规　　格	170mm×240mm　16 开本　20.75 印张　372 千字
版　　次	2019 年 6 月第 1 版　2024 年 1 月第 3 次印刷
印　　数	0001—2000 册
定　　价	98.00 元

前　言

　　单片机(微控制器)是 20 世纪 70 年代中期发展起来的一种面向控制的大规模集成电路模块,具有体积小、价格便宜、控制功能强、性能稳定等优点,其开发应用在工业测控、机电一体化、办公自动化、家用电器、航天航空、军事装置等多领域占有重要地位。

　　目前,新型单片机的功能越来越多,速度也越来越快,但 MCS-51 系列单片机仍是国内应用最广泛的一种 8 位单片机。经过多年的推广与发展,MCS-51 系列单片机形成了一个规模庞大、功能齐全、资源丰富的产品群。随着嵌入式系统、片上系统等概念的提出和普遍应用,MCS-51 系列单片机的发展又进入了一个新的阶段。近年来,基于 MCS-51 系列单片机的嵌入式实时操作系统的出现与推广,表明 MCS-51 系列及其衍生型单片机将在今后很长一段时间内占据嵌入式系统产品的低端市场。

　　本书在编写方面主要有以下特点:

　　(1)力求做到难易适当、深入浅出,融会贯通。

　　(2)在基本概念、原理理论及分析方法的基础上,突出单片机的实践性。

　　(3)案例丰富,在重点和难点内容上精选最新范例,保证理论与实际结合,务求实用。

　　本书围绕 MCS-51 这一经典单片机系列讲解了单片机开发的思想和方法,原理和应用并重,从实用的角度介绍了单片机的应用技术。全书共分 10 章,主要内容包括:单片机及其仿真软件概述、MCS-51 单片机的结构与工作原理、MCS-51 单片机的指令系统、MCS-51 单片机的汇编语言程序设计、MCS-51 单片机的中断系统、MCS-51 单片机的定时器/计数器、MCS-51 单片机的串行接口通信、MCS-51 单片机系统的扩展、MCS-51 单片机接口技术、单片机应用系统的设计等。

　　本书在编写过程中,参考了大量有价值的文献与资料,吸取了其中的宝贵经验,在此向这些文献的作者表示敬意。此外,本书的编写还得到了中国水利水电出版社领导和编辑的鼎力支持和帮助,同时也得到了学校领导的支持和鼓励,在此一并表示感谢。由于编者自身水平有限,书中难免有错误和疏漏之处,敬请广大读者和专家给予批评指正。

编　者

2019 年 2 月

目　录

第1章 单片机及其仿真软件概述

1.1 单 片 机

1.1.1 单片机的概念

一般地，一台能够工作的计算机主要由 CPU(中央处理器)，RAM(随机存储器)，ROM(只读存储器)，I/O 设备(串行口、并行输出口)等几大部分构成。另外，还有显卡、声卡、网卡等。在个人计算机上，这些部分被分成若干块芯片，安装在一个称为主板的印刷线路板上，如图 1-1 所示。

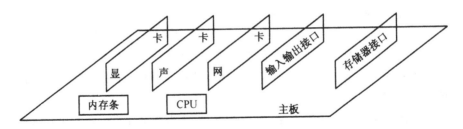

图 1-1　计算机部件构成图

将个人计算机应用于工业时，由于被控对象种类繁多，不可能设计一款通用计算机，必须根据特定场合、特定应用对通用计算机的各部分进行取舍以得到最合适的嵌入式计算机系统。这就得到了最早的单片机模型——单板机，单板机将 CPU、存储器和必要的 I/O 设备设计在一张印刷电路板上。

单片机是一种计算机，它将中央处理器(CPU)、存储器(RAM、ROM、EPROM)和各种输入、输出接口以及某些专用外围设备等电路集成在一块芯片上，称为单片微型计算机，简称单片机。

单片机内部含有计算机的基本功能部件，典型的单片机内部结构如图 1-2 所示。

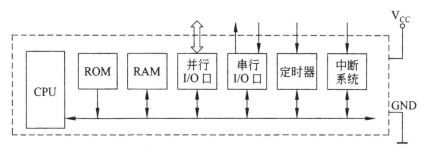

图 1-2　典型的单片机内部结构

1.1.2　单片机的分类

1.1.2.1　按用途分类

单片机按其用途可分为通用型和专用型两大类。

（1）通用型单片机。通用型单片机是一种基本芯片，它将可开发资源，如存储器、I/O 出接口等全部提供给设计者和使用者，使用者可根据自身实际情况，设计成不同的控制系统。

（2）专用型单片机。专用型单片机是针对某一产品的特殊功能而设计的，其硬件结构和指令程序均针对某一特定的应用场合而专门设计，功能单一。如电度表和 IC 卡读写器上的单片机，以及 DVD 控制器和数码摄像机控制芯片等。

通常所说的和本书所介绍的单片机是指通用型单片机。随着单片机应用的进一步推广和深入，各种专用型单片机芯片将会越来越多，成为今后单片机发展的重要方向。

1.1.2.2　按数据总线的位数分类

单片机按其数据总线的位数可分为 4 位、8 位、16 位、32 位单片机。

（1）4 位单片机。4 位单片机的控制功能不强，通常用于各种规模较小的家用电器、电子玩具等控制器类消费产品。

（2）8 位单片机。8 位单片机的控制功能较为出色，且品种繁多，应用广泛。8 位单片机的分类示意图如图 1-3 所示。

（3）16 位单片机。16 位单片机具有很强的数值运算能力和较快的反应速度，常用在实时控制、实时处理的系统中。

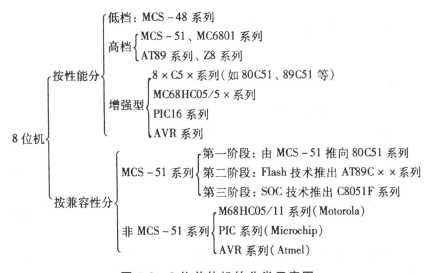

图 1-3　8 位单片机的分类示意图

（4）32 位单片机。32 位单片机具有极高的运算速度，是单片机发展的趋势，多用于嵌入式系统，应用前景广泛。

1.1.2.3　按总线结构分类

单片机按其总线结构可分为总线型单片机和非总线型单片机两大类。

（1）总线型单片机。总线型单片机是指配置有完整并行总线的单片机。常见的总线型单片机为 89C51 单片机，它的配置完整，提供有并行数据总线、16 位地址线以及相应的控制线 $\overline{WR}$、$\overline{RD}$、$\overline{PSEN}$、ALE、$\overline{EA}$ 等。

（2）非总线型单片机。常见的非总线型单片机是与 89C51 相同系列的非总线型单片机 89C1051/2051 单片机中，省略了并行总线和相应的控制信号线，数据总线位数减少，芯片成本下降，故又称为廉价型单片机。非总线型单片机无法扩展外部并行接口器件，但可采用串行方式进行扩展。

1.1.2.4　按应用领域分类

单片机按其应用领域可分为家电类、工控类、通信类、个人信息终端（Personal Digital Assistant，PDA）类等。这些不同领域对单片机应用系统有不同的要求。例如，小家电要求小型价廉，PDA 则要求大容量存储、大屏幕 LCD 显示、极低功耗等。

1.1.3 单片机的应用系统

1.1.3.1 单片机应用系统的分类

单片机与普通的微机相比不但具有体积小、功耗低、价格便宜等优点，近年来还开发了一些以单片机母片为核心，在片中嵌入更多功能的专用型单片机(又称专用微控制器)，因此单片机在计算机控制领域中应用越来越广泛，已成功地应用在智能仪表、机电设备、过程控制、数据处理、自动检测和家用电器等各个领域。在国内，尽管开发与应用单片机的时间并不长，但已收到了明显的成效，目前单片机的产量已占微机(包括一般的微处理器)产品的 80％以上。

单片机与微型计算机的区别在于单片机通常是为应用系统而设计的，本身一般不具有自我开发和编程的能力，因此必须借助于开发工具来开发。单片机最突出的特点是可根据应用场合及系统功能要求不同而进行扩展，因此，单片机的应用系统大致可分为基本系统和扩展系统两种类型。

(1) 基本系统。单片机基本系统中，单片机外部没有程序存储器、数据存储器或 I/O 接口等扩展部件，仅仅是由 ROM 型或 EPROM 型单片机构成的应用系统，基本系统结构如图 1-4 所示。

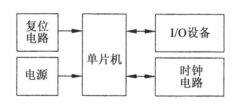

图 1-4　单片机基本系统结构

(2) 扩展系统。单片机扩展系统主要是为了满足一些应用系统的特殊需要，对系统进行扩展设计以弥补单片机内部资源的不足。单片机的扩展系统通过并行 I/O 接口或串行接口作总线，在外部扩展了程序存储器、数据存储器或 I/O 口及其他功能部件，扩展系统结构如图 1-5 所示。

1.1.3.2 单片机应用系统的层次结构

为实现某一应用需要，由用户设计的以单片机为核心，配以控制、输入、输出、显示等外围电路的系统，称为单片机系统。单片机是典型的嵌入式系统，只能作为嵌入式应用，即嵌入到对象环境、结构、体系中作为其中的一个智能化控制单元,如空调、洗衣机、电冰箱、微波炉、DVD 播放机等家用电器的控制器。

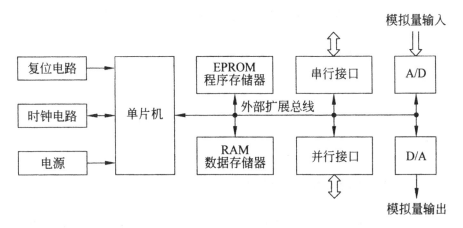

图 1-5　单片机扩展系统结构

单片机应用系统结构通常分为单片机、单片机系统、单片机应用系统 3 个层次。其层次结构如图 1-6 所示。

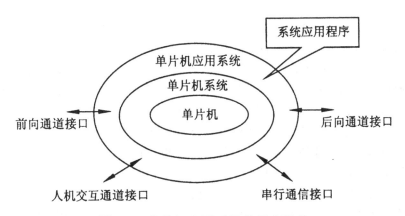

图 1-6　单片机应用系统的层次结构

单片机应用系统是满足嵌入式对象要求的全部电路系统,它在单片机系统的基础上配置了面向对象的接口电路,主要包括:

(1) 前向通道接口电路。它是应用系统面向检测对象的输入接口。通常是各种物理量的传感器、变换器输入通道。根据电量输出信号的类型(如小信号模拟电压、大信号模拟电压、开关信号、数字脉冲信号等)的不同,其接口电路也不同。通常有信号调理器、A/D 转换器、开关输入、频率测量接口等。

（2）后向通道接口电路。它是应用系统面对控制对象的输出接口,根据伺服控制要求,通常有数字/模拟转换器、开关输出、功率驱动接口等。

（3）人机交互通道接口电路。人机交互通道接口是满足应用系统人机交互需要的电路,例如,键盘、显示器、打印机等 I/O 接口电路。

（4）串行通信接口。串行通信接口是满足远程数据通信或构成多机网络系统的接口,例如,标准的 RS-232C、RS-422/485 以及现场总线接口等。

单片机应用系统是最终产品的目标系统,除了硬件电路外,还须嵌入系统应用程序。

1.1.4　单片机的应用模式

按应用系统的体系结构划分,单片机系统的应用模式大致分为通用型应用模式和专用型应用模式。在通用型应用模式中又分为总线应用模式、非总线应用模式和总线型的非总线应用模式。

1.1.4.1　通用型应用模式

通用型应用模式中使用通用型单片机,应用系统中所需要的外围接口电路可通过并行总线或串行总线扩展。

（1）总线应用模式。这种模式使用的是总线型单片机。外围接口电路可通过并行总线和串行总线进行扩展,如图 1-7（a）所示。并行扩展时电路较复杂,但它能满足必须使用并行接口的外围器件扩展要求。

（2）非总线应用模式。这种模式使用非总线型单片机,如图 1-7（b）所示。所有外围器件都通过串行总线扩展。单片机引脚数量较少,I/O 接口数量不多,常用在一些小型应用系统中。

（3）总线型的非总线应用模式。这种模式仍使用总线型单片机,但并行总线不用于扩展外围器件,将这些总线引脚作为 I/O 接口使用。所需的外围器件都通过串行总线扩展,如图 1-7（c）所示。使用这种方式可获得较多的 I/O 接口线,通过串行扩展也可简化系统电路。

1.1.4.2　专用型应用模式

专用型应用模式中使用专用型单片机,将应用系统所需要的接口电路都集成在单片机中,如图 1-8 所示。应用系统电路简单,只有一些无法集成到单片机内部的外部设备及周边器件。

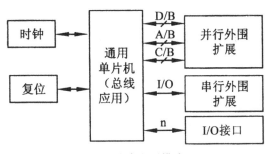

（a）总线应用模式

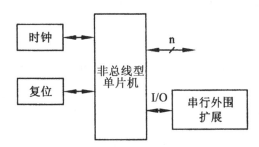

（b）非总线应用模式

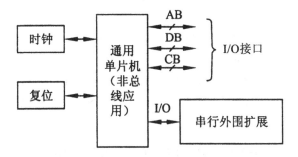

（c）总线型的非总线应用模式

图 1-7   通用型应用模式

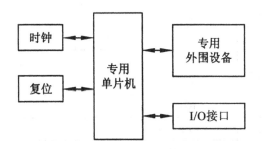

图 1-8   专用型应用模式

1.1.5　单片机的发展历程及方向

单片机的发展经历了4个阶段:初级阶段、技术成熟阶段、发展和推广阶段、单片机百花齐放阶段。

1.1.5.1　单片机的发展历程

(1)初级阶段(1974—1976年)。在这一阶段,单片机的功能和结构都比较简单,芯片内只包含了8位的CPU、64字节的随机读写数据储存器RAM和2个并行(I/O)接口。由于受制造水平和工艺的限制,芯片采用了双片结构,还需要外接一个内含ROM、定时器/计数器和并行I/O接口电路的芯片才能构成一台完整的单片微型计算机,还没有形成真正意义上的单片机。

(2)技术成熟阶段(1976—1980年)。在这一阶段中,单片机的性能和结构都有所提高和改进,但性能仍然比较低。因此也将这一阶段的单片机称为低性能单片机阶段。从该阶段单片机技术开始走向成熟的阶段。

尽管这一阶段单片机的性能仍然较低,但随着超大规模集成电路制造水平和工艺的进步,形成了真正的单片结构。典型的代表是美国Intel公司于1976年推出的MCS-48系列单片机,开辟了单片机的市场,促进了单片机技术的迅猛发展和进步。这一系列单片机的基本型产品为8048,其内含8位的CPU、64字节的RAM数据储存器、1 KB的ROM程序储存器、一个8位的定时器/计数器和27根I/O接口线,MCS-48系列单片机的型号和性能见表1-1。

表1-1　MCS-48系列单片机的型号和性能

型号	CPU	ROM	RAM/B	定时器/计数器	I/O接口线
8035AHL	8位	无	64	1×8位	15
8039AHL	8位	无	128	1×8位	15
8040AHL	8位	无	256	1×8位	15
8048AH	8位	1 KB	64	1×8位	27
8049AH	8位	2 KB	128	1×8位	27
8050AH	8位	4 KB	256	1×8位	27
P8748H	8位	1 KB EPROM	64	1×8位	27
P8749H	8位	2 KB EPROM	128	1×8位	27

从表 1-1 中可以看到，P8748H 和 P8749H 是片内 ROM 采用了 EPROM 形式的 8048AH 和 8049AH，从这一阶段开始可以方便地改写控制程序。

（3）发展和推广阶段（1980—1983 年）。在这一阶段单片机技术更加成熟，性能有了很大的提高，虽然 CPU 仍然是 8 位，但时钟频率已经提高到了 12 MHz。芯片内 ROM 最大可达到 8 KB，并开始普遍应用 EPROM，寻址范围达到了 64 KB，芯片内 RAM 的存储量最小也达到了 128 字节，I/O 接口线的数量也达到了 32 根，因此又将这一阶段称为高性能单片机阶段。

这一阶段典型的代表是 Intel 公司于 1980 年推出的 MCS-51 系列单片机，MCS-51 系列单片机部分产品的型号和性能见表 1-2。

表 1-2　MCS-51 系列单片机部分产品的型号和性能

型号		CPU	ROM	RAM/字节	定时器/计数器	I/O 接口线
8051	8031AH	8 位	无	128	2×16 位	32
	8051AH	8 位	4 KB	128	2×16 位	32
	8051BH	8 位	4 KB	128	2×16 位	32
	8751AH	8 位	4 KB EPROM	128	2×16 位	32
	8751BH	8 位	4 KB EPROM	128	2×16 位	32
8052	8032BH	8 位	无	256	3×16 位	32
	8052BH	8 位	8 KB ROM	256	3×16 位	32
	8752BH	8 位	8 KB EPROM	256	3×16 位	32
80C51	80C31BH	8 位	无	128	2×16 位	32
	80C51BH	8 位	4 KB ROM	128	2×16 位	32
	80C51BHP	8 位	4 KB ROM	128	2×16 位	32
	87C51	8 位	4 KB EPROM	128	2×16 位	32
	83C51FA	8 位	8 KB ROM	256	3×16 位	32
	87C51FA	8 位	8 KB EPROM	256	3×16 位	32

对比表 1-1 和表 1 2 不难看出，代表着单片机两个发展阶段的典型产品中，MCS-51 系列在性能方面有所提高。

虽然在 20 世纪 90 年代后期，美国 Intel 公司已经开始逐步退出单片机市场，但 MCS-51 系列单片机的核心技术仍然是多家单片机研发和生产公司竞相采用的内核技术。MCS-51 系列单片机的核心技术主要指逻辑运算、算术运算及其相关部件的设计技术。

（4）单片机百花齐放阶段（1983 年至今）。这一阶段出现了形形色色各种型号各种用途的单片机数百种，呈现百花齐放态势。常见的 51 系列单片机，具有存量大，资料多，使用方便的特点；PIC 系列单片机具有低工作电压，低功耗，较大的驱动能力的特点，其市场占有率仅次于 51 系列单片机；68HC05 系列单片机是 Freescale 产品，其特点是在同样的速度下所用的时钟频率较 Intel 类单片机低得多，因而使得其高频噪声低，抗干扰能力强，更适合于工控领域及恶劣的环境；AVR 系列单片机、89 系列单片机具有高速处理能力，在一个时钟周期内可执行复杂的指令；ARM 系列单片机常用于高端嵌入式系统的开发。

1.1.5.2　单片机的发展方向

纵观单片机的发展过程，可以预测单片机的发展趋势，大致如下[①]。

（1）低功耗 CMOS 化。MCS-51 系列的 8031 推出时的功耗达 630 mW，而现在的单片机普遍都在 100 mW 左右，随着对单片机功耗要求越来越低，现在的各个单片机制造商基本都采用了 CMOS（Complementary Metal Oxide Semiconductor，互补金属氧化物半导体工艺）。如 80C51 就采用了 HMOS（High performance Metal Oxide Semiconductor，即高密度金属氧化物半导体工艺）和 CHMOS（互补高密度金属氧化物半导体工艺）。CMOS 虽然功耗较低，但由于其物理特征决定其工作速度不够高，而 CHMOS 则具备了高速和低功耗的特点，这些特征，更适合于在要求低功耗如电池供电的应用场合。所以这种工艺将是今后一段时期单片机发展的主要方向。

（2）微型单片化。现在常规的单片机普遍都是将中央处理器（CPU）、随机存取数据存储（RAM）、只读程序存储器（ROM）、并行和串行通信接口、中断系统、定时电路、时钟电路集成在一块单一的芯片上，增强型的单片机将 A/D 转换器、PMW（脉宽调制电路）、WDT（看门狗）、以及 LCD（液晶）驱动电路都集成在单一的芯片上，这样单片机包含的单元电路就更多，功能就更强大。甚至单片机厂商还可以根据用户的要求量身定做，制造出具有自己特色的单片机芯片。

此外，现在的产品普遍要求体积小、重量轻，这就要求单片机除了功能强和功耗低外，还要求其体积要小。现在的许多单片机都具有多种封装形式，其中 SMD（表面封装）越来越受欢迎，使得由单片机构成的系统正朝微型化方向发展。

---

① 　来源：eefocus 引用地址：http://www.eeworld.com.cn/mcu/article_2017111435906.html.

（3）主流与多品种共存。现在虽然单片机的品种繁多，各具特色，但仍以 80C51 为核心的单片机占主流，兼容其结构和指令系统的有 PHILIPS 公司的产品、ATMEL 公司的产品和台湾地区的 Winbond 系列单片机。所以以 80C51 为核心的单片机占据了半壁江山。而 Microchip 公司的 PIC 精简指令集（RISC）也有着强劲的发展势头，台湾地区的 HOLTEK 公司近年的单片机产量与日俱增，以其低价质优的优势，占据一定的市场份额。此外，还有 MOTOROLA 公司的产品，日本几大公司的专用单片机。在一定的时期内，这种情形将得以延续，将不存在某种单片机一统天下的垄断局面，依旧是多品种依存互补、相辅相成、共同发展。

1.2　单片机仿真软件 Proteus

1.2.1　概述

Proteus 软件是由英国 Lab Center Electronics 公司开发的 EDA 工具软件。自 1989 年问世至今，经历了 30 年的发展，功能得到了不断的完善，性能越来越好，全球的用户也越来越多。Proteus 之所以在全球得到应用，原因是它具有自身的特点和结构。Proteus 电子设计软件由原理图输入（ISIS）、混合模型仿真器、动态器件库、高级图形分析模块、处理器仿真模型及布线/编辑（ARES）6 部分组成，如图 1-9 所示。

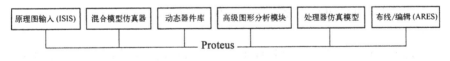

图 1-9　Proteus 基本组成

1.2.1.1　Proteus 软件的特点

Proteus 软件的特点如下：

（1）集原理图设计、仿真和 PCB 设计于一体，是真正实现从概念到产品的完整电子设计工具。

（2）具有模拟电路、数字电路、单片机应用系统、嵌入式系统（不高于 ARM7）设计与仿真功能。

（3）具有全速、单步、设置断点等多种形式的调试功能。

（4）具有各种信号源和电路分析所需的虚拟仪表。

（5）支持 Keil C51、μVision2、MPLAB 等第三方的软件编译和调试环境。

（6）具有强大的原理图到 PCB 的设计功能，可以输出多种格式的电路设计报表。

1.2.1.2 Proteus 软件的构成

Proteus 软件由 ISIS 和 ARES 两个软件构成，其中 ISIS 是一款便捷的电子系统仿真平台软件，ARES 是一款高级的布线编辑软件。

（1）Proteus ISIS。通过 Proteus ISIS 软件的 VSM（虚拟仿真技术），用户可以对模拟电路、数字电路、模数混合电路，以及基于微控制器的系统连同所有外围接口电子器件一起仿真。

Proteus VSM 有两种截然不同的仿真方式：交互式仿真和基于图表的仿真。

① 交互式仿真。交互式仿真可实时观测电路的输出，因此可用于检验设计的电路是否能正常工作。

② 基于图表的仿真。基于图表的仿真能够在仿真过程中放大一些特别的部分，进行一些细节上的分析，因此常用于研究电路的工作状态和进行细节的测量。

Proteus 软件的模拟仿真直接兼容厂商的 SPICE 模型，采用了扩充了的 SPICE3F5 电路仿真模型，能够记录基于图表的频率特性、直流电的传输特性、参数的扫描、噪声的分析、傅里叶分析等，具有超过 8000 种的电路仿真模型。Proteus 软件的数字仿真则支持 JDEC 文件的物理器件仿真，有全系列的 TTL 和 CMOS 数字电路仿真模型，同时一致性分析易于系统的自动测试。

此外，Proteus 软件还支持许多通用的微控制器，如 PIC、AVR、HC11、8051；包含强大的调试工具，可对寄存器、存储器实时监测；具有断点调试功能及单步调试功能；具有对显示器、按钮、键盘等外设进行交互可视化仿真。在 Proteus 中配置了各种虚拟仪器，如示波器、逻辑分析仪、频率计、I^2C 调试器等，便于测量和记录仿真的波形、数据。

（2）Proteus ARES。Proteus ARES PCB 设计的特点如下。

① 采用了原 32 位数据库的高性能 PCB 设计系统，以及高性能的自动布局和自动布线算法。

② 支持多达 16 个布线层、2 个丝网印刷层、4 个机械层，加上线路板边界层、布线禁止层、阻焊层，可以在任意角度放置元件和焊盘连线。

③ 支持光绘文件的生成。

④ 具有自动的门交换功能。

⑤ 集成了高度智能的布线算法。

⑥ 有超过 1 000 个标准的元器件引脚封装。

⑦ 支持各种 Windows 驱动设备的输出。

⑧ 能够导出其他线路板设计工具的文件格式。

⑨ 能自动插入最近打开的文档。

⑩ 元件可以自动放置。

1.2.2　Proteus ISIS 的工作界面

启动 Proteus ISIS 后,首先看到的是如图 1-10 所示的工作界面。Proteus ISIS 的工作界面是一种标准的 Windows 界面,包括标题栏、主菜单、标准工具栏、绘图工具栏、状态栏、对象选择按钮、预览对象方位控制按钮、仿真进程控制按钮、预览窗口、对象选择器窗口、图形编辑窗口。

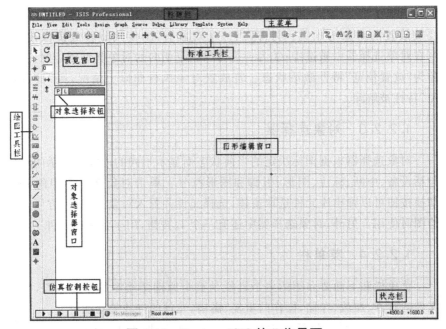

图 1-10　Proteus ISIS 的工作界面

1.2.2.1　编辑窗口

编辑窗口为点状的栅格区域,显示正在编辑的电路原理图,可以通过 View 菜单的 Redraw 命令来刷新显示内容,同时预览窗口中的内容会跟着刷新。编辑窗口用于放置元件、进行连线、绘制原理图,是 ISIS 最直观的部分。

编辑窗口的操作是不同于常用的 Windows 应用程序的,正确的操作是:中键放/缩原理图;左键放置元件;右键选择元件;双击右键删除元件;先右键后左键编辑元件属性;先右键后左键拖动元件;连线用左键,删除用右键。

需要注意的是,这个窗口没有滚动条,可以用预览窗口来改变原理图的可视范围。

1.2.2.2 预览窗口

预览窗口用于显示全部原理图。通常情况下,显示的内容有两个:一是,当在元件列表中选择一个元件时,它会显示该元件的预览图;二是,当鼠标焦点落在原理图编辑窗口时(即放置元件到原理图编辑窗口后或在原理图编辑窗口中单击后),它会显示整张原理图的缩略图,并会显示一个绿色的方框,绿色方框里面的内容就是当前原理图窗口中显示的内容。在预览窗口上单击将会以单击位置为中心刷新编辑窗口。还有一些情况则显示将要被放置的对象的预览。另外,当一个对象有:①使用旋转或镜像按钮;②在对象选择器中被选中;③为一个可以设定朝向的对象类型图标时,此对象为"放置预览"特性激活状态。若放置对象执行非以上情况,则"放置预览"特性被解除。

1.2.2.3 对象选择器

对象选择器根据图标决定的当前状态而显示不同的内容。显示的对象包括设备、中断、标注、图形、引脚和图形符号。单击对象选择器中的 Pick 切换按钮可以弹出库元件选取窗体,选择元件并置入对象选择器,方便以后绘图时使用。另外,对象选择器中还有一个 L 按钮,用于管理库元件。

1.2.2.4 菜单栏

菜单栏和下面要介绍的主工具栏是整个原理图绘图的控制中心,包括文件的打开、加载、存储,操作的重复、撤销、元件的查找等功能。

(1) File 菜单。包括常用的文件功能,如新建、打开、保存、导入位图、导入区域、输出图形、打印命令、打印设置、显示最近工作文件及退出 Proteus ISIS 系统等操作。

(2) View 菜单。包括重画、网格开启、原点、光标、网格间距设置、电路图的缩放及工具条设置。

（3）Edit 菜单。包括操作的撤销/恢复、元件的查找与编辑、剪切/复制/粘贴及多层叠关系设置。

（4）Tool 菜单。包括实时标注、自动连线、全局标注、查找选中、属性设置、编译网络表、电器规则检查、从网络表到 ARES、从 ARES 回注等。

（5）Design 菜单。包括编辑设计属性、编辑页面属性、编辑设计注释、设定电源范围、新建页面、删除页面、上一页/下一页、转页、设计浏览器等命令。

（6）Graph 菜单。包括编辑图表、仿真图表、查看日志、导出数据、清除数据、一致性分析及批模式一致性分析。

（7）Sourse 菜单。包括添加/删除源文件、设定代码生成工具、设置外部文本编辑器、全部编译等。

（8）Debug 菜单。包括启动/暂停/停止仿真、单步执行、跳进函数、跳出函数、跳至光标处、恢复弹出窗口、恢复模型固化数据、使用远程调试监控、设置诊断、窗口水平对齐、窗口竖直对齐等。

（9）Library 菜单。包括元件/符号的添加、创建及库管理器的调用。

（10）Template 菜单。包括跳转到主图、设置设计默认值、设置图形颜色、设置图形风格、设置文本风格、设置图形文本、设置连接点、从其他设计导入风格等。

（11）System 菜单。包括系统信息、检查更新、文本视图、设置文件清单、设置环境、设置路径、设置属性定义、设置图纸大小、设置文本编辑选项、设置快捷键、设置动画选项、设置仿真选项、保存参数等。

（12）Help 菜单。包括 ISIS 帮助、Proteus VSM 帮助、版本信息、样例设计等。

1.2.2.5　主工具栏

主工具栏图标及其用法见表 1-3。

表 1-3　主工具栏图标及其用法

图标	图标名称	图标按钮作用
	新建文件	新建一个原理图文件
	保存文件	保存工作文件
	打开文件	选择打开已有工作文件
	导入区域	导入已有的工作区域

续表

图标	图标名称	图标按钮作用
	打印	打印或绘制文件
	刷新编辑	刷新窗口显示,重画编辑与预览窗
	网络切换	开启/关闭网格显示
	切换为原点	使能/禁止人工原点设定
	光标居中	使光标居于编辑窗口中央
	放大	放大编辑窗口显示范围内的图像
	缩小	缩小编辑窗口显示范围内的图像
	缩放到全图	编辑窗口显示全部图像
	缩放到区域	出现区域廓选,选中后将显示区域内容
	撤销	撤销前一步操作
	重做	重做撤销的命令
	剪切	可剪切对象
	复制	可复制对象
	粘贴	可粘贴被剪切或被复制对象
	块复制	以区域形式复制对象区域
	块移动	以区域形式移动对象区域
	块旋转	以区域形式旋转对象区域
	块删除	以区域形式删除对象区域
	从库中选择元件	进入库中选择所需的元件、终端、引脚、端口和图形符号
	创建元件	将选中的图形/引脚编译成器件并入库
	封装工具	将启动可视化封装工具
	分解	将选择的对象拆解成原型

1.2.2.6　状态栏

状态栏里的文字显示鼠标指向停留状态,报告一些图标或按钮的命令说明或在编辑窗口中的坐标,仿真时会显示实际运行时间、运行信息等内容。

1.2.2.7　工具箱

工具箱内的工具用于原理图的编辑设计及仿真,选择工具箱内相应的工具箱图标按钮,将提供不同类型的操作工具。工具箱图标及其说明见表 1-4。

表 1-4　工具箱图标及其说明

图标	图标名称	说　　明
	切换自动连线器	使能/禁止自动连线器。启用时直接单击想要连接的元件端点,连线器将会自动编辑路径连线
	搜索并选中元件	根据属性的匹配自动寻找并选中元件
	属性分配工具	通用属性分配工具。单击后将产生属性分配工具
	设计浏览器	使用设计浏览器浏览设计数据库
	新页面	创建一个新的根页面
	移动删除页面	删除当前页面
	退出到父页面	离开当前页面返回到父页面
	查看 BOM 报告	生成材料清单报告
	查看电气报告	生成电气规则报告
	生成网标并输送到 ARES	将原理图内的元件生成网标并输送到 Proteus ARES 进行 PCB 设计
	选择模式	进入选择模式。此模式下可以选择任意元件并编辑元件的属性
	元件模式	进入元件模式。此模式下可选择元件
	节点模式	进入节点模式。此模式下可在原理图中标注连接点
	连线标号模式	进入连线标号模式。此模式下可以在原理图中标识一条线段

续表

图标	图标名称	说　　明
▦	文字脚本模式	进入文字脚本模式。此模式下可以在原理图输入一段文本
╫	总线模式	进入总线模式。此模式下可以在原理图绘制一段总线
▯	子电路模式	进入子电路模式。此模式下可以绘制一个子电路模块
▤	终端模式	进入终端模式。此模式下对象选择器列出各种终端
⟜	器件切换模式	进入器件切换模式。此模式下对象选择器列出各种引脚
⩘	图表模式	进入图表模式。此模式下对象选择器出现各种仿真分析所需的图表（如模拟图表、数字图表、混合图表、频率分析图表、传输图表、噪声图表、傅里叶图表、DC图表、AV图表、音频图表等）
⊡	录音机模式	进入录音机模式。此模式应用于声音波形仿真
◉	激励源模式	进入激励源模式。此模式下对象选择器出现各种信号源（如 DC 信号源、正弦信号源、脉冲信号源、文件信号源、指数信号源、音频信号源等）
⤳	电压探针模式	进入电压探针模式且可在原理图添加电压探针。此模式用于仿真时显示探针处的电压值
⤳	电流探针模式	进入电流探针模式且可在原理图添加电流探针。此模式用于仿真时显示探针处的电流值
▱	虚拟仪器模式	进入虚拟仪器模式。此模式下对象选择器出现各种虚拟仪器
╱	2D 图形直线模式	进入 2D 图形直线模式。此模式用于创建元件或表示图表时划线
▬	2D 图形框体模式	进入 2D 图形框体模式。此模式用于创建元件或表示图表时绘制方框
●	2D 图形圆形模式	进入 2D 图形圆形模式。此模式用于创建元件或表示图表时绘制圆形

图标	图标名称	说　明
	2D 图形圆弧模式	进入 2D 图形圆弧模式。此模式用于创建元件或表示图表时绘制弧线
	2D 图形闭合路径模式	进入 2D 图形闭合路径模式。此模式用于创建元件或表示图表时绘制任意形状图标
A	2D 图形文本模式	进入 2D 图形文本模式。此模式用于创建元件或表示图表时插入各种文字说明
S	2D 图形符号模式	进入 2D 图形符号模式。此模式用于创建元件或表示图表时选择各种符号元件
	2D 图形标记模式	进入 2D 图形标记模式。用于产生各种标记图标

1.2.2.8　方向工具栏及仿真按钮

使用方向工具栏内的按钮编排对象的角度及位置,可以降低原理图连线的复杂程度,保证电路的正确性。仿真按钮用于控制仿真启动、运行与停止。方向工具栏与仿真按钮图标及说明见表 1-5。

表 1-5　方向工具栏与仿真按钮图标及说明

图标	功能	说　明
C ↺ 0	旋转按钮	按钮以 90°的偏置改变元件放置方向,方框内的输入为 90°整数倍的偏差值
↔ ↕	镜像	水平镜像按钮以 Y 轴为对称轴,按 180°的偏置旋转元件。竖直镜像按钮以 X 轴为对称轴,按 180°的偏置旋转元件
▶	启动仿真	启动仿真
▐▶	单步启动	启动单步仿真
▐▐	暂停	暂停仿真
■	停止	停止仿真

1.2.3　Proteus ISIS 的编辑环境设置

工作人员基于习惯,在使用软件工作时可以根据需要构造最适用于自己的工作环境。设置 Proteus ISIS 的编辑环境包括模板设置、图表设置、图形设置、文本设置、图形文本设置、交点设置等。

1.2.3.1　模板设置

设置模板的步骤如下:

(1) 单击 Template 菜单。

(2) 在打开的下拉菜单中选择 Set Defaults 命令。

(3) 弹出的便是默认模板风格的设置对话框。

在默认模板风格设置对话框内可以进行图纸颜色(Paper Color)、格点颜色(Grid Dot Colour)、工作边框颜色(Work Area Box Colour)、边界框颜色(Work Box Colour)、高亮颜色(Highlight Colour)、拖曳颜色(Drag Colour)等,以及电路仿真(Animation)时正极颜色(Positive Colour)、地颜色(Ground Colour)、负极颜色(Negative Colour)、逻辑"1"颜色(Logic "1" Colour)、逻辑"0"颜色(Logic "0" Colour)、逻辑"?"颜色(Logic "?" Colour)的设置,同时还可以设置隐藏对象(Hidden Objects)的显示与否及其颜色,还可以设置编辑环境的默认字体(Font Face for Default Font)。

1.2.3.2　图表设置

设置图表的步骤如下:

(1) 单击 Template 菜单。

(2) 在打开的下拉菜单中选择 Set Graph Colours 命令。

(3) 弹出的便是图表颜色的设置对话框。

在该对话框中可对图表轮廓(Graph Outline)、背景(Background)、图表标题(Graph Title)、图表文本(Graph Text)、选中(Tagged/Hilite)等选项按照期望颜色进行设置,同时也可以对模拟轨迹(Analogue Traces)及数字轨迹(Digital Traces)中的标准(Standard)、总线(Bus)、控制(Control)、阴影(Shadow)的颜色等进行设置。

1.2.3.3　图形设置

设置图形的步骤如下:

(1) 单击 Template 菜单。

(2) 在打开的下拉菜单中选择 Set Graphics Styles 命令。

（3）弹出的便是图形设置对话框。

在该对话框中，可以对图形风格，如线型（Line Style）、线宽（Width）、线的颜色（Colour）及图形（Fill Attributes）的填充类型（Fill Style），以及颜色（Fg Colour）进行编辑。在填充类型下拉列表框可选择不同的系统图形风格，在对话框内可以新建（New）、重命名（Rename）、删除（Delete）、撤销（Undo）、导入（Import）属于自己的风格。

1.2.3.4　文本设置

设置文本的步骤如下：

（1）单击 Template 菜单。

（2）在打开的下拉菜单中选择 Set Text Styles 命令。

（3）弹出的便是文本风格的设置对话框。

在该对话框中，可以在字体（Font Face）的下拉列表框中选择所需字体，也可以设置文字的宽度（Width）、高度（Height）、颜色（Colour）、效果（Effects）等，效果通过勾选粗体（Bold）、斜体（Italic）、下划线（Underline）、删除线（Strikeout）、可见（Visible）来达到。

预览文字设置的效果可以通过最下面的样例（Sample）。

1.2.3.5　图形文本设置

设置图形文本的步骤如下：

（1）单击 Template 菜单。

（2）在打开的下拉菜单中选择 Set Graphics Text 命令。

（3）弹出的便是 2D 图形文本的设置对话框。

在图形文本设置对话框中，可以在 Font Face（字体）列表中选择 2D 图形文本的字体类型，在 Text Justification（文本位置）内可以选择 Horizontal（水平位置）［Left（靠左）、Centre（居中）、Right（靠右）］、Vertical（垂直位置）Top［（靠上）、Middle（居中）、Bottom（靠下）］，在 Effects（效果）内可以勾选 Bold（粗体）、Italic（斜体）、Underline（下划线）、Strikeout（删除线）来选择字体的效果，在 Character Sizes（字体大小）内可以设置 Height（高度）、Width（宽度）。

1.2.3.6　交点设置

设置交点的步骤如下：

（1）单击 Template 菜单。

（2）在打开的下拉菜单中选择 Set Junction Dots 命令。

（3）弹出的便是交点设置对话框。

在交点设置对话框中，可以设置 Size（交点的大小）及 Shape（形状），形状通过勾选 Square（方形）、Round（圆形）、Diamond（菱形）选取，确定好后单击 OK 按钮便可以完成设置。

1.2.4　Proteus ISIS 的系统参数设置

Proteus ISIS 系统提供了各种参数，包括大量隐藏的系统参数，通过对这些参数的设置可以让用户更加得心应手地操作 Proteus ISIS。

1.2.4.1　元件清单设置

元件清单（Bill Of Materials，BOM）可以在 Proteus ISIS 中生成，BOM 用于列出当前设计中的所有元器件。

设置元件清单的步骤如下：

（1）单击 System 菜单。

（2）在打开的下拉菜单中选择 Set BOM Script 命令。

（3）弹出的便是 BOM 设置对话框。

在 BOM 设置对话框中可以对 4 种输出格式进行设置。HTML（Hyper Text Mark-up Language）格式、ASCII 格式、Compact Comma-Separated Variable（CCSV）格式和 Full Comma-Seperated Variable（FCSV）格式。

单击对话框中的"Add"按钮，在"Category Heading"文本框中输入"Subcircuit"，并在"Reference(s) to match"文本框中输入"S"，单击"OK"按钮，则可将新的"Category"添加到"BOM"。

在"Categories"列表框中选中"Subcircuit"，单击"Order"按钮，选择希望排序的对象，单击相应的按钮，即可实现排序。同理，单击"Delete""Edit"等按钮，将出现对应的对话框，可对"Categories"及"Fields"进行添加、删除等操作。

1.2.4.2　环境设置

设置环境的步骤如下：

（1）单击 System 菜单。

（2）在打开的下拉菜单中选择 Set Environment 命令。

（3）弹出的便是环境设置对话框。

在环境设置对话框中，用户可以进行如下设置：

• Autosave Time［自动保存时间（分钟）］：用户通过输入数字调节。

- Number of Undo Levels(撤销的步数):用户可以通过输入数字调节撤销的步数。
- Tooltip Delay[工具注释延迟时间(毫秒)]:用户可以通过输入数字调节。
- Number of filenames on File menu(文件菜单下允许最近打开的文件数目):用户可以通过输入数字调节。
- Auto Synchronise/Save with ARES(ARES 自动同步/保存):用户可以通过勾选激活或解除。
- Save/load ISIS state in design files(在设计文件中保存/装载 ISIS 状态):用户可以通过勾选激活或解除。

(4) 设置好后单击 OK(确认)按钮完成设置。

1.2.4.3 路径设置

设置路径的步骤如下:

(1) 单击 System 菜单。

(2) 在打开的下拉菜单中选择 Set Path 命令。

(3) 弹出的便是路径设置对话框。

在路径设置对话框中,用户可以进行如下设置:

- Initial Folder For Designs(默认文件夹设定):通过勾选选中以下 3 种状态:Windows 确定;默认为最后设计所用的文件夹;默认文件夹如下(选择计算机中的指定文件夹,默认路径:安装盘:\Proteus 7.4\Samples)。
- Library Locale(本地库):通过勾选选中下列 3 种状态:Generic(普通)、European(欧洲)、NorthAmerican(北美)。
- Template Folders(模板文件夹):通过选择计算机中指定文件夹作为模板文件夹。默认路径:安装盘:\Proteus 7.4\TEMPLATES。
- Library Folders(库文件夹):通过选择计算机中指定文件夹作为库文件夹。默认路径:安装盘:\Wroteus 7.4\LIBRARY。
- Simulation Model and Module Folders(仿真模型和模块文件夹):通过选择计算机中指定文件夹作为仿真模型和模块文件夹。默认路径:安装盘:\Proteus 7.4\MODELS。
- Path to folder for simulation results(存放仿真结果文件夹):通过选择计算机中指定文件夹作为存放仿真结果文件夹。

需要注意的是,用户在路径设置对话框设置的选项要在重启 ISIS 后才可以生效。

1.2.4.4 属性定义设置

属性是关联元件、端口、引脚、图形等。设置属性定义的步骤如下：

（1）单击 System 菜单。

（2）在打开的下拉菜单中选择 Set Property Definitions 命令。

（3）弹出的便是属性定义设置对话框。

在该对话框内可以使用"新建"和"删除"命令添加或移除器件属性，这些属性用来指定 PCB 封装、仿真模型参数及一些其他信息，如库存代码、器件成本。

1.2.4.5 图纸大小设置

对于各种不同应用场合的电路设计，用户需要用到大小不一的图纸。设置图纸大小的步骤如下：

（1）单击 System 菜单。

（2）在打开的下拉菜单中选择 Set Sheet Sizes 命令。

（3）弹出的便是图纸大小设置对话框。

在图纸大小设置对话框中，通过勾选 A4、A3、A2、A1、A0、自定义（User）的复选框，然后单击 OK 按钮确认设置即可。需要注意的是，A0、A1、A2、A3、A4 为美制，A4 最小。

1.2.4.6 文本编辑选项设置

设置文本编辑选项的步骤如下：

（1）单击 System 菜单。

（2）在打开的下拉菜单中选择 Set Text Editor 命令。

（3）弹出的便是文本编辑选项设置对话框。

通过文本编辑选项设置对话框，用户可以设置文字的大小、字体、效果、颜色等。

1.2.4.7 快捷键设置

设置快捷键的步骤如下：

（1）单击 System 菜单。

（2）在打开的下拉菜单中选择 Set Keyboard Mapping 命令。

（3）弹出的便是快捷键设置对话框。

通过快捷键设置对话框，用户可以通过 Command Groups（命令组）的下拉菜单选择不同的命令组，例如，菜单命令、工具箱命令、图表相关命令、子电路命令、轨迹相关命令等,Available Commands(命令)菜单里面列出了命令与对应的快捷键,选中一个命令,在下面的 Key sequence for selected command(快捷键)输入窗口进行输入设置或者取消快捷键。

(4)设置完后单击 OK(确定)按钮确认快捷键设置生效。

需要注意的是,快捷键的设置是直接选取快捷键输入窗口然后在键盘上按下自己需要的快捷键或者快捷键组合即可,输入框会有相应的显示,然后再选取设置。

1.2.4.8　动画选项设置

动画选项的设置与仿真显示效果密切相关,主要包括仿真速度、动画选项、电压/电流范围等的设置。

设置动画选项的步骤如下:

(1)单击 System 菜单。

(2)在打开的下拉菜单中选择 Set Animation Options 命令。

(3)弹出的便是动画选项设置对话框。

动画选项设置对话框包括三大部分:仿真速度、动画选项、电压/电流范围。

• Frames per Second(每秒显示的帧数):用户通过在输入框内输入正整数控制每秒仿真显示的帧数。

• Timestep per Frame(每帧时间间隔):用户通过在输入框内输入正整数控制每帧时间间隔,单位为毫秒(ms)。

• Single Step Time(单步时间):用户通过在输入框内输入正整数控制单步仿真的时间间隔,单位为毫秒。

• Max SPICE Timestep(最大 SPICE 时间步长):用户通过在输入框内输入正整数控制最大的 SPICE 时间步长,单位为毫秒(ms)。

• Show Voltage&Current on Probes(探针上显示电压和电流值):勾选这个选项可以激活/解除状态。

• Show Logic State of Pins(引脚上显示逻辑状态):勾选这个选项可以激活/解除状态。

• Show Wire Voltage by Colour(颜色显示电压高低):勾选这个选项可以激活/解除状态。

• Show Wire Current with Arrows(箭头表示电流方向):勾选这个选项可以激活/解除状态。

• Maximum Voltage(最大电压):输入数字控制电压范围,单位为伏特(V)。

• Current Threshold(电流触发):输入数字控制电流的触发门槛,单位为安培(A)。

1.2.4.9 仿真选项设置

通过单击动画选项设置对话框内的 SPICE Options 可进入仿真选项。设置仿真选项的步骤如下:

(1) 单击 System 菜单。

(2) 在打开的下拉菜单中选择 Set Simulator Options 命令。

(3) 弹出的便是仿真选项设置对话框。

仿真选项设置对话框包括 6 个子选项菜单,分别是 Tolerances(误差)、MOSFET、Iteration(迭代)、Temperature(温度)、Transient(瞬变)、DSIM 等。

(1) Tolerances(误差)参数设置。单击"Tolerances"标签,进入误差参数的设置对话框,对话框内的相应选项如下:

• Absolute current error tolerance(绝对电流误差):通过在输入框内输入数字达到调整绝对电流误差,科学计数法表示,单位为安培(A)。

• Absolute voltage error tolerance(绝对电压误差):通过在输入框内输入数字达到调整绝对电压误差,科学计数法表示,单位为伏特(V)。

• Charge error tolerance(充电误差):通过在输入框内输入数字达到调整充电误差,科学计数法表示,单位为库仑(C)。

• Relative error tolerance(相对误差):通过在输入框内输入数字达到调整相对误差。

• Minimum acceptable pivot value(最小中心值):通过在输入框内输入数字达到调整最小中心值,科学计数法表示。

• Minimum acceptable ratio of pivot(最小中心比率):通过在输入框内输入数字达到调整最小中心比率。

• Minimum conductance(最小电导):通过在输入框内输入数字达到调整最小电导,科学计数法表示,单位为西门子(S)。

• Minimum transient conductance(最小瞬态电导):通过在输入框内输入数字达到调整最小瞬态电导,科学计数法表示,单位为西门子(S)。

• Shunt Resisitance(分流电阻):通过在输入框内输入数字达到调整分流电阻大小,科学计数法表示,单位为欧姆(Ω)。

(2) MOSFET 参数设置。单击"MOSFET"标签,进入 MOSFET 参数的设置对话框,对话框内的相应选项如下:

• MOS drain diffusion area(MOS 管漏极扩散面积):在输入框内输入

有效数值以调节 MOS 管漏极扩散面积,单位为平方米(m^2)。

- MOS source diffusion area(MOS 管源极扩散面积):在输入框内输入有效数值以调节 MOS 管源极扩散面积,单位为平方米(m^2)。

- MOS channel length(MOS 管沟道长度):在输入框内输入有效数值以调节 MOS 管沟道长度,单位为米(m)。

- MOS channel width(MOS 管沟道宽度):在输入框内输入有效数值以调节 MOS 管漏极扩散宽度,单位为米(m)。

- Use older MOS3 model(使用旧版的 MOS3 模型):通过勾选而使用/禁止旧版的 MOS3 模型。

- Use SPICE2 MOSFET limiting(使用 SPICE2 MOSFET 限制):通过勾选而使用/禁止 SPICE2 MOSFET 限制。

(3)Iteration(迭代)参数设置。单击"Iteration"标签,进入 Iteration(迭代)参数的设置对话框,对话框内的相应选项如下:

- Integration method(积分方法):通过在此下拉菜单中选择齿轮(gear)或阶梯(trapezoidal)而作为积分方法。

- Maximum intergration order(积分幂的最大值):在此输入框内输入有效值调整积分幂的最大值。

- Number of source steps(源步数):在此输入框内输入有效值调整源步数。

- Number of GMIN steps(GMIN 步数):在此输入框内输入有效值调整 GMIN 步数。

- DC iteration limit(直流积分极限):在此输入框内输入有效值调整直流积分极限。

- DC transfer curve iteration limit(直流转移曲线极限):在此输入框内输入有效值调整直流转移曲线极限。

- Go directly to GMIN stepping(直接进入 GMIN 步进):勾选而使能/禁止直接进入 GMIN 步进。

- Upper transient iteration limit(瞬态积分上限):在此输入框内输入有效值调整瞬态积分上限。

- Try compaction for LTRA lines(尝试压缩 LTRA 线):通过勾选而使能/禁止尝试压缩 LTRA 线。

- Allow bypass on unchanging elements(允许旁路不变的元件):通过勾选而使能/禁止允许旁路不变的元件。

(4)Temperature(温度)参数设置。单击"Temperature"标签,进入 Temperature(温度)参数的设置对话框,对话框内的相应选项如下:

• Operating temperature(运行温度)：用户可以通过在输入框内输入有效数值控制仿真时的模拟环境温度,单位为摄氏度(℃)。

• Parameter measurement temperature(参数测量温度)：用户可以通过在输入框内输入有效数值控制仿真时的待测量温度,单位为摄氏度(℃)。

(5)Transient(瞬变)参数设置。单击"Transient"标签,进入 Transient(瞬变)参数的设置对话框,对话框内的相应选项如下：

• Number of Steps(步数)：在此输入框内输入有效数字控制步数。

• Truncation error over-estimation factor(截断误差过高估计因子)：在此输入框内输入有效数字设置截断误差过高估计因子。

• Mixed Mode Timing Tolerance(混合模式时间容差)：在此输入框内输入有效数字设置混合模式容差,科学计数法表示。

• Minimum Analogue Timestep(最小模拟时间片)：在此输入框内输入有效数字设置最小模拟时间片,科学计数法表示。

(6)DSIM 参数设置。单击"DSIM"标签,进入 DSIM 参数的设置对话框,对话框内的选项有随机初始值(Random Initialisation Values)和传播延迟缩放比例(Propagation Delay Scaling)。

• 完全随机数(Fully random values)：通过勾选激活/解除此选项。

• Pseudo-random values based on seed(基于种子的伪随机数)：通过勾选激活/解除此选项,可在输入框内输入有效数值设置种子值。

• Scale all values by constant amount(以恒定比例进行缩放)：通过勾选激活/解除此选项,可在输入框内输入有效数值设置缩放比例。

• Pseudo-random scaling based on seed(基于种子的伪随机缩放比例)：通过勾选激活/解除此选项,可在输入框内输入有效数值设置种子值。

• Fully random scaling(完全随机的缩放比例)：通过勾选激活/解除此选项。

1.2.5　Proteus 的设计

1.2.5.1　Proteus 的设计方式

按照"设计→仿真→调试→完成"的流程完成 Proteus 电子电路的设计与开发,有下列两种思路。

(1)自顶而下设计。自顶而下设计流程如图 1-11 所示。自顶而下设计方法将复杂的大问题分解为相对简单的小问题,优先考虑系统的功能,然后具体到底层应该负责的工作,找出每个问题的所在。在该方法中,需要先考虑系统的总功能,然后一步步地将功能细化,最后分配底层的任务。

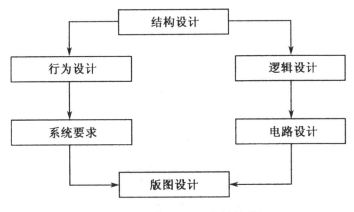

图 1-11 自顶而下设计流程

自顶而下设计方法能够很好地把握系统的要求,使工作趋于细化,适用于软/硬件工程师的合作。行为设计与系统要求一般由软件工程师负责,而逻辑设计和电路设计由硬件工程师考虑,最后将两者整合。

(2) 自下而上设计。自下而上设计流程如图 1-12 所示。自下而上设计方法是一种递增型设计方法,要求工程师们先搭建好底层物理层平台,生成零件,根据零件功能插入装配体,逐步地增加功能,软件根据物理硬件的接口进行编写,最后整合为一个系统,再考察系统的特性。

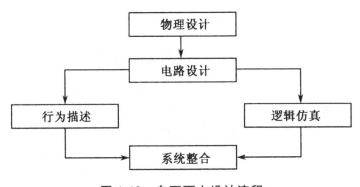

图 1-12 自下而上设计流程

自下而上设计方法能够简化底层零件的相互关系及重建行为,让工程师们更加专注于零件的设计工具,不断改造底层而影响整体系统的功能。

1.2.5.2　基于 Proteus 电路的设计流程

电路原理图设计流程如图 1-13 所示。

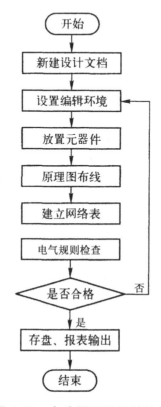

图 1-13　电路原理图设计流程

（1）新建设计文档。构思原理图是进入原理图设计之前重要的一步，要求必须知道所设计的项目需要由哪些电路来完成，用何种模板；然后在 Proteus ISIS 编辑环境中画出电路原理图，以文档的形式保存下来。

（2）设置编辑环境。根据实际电路的复杂程度设置图纸的大小。设置合适的图纸大小是完成原理图设计的第一步。在电路图设计的整个过程中，图纸的大小可以不断地调整。

（3）放置元器件。选取需要添加的元器件，将其布置到图纸的合适位置，并对元器件的名称、标注进行设定；然后根据元器件之间的走线等联系对元器件在工作平面上的位置进行调整和修改，使原理图美观、易懂。

（4）原理图布线。根据实际电路的需要，利用 Proteus ISIS 编辑环境所提供的各种工具、命令进行布线，将工作平面上的元器件用导线连接起来,构成一幅完整的电路原理图。

（5）建立网络表。设计完成完整的电路图后,还需要生成一个网络表文件,用于完成印制板电路的设计。网络表是印制板电路与电路原理图之间的纽带。

（6）电气规则检查。完成原理图布线后,就可以利用 Proteus ISIS 编辑环境所提供的电气规则检查命令对设计进行检查,并根据系统提示的错误检查报告修改原理图。

（7）调整。原理图通过电气规则检查后,则整个原理图的设计就算完成了。对于一些较大的电路设计而言,在实际应用中可能还需要对其进行多次修改才能通过电气规则检查。

（8）存盘、报表输出。Proteus ISIS 提供了多种报表输出格式,可用于对设计好的原理图和报表进行查看、存盘和输出打印。

上述电路原理图设计流程基本上是在 Proteus ISIS 编辑环境中完成的。

习题

1. 单片机有哪几种应用模式?
2. Proteus 软件有哪些主要特点?
3. 集成环境 ISIS 的下拉菜单提供了哪些功能选项?

第2章 MCS-51单片机的结构与工作原理

2.1 单片机的组成结构

　　MCS-51单片机是以8051单片机为核心电路发展起来的,它们都具有8051单片机的基本结构和指令系统。MCS-51单片机的系列产品包括8031/8051/8751单片机和80C31/80C51/87C51单片机,区别主要在于制造工艺和内部存储器容量等方面。下面以8051单片机为例,介绍MCS-51系列单片机的组成结构。

　　8051单片机集成了微型计算机所必需的基本功能部件,如图2-1和图2-2所示。

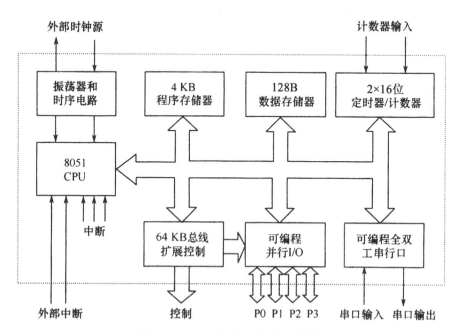

图 2-1　8051 单片机的基本结构

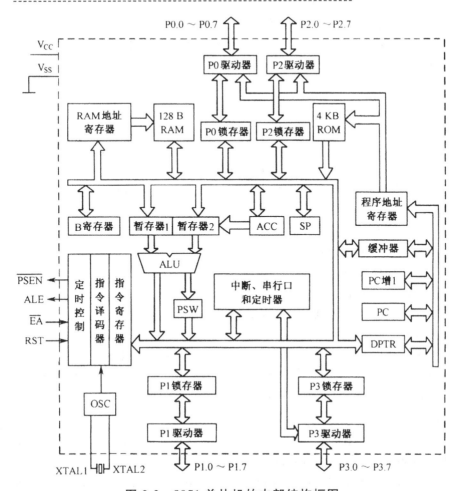

图 2-2　8051 单片机的内部结构框图

（1）中央处理器。MCS-51 单片机的 CPU 是一个 8 位的中央处理器，由运算器和控制器两部分组成。

① 运算器。运算器是用于算术运算和逻辑运算的执行部件。主要由 8 位算术逻辑单元 ALU、8 位累加器 ACC、8 位寄存器 B、程序状态字寄存器 PSW、8 位暂存寄存器 TMP1 和 TMP2 等组成。8051 单片机的运算器性能很强，既可以进行加、减、乘、除四则运算，也可以进行与、非、或、异或等逻辑运算，还具有独特的位操作功能，如置位、清零、取反、转移、检测判断、位逻辑运算，特别适用于工业控制领域。

② 控制器。控制器是 CPU 的控制中枢，是用来统一指挥和控制计算机工作的部件。8051 单片机的控制器主要由程序计数器 PC、指令寄存器 IR、指令译码器 ID、振荡器 OSC 及定时电路等组成。

（2）程序存储器。程序存储器用于永久性地存储系统程序和表格常数等。8051 单片机片内有 4 KB 掩模 ROM,8751 单片机则是 4 KB 的 EPROM,目前流行的与 80C51 兼容的单片机 ATMEL 的 AT 89C51 单片机片内有 4 KB 的 Flash ROM,8031 单片机内部没有 ROM。

（3）数据存储器。数据存储器用于存放运算的中间结果和数据暂存。8051 单片机片内数据存储器包括 128 B 的 RAM 和 128 B 的特殊功能寄存器空间。

（4）并行 I/O 接口。8051 单片机有 4 个 8 位可编程双向并行 I/O 接口(P0～P3 口),以实现数据的并行输入和输出。每个端口对应 1 个 8 位寄存器,并与片内 RAM 统一编址。

（5）串行 I/O 接口。8051 单片机有 1 个全双工串行口,以实现单片机与其他设备之间的串行数据通信。

（6）定时器/计数器。在单片机应用系统中,经常需要精确的定时,或对外部事件进行计数。8051 单片机片内有 2 个 16 位的定时器/计数器,用于实现内部定时和外部计数的功能;并以其定时或计数的结果(查询或中断方式)来实现控制功能。

（7）中断系统。8051 单片机中断控制系统有 5 个中断源：2 个是外部中断源 INT0 和 INT1,3 个内部中断源,即 2 个定时器/计数器溢出中断和 1 个串行口中断。这些中断具有 2 个中断优先级,分别为高优先级中断和低优先级中断。

（8）时钟电路。图 2-2 中的 OSC 为 8051 内部的时钟电路,外接石英晶体和微调电容,即可产生时钟脉冲序列。

此外,8051 单片机内部还包含一个位处理器,具有较强的位处理功能,图 2-2 中没有具体画出。上述所有部件都是由内部总线连接起来的。从图 2-2 中可以看出,一个单片机就是一个简单的微型计算机。

2.2　单片机的引脚功能

掌握 MCS-51 单片机,应首先了解 MCS-51 的引脚,熟悉并牢记各引脚的功能。MCS-51 系列中各种型号芯片的引脚是互相兼容的。制造工艺为 HMOS 的 MCS-51 的单片机都采用 40 只引脚的双列直插封装(Dual Inline-pin Package,DIP)方式,如图 2-3 所示。目前大多数为此类封装方式。制造工艺为 CHMOS 的 80C51/80C52 除采用 DIP 封装方式外,还采用方形封装方式,方形封装有 44 只引脚,如图 2-4 所示。下面介绍 DIP 方式。

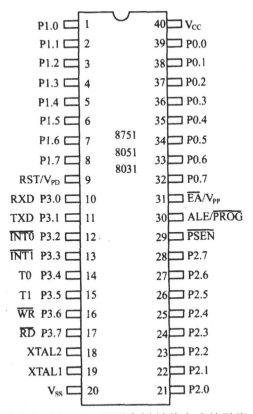

图 2-3　MCS-51 双列直插封装方式的引脚

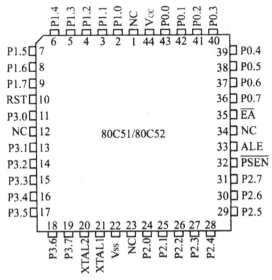

图 2-4　MCS-51 方形封装方式的引脚

40 只引脚按其功能来分,可分为以下 3 类。

(1) 电源及时钟引脚:V_{cc}、V_{ss};XTAL1、XTAL2。

(2) 控制引脚:$\overline{PSEN}$、ALE、$\overline{EA}$、RESET(即 RST)。

(3) I/O 接口引脚:P0、P1、P2、P3,为 4 个 8 位 I/O 接口的外部引脚。

2.2.1　主电源引脚

单片机工作需要电能,所以就少不了要通过某个引脚给单片机提供电源。

(1) V_{cc}(第 40 脚):接+5 V 电源正端。

(2) V_{ss}(第 20 脚):接+5 V 电源地端。

2.2.2　时钟电路引脚

单片机是一种时序电路,必须提供脉冲信号才能正常工作。由于不同的用户对单片机的速度要求不一样,因此单片机内部并没有集成晶体振荡器,2 个时钟引脚也可外接晶体振荡器,用户根据自己的实际情况加以选择。由于外接的晶体振荡器的振荡信号不足以驱动单片机内部的时钟电路,所以在 MCS-51 的内部都设计有一个高增益的单级反相放大器,将外接的晶体振荡器提供的振荡信号放大。XTAL1 引脚和 XTAL2 引脚就分别是此放大器的输入端和输出端,也就是说,晶体振荡器的振荡信号就是通过这两个引脚进入单片机的。

(1) XTAL1(19 脚):接外部晶体的一个引脚。该引脚是内部反相放大器的输入端。这个反相放大器构成了片内振荡器。如果采用外接晶体振荡器时,此引脚应接地。

(2) XTAL2(18 脚):接外部晶体的另一端,在该引脚内部接至内部反相放大器的输出端。若采用外部时钟振荡器时,该引脚接收时钟振荡器的信号,即把此信号直接接到内部时钟发生器的输入端。

单片机内部虽然有这个时钟电路,但要形成时钟,必须外接附加电路。用不用这个内部放大器,就形成了单片机时钟产生的不同方式:若采用内部放大器,即为内部方式;若采用外部放大器,即为外部方式。图 2-5 所示是单片机的时钟电路示意图。

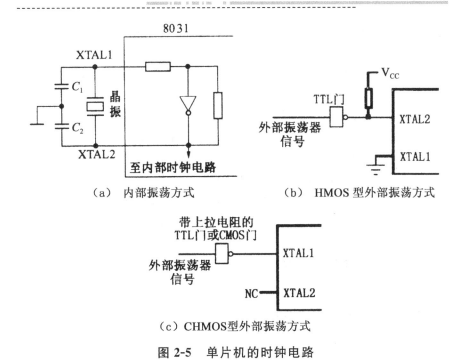

（a）内部振荡方式　　　（b）HMOS 型外部振荡方式

（c）CHMOS型外部振荡方式

图 2-5　单片机的时钟电路

2.2.2.1　内部振荡方式

最常用的内部时钟方式是采用石英晶体和微调电容的并联谐振回路,它构成了一个稳定的自激振荡器。如果频率稳定性要求不高又希望尽可能降低成本,除使用晶体振荡器外,还可以用陶瓷谐振器来代替。电路中的电容 C_1 和 C_2 典型值选择为 30 pF 左右,值通常选在 20～100 pF,在 60～70 pF 时振荡器有较高的频率稳定性。晶体的振荡频率的范围通常是 1.2～12 MHz。晶体的频率越高,则系统的时钟频率也就越高,单片机的运行速度也就越快。如果存储器的存储速度跟不上的话,再快的 CPU 也是白搭,就像木桶原理:如果用一些长短不一的木板制作一个木桶,这个木桶的容量不是取决于最长的一块木板,而是最短的那一块。单片机性能的好坏,也不仅仅取决于 CPU 的运算速度,与存储器的速度、外设的速度等都有相当大的关系。因此一般选用 6～12 MHz 的晶振。

另外,在设计电路板时,晶振、电容等均应尽可能靠近芯片,以减小分布电容,进一步保证振荡器的稳定性。为了提高温度稳定性,应采用 NPO 电容。

2.2.2.2　外部振荡方式

外部振荡方式是使用外部振荡脉冲信号,常用于多片 MCS-51 单片机同时工作，以便于同步。对外部脉冲信号的要求一般为低于 12 MHz 的方波。

外部的时钟源直接接到 XTAL2 端，直接输入到片内的时钟发生器上。电路如图 2-5(b)所示。由于 XTAL2 的逻辑电平不是 TIL 的，故建议外接一个 4.7～10 kΩ 的上拉电阻。

在 HMOS 单片机中，内部时钟信号取自反相放大器的输出端 XTAL2，这时 XTAL1 接地；在 CHMOS 单片机中，内部时钟信号取自反相放大器的输入端 XTAL1，这时 XTAL2 可以不接地。

需要注意的是，时钟电路产生的振荡脉冲(或者外部振荡脉冲)是通过一个二分频的触发器后才成为单片机的内部时钟脉冲信号。

2.2.3　控制信号引脚

2.2.3.1　RST/V_{PD}(9 脚)

RST 即为 RESET，V_{PD} 为备用电源。该引脚为单片机的上电复位或掉电保护端。当单片机振荡器工作时，该引脚上出现持续两个机器周期的高电平，就可实现复位操作，使单片机回复到初始状态。上电时，考虑到振荡器有一定的起振时间，该引脚上高电平必须持续 10 ms 以上才能保证有效复位。

该引脚可接上备用电源，当 V_{CC} 发生故障，降低到低电平规定值或掉电时，该备用电源为内部 RAM 供电，以保证 RAM 中的数据不丢失。

2.2.3.2　ALE/$\overline{PROG}$(30 脚)

地址锁存信号输出端。当访问外部存储器时，P0 口输出的低 8 位地址由 ALE 输出的控制信号锁存到片外地址锁存器，P0 口输出地址低 8 位后，又能与片外存储器之间传送信息。换言之，由于 P0 口作地址/数据复用口，那么 P0 口上的信息究竟是地址还是数据完全由 ALE 来定义，ALE 高电平期间，P0 口上一般出现地址信息，在 ALE 下降沿时，将 P0 口上地址信息锁存到片外地址锁存器，在 ALE 低电平期间 P0 口上一般出现指令和数据信息。平时不访问片外存储器时，该端也以 1/6 的时钟频率固定输出正脉冲。因而也可作系统中其他芯片的时钟源。ALE 可驱动 8 个 TTL 门。

对于 EPROM 型单片机，在 EPROM 编程时，此脚用于编程脉冲 $\overline{PROG}$。

2.2.3.3　$\overline{PSEN}$(29 脚)

程序存储器允许输出控制端。在单片机访问外部程序存储器时，此引脚输出的负脉冲作为读外部程序存储器的选通信号。此脚接外部程序存储器的$\overline{OE}$(输出允许)端。此脚的输出是外部程序存储器的读选通信号。

$\overline{PSEN}$低电平有效,8051 访问片外程序存储器时,程序计数器 PC 通过 P2 口和 P0 口输出十六位指令地址,$\overline{PSEN}$作为程序存储器读信号,输出负脉冲将相应存储单元的指令读出并送到 P0 口上,供 8051 执行。$\overline{PSEN}$端可以驱动 8 个 LS 型 ITL 负载。

从片外程序存储器读取指令或常数时,用于命令程序存储器做输出动作。每个机器周期内$\overline{PSEN}$信号激发两次,和 ALE 配合。但需要注意的是,在访问片内程序存储器和访问数据存储器时,并不激发$\overline{PSEN}$信号。

例如,用 MOVC 指令从外部程序存储器中读数据时,要产生$\overline{PSEN}$信号。当使用 8031 等没有内部程序存储器的单片机时,因为要从外接的程序存储器中读取指令并加以执行,因此,就算不执行 MOVC 指令时,也会激发$\overline{PSEN}$信号。

若要检查一个 MCS-51 单片机应用系统上电后,CPU 能否正常到外部程序存储器读取指令码,也可用示波器查$\overline{PSEN}$端有无脉冲输出,如有则说明单片机应用系统基本工作正常。

2.2.3.4　$\overline{EA}$/V_{PP}(31 脚)

$\overline{EA}$功能为内外程序存储器选择控制端。当$\overline{EA}$端为高电平时,单片机访问内部程序存储器,但在 PC(程序计数器)值超过 0FFFH 时(对于 8051、8751 为 4 KB),将自动转向执行外部程序存储器内的程序。当保持低电平时,则只访问外部程序存储器,不论是否有内部程序存储器。对于 8031 来说,因其无内部程序存储器,所以该脚必须接地,这样只能选择外部程序存储器。

2.2.4　I/O 接口引脚

2.2.4.1　P0 口(39～32 脚)

P0.0～P0.7 统称为 P0 口。在不接片外存储器与不扩展 I/O 接口时,作为准双向 I/O 接口。在接有片外存储器或扩展 I/O 接口时,P0 口分时复用为低 8 位地址总线和双向数据总线。

2.2.4.2　P1 口(1～8 脚)

P1.0～P1.7 统称为 P1 口,可作为准双向 I/O 接口使用。对于 52 子系列,P1.0 与 P1.1 还有第二功能:P1.0 可用作定时器/计数器 2 的计数脉冲输入端 T2,P1.1 可用作定时器/计数器 2 的外部控制端 T2EX。

2.2.4.3　P2 口(21～28 脚)

P2.0～P2.7 统称为 P2 口,一般可作为准双向 I/O 接口使用;在接有片外存储器或扩展 I/O 接口且寻址范围超过 256 字节时,P2 口用作高 8 位地址总线。

2.2.4.4　P3 口(10～17 脚)

P3.0～P3.7 统称为 P3 口。除作为准双向 I/O 接口使用外,每一位还具有独立的第二功能,P3 口的第二功能如表 2-1 所示。

表 2-1　P3 口的第二功能

P3 口的引脚	第 二 功 能
P3.0	RXD(串行口输入端)
P3.1	TXD(串行口输出端)
P3.2	$\overline{INT0}$(外部中断 0 请求输入端,低电平有效)
P3.3	$\overline{INT1}$(外部中断 1 请求输入端,低电平有效)
P3.4	T0(定时/计数器 0 外部计数脉冲输入端)
P3.5	T1(定时/计数器 1 外部计数脉冲输入端)
P3.6	$\overline{WR}$(外部数据存储器写信号,低电平有效)
P3.7	$\overline{RD}$(外部数据存储器读信号,低电平有效)

2.3　单片机的存储器结构

一般微型计算机通常只有一个逻辑空间,在存储器的设计上,程序存储器 ROM、数据存储器 RAM 都要统一编址,即一个存储器地址对应一个唯一的存储单元。

单片机在存储器的设计上,其共同特点是将程序存储器 ROM 和数据存储器 RAM 分开,它们有各自的寻址机构和寻址方式。对于 MCS-51 片内集成了一定容量的程序存储器(8031/8032/80C31 除外)和数据存储器,同时还具有强大的外部存储器扩展能力,图 2-6 所示是 MCS-51 单片机存储器的配置图。

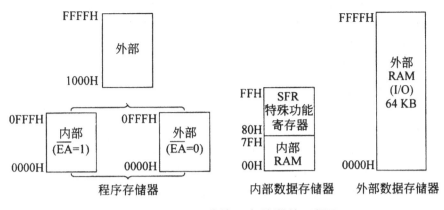

图 2-6　MCS-51 单片机存储器的配置图

从物理上分,MCS-51 可分为 4 个存储空间:片内程序存储器和片外扩展的程序存储器,片内数据存储器和片外扩展的数据存储器。从逻辑上分,即从用户使用角度区分,MCS-51 可分为 3 个逻辑空间:片内外统一编址的 64 KB 程序存储器地址空间;256 B(MCS-51 子系列)或 384 B(MCS-52 子系列)的片内数据存储器地址空间(其中 128 B 地址空间中分布了二十几个字节专用的特殊功能寄存器,即在 80H～FFH 地址空间中仅有二十几个字节有实际意义);64 KB 外部数据存储器地址空间。采用不同的指令形式和寻址方式,访问这 3 个不同的逻辑空间。

单片机的存储器结构与数据操作方法是应用单片机的基础,必须了解得非常清楚。下面分别介绍程序存储器和数据存储器的特点和相应的数据操作方法。

2.3.1　程序存储器

MCS-51 系列单片机具有 64 KB 程序存储器空间的寻址能力,程序存储器用于存放用户程序、数据和表格等信息。在 MCS-51 系列中,不同的芯片其片内程序存储器的容量各不相同。8051 片内有 4 KB ROM,8751 片内有 4 KB EPROM,8052 片内有 8 KB ROM,8752 片内有 8 KB EPROM,8031 和 8032 片内没有 ROM,需要使用片外程序存储器容量。至于片外程序存储器容量,用户可根据需要任意选择,但片内、片外的总容量不得超过 64 KB。

MCS-51 CPU 根据引脚$\overline{EA}$信号来区别访问是片内 ROM 还是片外 ROM。对于 8051 而言,当$\overline{EA}$信号保持高电平,程序计数器 PC 的内容在

0000H～0FFFH 范围内(4 KB),这时执行的是片内 ROM 中的程序,而当 PC 的内容在 1000H～FFFFH 范围时,自动执行片外程序存储器中的程序;当 $\overline{EA}$ 保持低电平时,只能寻址片外程序存储器中的程序。在选用 8031 单片机时,$\overline{EA}$ 必须接低电平。

而程序存储器地址为 0003H～002AH,共 40 个单元为特殊单元,被分为 5 段,每段有 8 个单元,固定地存放 5 个中断服务子程序。中断响应后,根据中断的类型自动转到各中断区的首地址去执行,如下所示:

(1) 0003H～000AH:外部中断 0(INT0)中断地址区。

(2) 000BH～0012H:定时器/计数器 0(T0)中断地址区。

(3) 0013H～001AH:外部中断 1(INT1)中断地址区。

(4) 001BH～0022H:定时器/计数器 1(T1)中断地址区。

(5) 0023H～002AH:串行中断地址区。

故往往把程序存储器 0003H～002AH 作为保留单元。但通常情况下,8 个单元对中断服务程序是远远不够的,所以常常在每段的首地址放一条转移指令,以便转到相应的中断服务程序处执行。

但由于单片机复位后,程序计数器 PC 的内容为 0000H,使单片机必须从 0000H 单元开始执行程序,故在 0000H 处存放一条跳转指令,跳转到用户主程序的第一条指令,其常位于 0030H 之后。

2.3.2　数据存储器

数据存储器用于存放中间运算结果、数据暂存和缓冲、标志位等。数据存储器由 RAM 构成,当切断电源时,数据存储器中的数据将丢失,所以数据存储器只能存放不需永久保存的数据。MCS-51 单片机的 RAM 存储器有片外和片内之分,下面分别介绍。

2.3.2.1　片外 RAM

片外 RAM 容量可达 64 KB,地址范围为 0000H～FFFFH。片内 RAM 的容量为 256 B,地址范围为 00H～FFH。因此,MCS-51 单片机的 RAM 的实际存储容量是超过 64 KB 的。为了把两者区分开,MCS-51 单片机采用不同的指令访问片内 RAM 和片外 RAM。MOV 指令用于访问片内 256 B,MOVX 指令用于访问片外 64 KB。

片外 RAM 采用间接寻址方式,R0、R1 和 DPTR 都可以作为间接寻址寄存器。前两个是 8 位地址指针,寻址范围仅为 256 B,而 DPTR 是 16 位地址指针,寻址范围可达 64 KB。

2.3.2.2　片内 RAM

片内 RAM 又分为低 128 B 和高 128 B 两部分。其中低 128B（即 00H～7FH）为真正的片内 RAM 区，一般片内 RAM 就是指该区；高 128B（即 80H～FFH）为专用寄存器区。

（1）片内低 128 B RAM。片内低 128 B RAM 可分为工作寄存器区、位寻址区和用户 RAM 区，如图 2-7 所示。

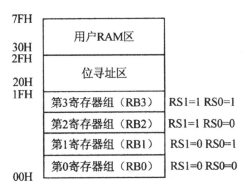

图 2-7　片内低 128B RAM 配置图

① 工作寄存器区。00H～1FH 的 32 个单元是 4 个通用工作寄存器组，每一组有 8 个寄存器，即 R0～R7。编程时，寄存器常用来存放操作数及中间结果等。把正在使用的寄存器组称为当前寄存器区，选择哪一个工作组为当前工作区，由程序状态控制寄存器 PSW 的 RS1 位和 RS0 位的状态决定，用户在编程时用软件设置 RS1 位和 RS0 位，切换当前工作寄存器区。当前寄存器的选择和寄存器组的地址见表 2-2。

表 2-2　RS1、RS0 与当前寄存器组的选择

RS1	RS0	当前寄存器组	R0～R7 的地址
0	0	0	00H～07H
0	1	1	08H～0FH
1	0	2	10H～17H
1	1	3	18H～1FH

例如：

```
CLR RS0            ;将 RS0 位清 0
SETB RS1           ;将 RS1 位置 1(选择第 1 组寄存器)
```

MOV R2,♯55H   ;将立即数55H送R2寄存器

MOV R1,A   ;将累加器A中的数据送R1寄存器

② 位寻址区。20H~2FH为位寻址区,共16字节,128位。这128位每位都可以按位方式使用,每一位都有一个位地址,位地址范围为00H~7FH,它的具体情况如表2-3所示。

表2-3 片内RAM位寻址区地址表

字节单元地址	D7	D6	D5	D4	D3	D2	D1	D0
20H	07H	06H	05H	04H	03H	02H	01H	00H
21H	0FH	0EH	0DH	0CH	0BH	0AH	09H	08H
22H	17H	16H	15H	14H	13H	12H	11H	10H
23H	1FH	1EH	1DH	1CH	1BH	1AH	19H	18H
24H	27H	26H	25H	24H	23H	22H	21H	20H
25H	2FH	2EH	2DH	2CH	2BH	2AH	29H	28H
26H	37H	36H	35H	34H	33H	32H	31H	30H
27H	3FH	3EH	3DH	3CH	3BH	3AH	39H	38H
28H	47H	46H	45H	44H	43H	42H	41H	40H
29H	4FH	4EH	4DH	4CH	4BH	4AH	49H	48H
2AH	57H	56H	55H	54H	53H	52H	51H	50H
2BH	5FH	5EH	5DH	5CH	5BH	5AH	59H	58H
2CH	67H	66H	65H	64H	63H	62H	61H	60H
2DH	6FH	6EH	6DH	6CH	6BH	6AH	69H	68H
2EH	77H	76H	75H	74H	73H	72H	71H	70H
2FH	7FH	7EH	7DH	7CH	7BH	7AH	79H	78H

③ 用户RAM区。30H~7FH是一般RAM区,也称为用户RAM区,共80字节,对于52子系列,一般RAM区从30H~FFH单元。另外,对于前两区中未用的单元也可作为用户RAM单元使用。

(2)片内高128 B RAM(SFR)。特殊功能寄存器(Special Function Register,SFR)(80H~FFH)也称为专用寄存器。SFR位于片内RAM的

高 128 B。SFR 的实际个数和单片机型号有关:8051 单片机或 8031 单片机的 SFR 有 21 个,8052 单片机的 SFR 有 26 个。每个 SFR 占有一个 RAM 单元,它们离散地分布在 80H～FFH 地址范围内,不为 SFR 占用的 RAM 单元实际并不存在,访问它们也是没有意义的,如表 2-4 所示。

表 2-4　MCS-51 单片机的特殊功能寄存器

符　号	名　　称	地　　址
* ACC	累加器 A	E0H
* B	B 寄存器	F0H
* PSW	程序状态字	D0H
SP DPTR	栈指针 数据指针(包括指针高 8 位 DPH 和低 8 位 DPL)	81H 83H(高 8 位),82H(低 8 位)
* P0	P0 口锁存寄存器	80H
* P1	P1 口锁存寄存器	90H
* P2	P2 口锁存寄存器	A0H
* P3	P3 口锁存寄存器	B0H
* IP	中断优先级控制寄存器	B8H
* IE	中断允许控制寄存器	A8H
TMOD	定时器/计数器工作方式寄存器	89H
* TCON	定时器/计数器控制寄存器	88H
TH0	定时器/计数器 0(高字节)	8CH
TL0	定时器/计数器 0(低字节)	8AH
TH1	定时器/计数器 1(高字节)	8DH
TI1	定时器/计数器 1(低字节)	8BH
* SCON	串行口控制寄存器	98H
SBUF	串行数据缓冲器	99H
PCON	电源控制及波特率选择寄存器	87H

注:带"*"号的 SFR 可直接按字节寻址,也可按位寻址。

在 21 个 SFR 寄存器中,用户可以用直接寻址指令对它们进行直接存取,也可以对带有"*"号的 11 个寄存器进行位寻址。在字节型寻址指令中,直接地址的表示方法有两种:一种是使用物理地址,如累加器 A 用 E0H、B 寄存器用 F0H、SP 用 81H;另一种是采用表 2-4 中的寄存器符号,如累加器 A 用 * ACC、B 寄存器用 * B、程序状态字寄存器用 * PSW。两种表示方法中,采用后一种方法比较普通,因为它们比较容易为人们记忆。下面对 8051 单片机的专用寄存器进行分析。

① 累加器 A。累加器 A 又记作 * ACC,它是一个具有特殊用途的二进制 8 位寄存器,专门用来存放操作数和运算结果,而不是一个做加法的部件,为什么给它这么一个名字呢? 或许是因为在运算器做运算时其中有一个数一定是在 ACC 中的缘故吧。累加器是 CPU 中使用最频繁的寄存器。在 CPU 执行某种运算时,两个操作数中的一个通常存放在 A 中,运算完成后累加器 A 中可得到运算的结果。例如,要实现加法运算 1+2 可通过下面的程序段来实现:

MOV A,♯1
ADD A,♯2

第一条指令把加数 1 送入累加器 A,第二条指令把 A 中的内容与 2 相加,执行加法操作的和送入 A 中,所以当这条指令执行结束后,累加器 A 中的数为运算结果 3。并不是所有的指令都必须通过累加器 A 进行操作,有些指令以直接地址或间接地址的形式使数据可以从片内的任意地址单元传送到其他寄存器,而不经过累加器 A。逻辑操作也可以不经累加器 A 而在其他寄存器与变量间直接进行。

② 通用寄存器 B。通用寄存器 B 是一个 8 位寄存器,既可作为一般寄存器使用,也可用于乘除运算。做乘法运算时,B 是乘数。乘法操作后,乘积的高 8 位存于 B 中。做除法运算时,B 存放除数。除法操作后,余数存放在 B 中。

③ 程序状态字 PSW。程序状态字 PSW 用于存放程序运行的状态信息,可按位寻址。这些位的状态就是程序执行的结果。PSW 的各位标志如图 2-8 所示。其中 PSW1 为保留位,未用。程序状态字 PSW 的各位标志的说明如表 2-5 所示。

位	7	6	5	4	3	2	1	0
PSW	CY	AC	F0	RS1	RS0	OV	—	P

图 2-8 PSW 的各位标志

表 2-5　PSW 的各位标志的说明

位	标志	名　称	功　能
7	CY	进位标志位	一是存放算术运算的进位标志 二是在布尔运算中作累加位使用
6	AC	辅助进位标志位	作 BCD 运算时,低 4 位向高 4 位进位或借位时,置"1"
5	F0	用户标志位	用户可用软件自定义的一个状态标记
4	RS1	当前寄存器区选择位	如表 2-2 所示
3	RS0	当前寄存器区选择位	如表 2-2 所示
2	OV	溢出标志位	做算术运算时 OV＝0,未溢出 做算术运算时 OV＝1,溢出
1	—	保留位	
0	P	奇偶标志位	P＝1,则累加器 A 中 1 的个数为奇数 P＝0,则累加器 A 中 1 的个数为偶数

④ 堆栈指针 SP。为实现堆栈的先入后出、后入先出的数据处理,单片机中专门设置了一个堆栈指针 SP。堆栈指针 SP 是一个 8 位的特殊功能寄存器。它指向当前堆栈段的位置,MCS-51 单片机的堆栈是向上生长型的,存入数据是从地址低端向高端延伸,取出数据是从地址高端向低端延伸。入栈和出栈数据是以字节为单位的。入栈时,SP 指针的内容先自动加 1,然后再把数据存入到 SP 指针指向的单元;出栈时,先把 SP 指针指向单元的数据取出,然后再把 SP 指针的内容自动减 1。复位时,SP 的初值为 07H,因此,堆栈实际上是从 08H 开始存放数据。另外,用户也可通过给 SP 赋值的方式来改变堆栈的初始位置。

⑤ 数据指针 DPTR。数据指针 DPTR 是一个 16 位的寄存器。由两个 8 位寄存器 DPH 和 DPL 拼装而成,其中 DPH 为 DPTR 的高 8 位,DPL 为 DPTR 的低 8 位。DPTR 可以用来存放访问片外 RAM 的 16 位地址,也可以用来作为访问 ROM 时的 16 位基址寄存器。

2.4　单片机的时钟电路

单片机的各项工作都是在时钟信号的控制下协调工作的,单片机的时钟电路可为单片机提供一个时钟信号,根据连接方式的不同,时钟电路可分为内部时钟方式和外部时钟方式。

2.4.1　内部时钟方式

MCS-51 单片机片内有一个高增益反相放大器,用于构成振荡器,其输入端为芯片引脚 XTAL1(19 脚),输出端为引脚 XTAL2(18 脚)。只需在 XTAL1 和 XTAL2 两端跨接石英晶体和两个微调电容,就可以构成稳定的自激振荡器并产生振荡时钟脉冲,这种方式称为内部时钟方式,如图 2-9 所示。振荡器的工作频率一般在 1.2～12 MHz,由所选择的石英晶体决定,现在由于制造工艺的改进,频率范围正向两端引伸,高端可达 40 MHz,低端趋近于 0 Hz。微调电容通常取 30 pF 左右。

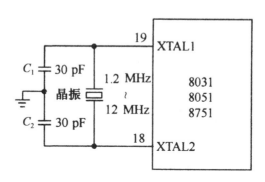

图 2-9　内部时钟方式

2.4.2　外部时钟方式

在由多片单片机组成的系统中,为了使各单片机之间的时钟信号同步,通常引入唯一的公用外部时钟信号作为各单片机的时钟信号。

8051 单片机可以由 XTAL2 引脚直接输入外部振荡脉冲信号,送至内部时钟电路。为了保证 XTAL2 的逻辑电平与 TTL 电平兼容,可接一个 4.7～10 kΩ 的上拉电阻,如图 2-10 所示。

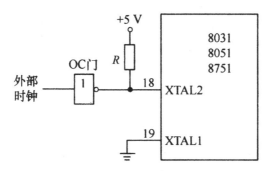

图 2-10　外部时钟方式

对于 CHMOS 型单片机,外部时钟信号则必须从 XTAL1 引脚输入,XTAL2 引脚悬空;对 HMOS 型单片机,外部时钟信号则必须从 XTAL2 引脚输入,XTAL1 引脚接地。

2.5　单片机的时序与复位

2.5.1　单片机的时序

计算机在执行指令时,是将一条指令分解为若干基本的微操作,这些微操作所对应的脉冲信号在时间上的先后次序(或指令执行中各信号之间的相互时间关系)称为计算机的时序。

2.5.1.1　时序定时单位

单片机执行指令是在时序电路的控制下逐步进行的,通常以时序图的形式来表明相关信号的波形及出现的先后次序。周期从小到大分别为振荡周期、时钟周期、机器周期和指令周期。

(1)振荡周期。振荡周期也叫作节拍,用 P 表示,振荡周期是指为单片机提供定时信号的振荡源的周期,是时序中最小的时间单位。例如,若某单片机时钟频率为 2 MHz,则它的振荡周期应为 $0.5\ \mu s$。

(2)时钟周期。时钟周期又叫作状态周期,用 S 表示,是振荡周期的二倍,其前半周期对应的节拍叫作 P1 节拍,后半周期对应的节拍叫作 P2 节拍。P1 节拍通常完成算术、逻辑运算,P2 节拍通常完成传送指令。

（3）机器周期。在计算机中,为了便于管理,常把一条指令的执行过程划分为若干个阶段,每个阶段完成一项基本操作。例如,取指令、读存储器、写存储器等,通常将完成一个基本操作所需的时间称为机器周期。也就是说,机器周期是实现特定功能所需时间。

MCS-51 单片机的机器周期是固定不变的,一个机器周期由 6 个状态周期 S 组成。分为 6 个状态（S1～S6）,每个状态又分为 P1 和 P2 两拍。因此,一个机器周期共有 12 个振荡周期,可以表示为 S1P1,S1P2,S2P1,S2P2,…,S6P2。也就是说,机器周期就是振荡脉冲的 12 分频,如图 2-11 所示。当振荡脉冲频率为 12 MHz 时,一个机器周期为 1 μs;当振荡脉冲频率为 6 MHz 时,一个机器周期为 2 μs。

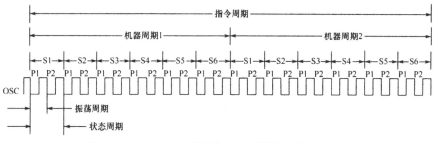

图 2-11　MCS-51 单片机各种周期的相互关系

（4）指令周期。指令周期是执行一条指令所需要的时间,一般由若干个机器周期组成。指令不同,所需要的机器周期数也不同。对于一些简单的单字节指令,在取指令周期中,指令从程序存储器取出送到指令寄存器后,立即译码执行,不再需要其他的机器周期。对于一些比较复杂的指令,例如,转移指令、乘除指令,则需要两个或者两个以上的机器周期。

指令周期是时序信号的最大时间单位。一个指令周期包括若干机器周期,一个机器周期又包括若干个状态周期,CPU 就是按照这种时序有条不紊地控制指令的执行。振荡周期、状态周期、机器周期、指令周期之间的关系如图 2-11 所示。

对不同的指令,其指令周期是不同的,对于 8051 单片机而言,指令周期可为 1 个、2 个和 4 个机器周期。因此,在晶振频率为 12 MHz 时,指令周期为 1 μs、2 μs 和 4 μs。

2.5.1.2　指令时序

MCS-51 系列单片机共有 111 条指令,所有指令按其长度可分为单字节指令、双字节指令和三字节指令。执行这些指令所需要的机器周期数是不同的,概括起来有以下几种:单字节单周期指令、双字节单周期指令、单字节双周期指令、双字节双周期指令、三字节双周期指令和四周期指令。其中四周期指令只有乘、除两条指令。为了便于了解这些基本时序的特点,现列举几种主要时序作以简述。

(1) 单字节单周期指令。单字节单周期指令是指令长度为一个字节,执行时间需一个机器周期的指令,如图 2-12(a)所示。在执行一条单字节单周期指令时,在 S1P2 期间读入操作码并把它锁存在指令寄存器中,指令在本周期的 S6P2 期间执行完毕。虽然在 S4P2 期间读了下一个字节(下一条指令操作码),但 CPU 不予处理,程序计数器 PC 也不加"1",换言之,此次取指无效。

(2) 双字节单周期指令。双字节单周期指令是长度为 2 个字节,执行时间为一个机器周期的指令,如图 2-12(b)所示。在执行一个双字节单周期指令时,在 S1P2 期间读入操作码并锁入指令寄存器中,在 S4P2 期间读入指令的第二个字节,指令在本周期 S6P2 期间执行完毕。

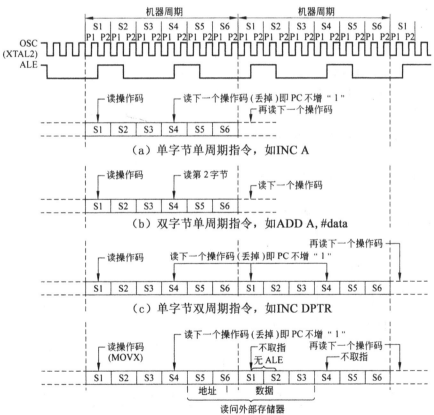

图 2-12　典型指令的取指/执行时序

（3）单字节双周期指令。单字节双周期指令是指令长度为一个字节，执行时间需要两个机器周期的指令，如图 2-12(c)所示。在执行一条单字节双周期指令时，在第一个周期 S1P2 期间读入操作码并锁存在指令寄存器中开始执行，在本周期的 S4P2 期间和下一机器周期的两次读操作全部无效，指令在第二周期 S6P2 期间执行完毕。

图 2-12(d)给出了一个单字节双周期指令实例：MOVX 指令执行情况。在第一周期的 S1P2 期间读取操作码送入指令寄存器，在 S5 期间送出外部数据存储器地址，随后在 S6 期间到下一周期 S3 期间送出或读入数据，访问外部存储器。在读写期间 ALE 端不输出有效信号，第一周期的 S4 期间与第二周期 S1、S4 的三次取指操作都无效，指令在第二周期的 S6P2 期间执行完毕。

2.5.2　单片机的复位

2.5.2.1　复位

复位是使计算机回到初始化状态的一种操作。计算机系统上电后，从何处开始执行第一条指令，由系统复位后的状态决定。当计算机由于程序运行出错使系统处于死锁状态时，就需要通过复位重新启动。

MCS-51 单片机复位的主要功能是把 PC 初始化为 0000H，使单片机从 0000H 单元开始执行程序。另外，复位操作还对其他一些寄存器有影响，它们的复位状态如表 2-6 所示。

表 2-6　特殊功能寄存器的复位状态

特殊功能寄存器	复位状态	特殊功能寄存器	复位状态
PC	0000H	TMOD	00H
A	00H	TCON	00H
B	00H	TL0	00H
PSW	00H	TH0	00H
SP	07H	TL1	00H
DPTR	0000H	TH1	00H
P0～P3	FFH	SCON	00H
IP	××000000B	SBUF	不定
IE	0×000000B	PCON	0×××0000B

注："×"表示 0 或 1 的任意值。

2.5.2.2　复位电路

MCS-51 单片机的复位电路分片内、片外两部分,RST 引脚为复位引脚,复位信号通过引脚 RST 加到单片机的内部复位电路上。内部复位电路在每个机器周期 S2P2 对片外复位信号采样一次,当 RST 引脚上出现连续两个机器周期的高电平时,单片机就能完成一次复位。

外部复位电路就是为内部复位电路提供两个机器周期以上的高电平而设计的。MCS-51 单片机通常采用上电自动复位和按键手动复位两种方式。

（1）上电自动复位。图 2-13 所示是上电自动复位电路。在通电瞬间,在 RC 电路充电过程中,RST 端出现高电平脉冲,从而使单片机复位。由于单片机内的等效电阻的作用,不用图中的电阻 R 也能达到上电复位的目的。

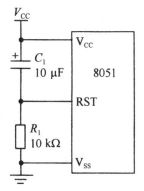

图 2-13　上电自动复位电路

（2）按键手动复位。按键手动复位又分为按键电平复位和按键脉冲复位。按键电平复位电路如图 2-14 所示,是将复位端通过电阻与 V_{cc} 相连。按键脉冲复位则是利用 RC 微分电路产生正脉冲来达到复位目的。

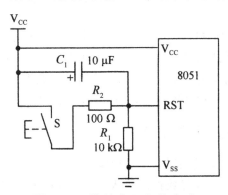

图 2-14　按键电平复位电路

2.6 单片机的并行 I/O 接口

MCS-51 共有 32 条并行双向 I/O 接口线,分成 4 个 8 位 I/O 接口,记作 P0、P1、P2 和 P3。每个接口均由数据输入缓冲器、数据输出驱动及锁存器等组成。这 4 个接口在结构和特性上是基本相同的,但又各具特点。

2.6.1 P0 口

P0 口的字节地址为 80H,位地址为 80H～87H。端口的各位具有完全相同但又相互独立的逻辑电路,P0 口某一位的位结构的电路原理图如图 2-15 所示。

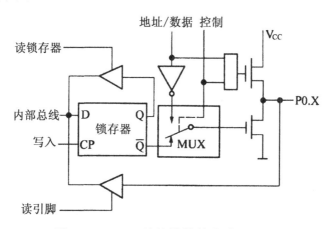

图 2-15 P0 口的位结构的电路原理图

P0 口是一个双向口,因为只有该接口能直接用于对外部存储器的读/写操作,输入和输出数据信息,所以称为数据总线口。另外,P0 口还可以输出访问外部存储器时需要的低 8 位地址,当然是与数据分时输出的。所以要在外部存储器前面加地址锁存器,锁存信号是 ALE。

2.6.1.1 输出控制电路

由 1 个与门、1 个反相器和多路转换开关 MUX 组成。因为 P0 口既可以作通用的 I/O 接口进行数据的输入/输出,也可以作为单片机系统的地址/数据线使用,为此在 P0 口中有一个多路转换开关。

2.6.1.2　输出驱动电路

输出驱动电路由一对场效应管 FET 组成,其工作状态受输出控制电路的控制。

结合输出驱动电路和输出控制电路,分析一下 P0 口的工作过程。

当 P0 口作为一般 I/O 接口输出数据使用时,控制信号应为低电平,封锁与门(与门输出肯定为 0)。这时,MUX 把输出级与锁存器的 $\overline{Q}$ 端接通。与门输出为 0,使上场效应管(FET)处于截止状态。当写脉冲加在触发器时钟端 CP 上时,则与内部总线相连的 D 端数据取反后出现在 $\overline{Q}$ 端,再经 FET 反相,在 P0 引脚上出现的数据就是内部总线的数据。

当从 P0 口输出地址/数据时,控制信号为高电平。MUX 上拉,把数据/地址信息经反相后和下 FET 接通,同时与门开锁。当地址/数据信息为“0”时,通过与门使上 FET 截止,经反相器使下 FET 导通,再经 FET 反相,从而使引脚输出“0”信号。反之,当地址/数据信息为“1”时,通过与门使上 FET 导通,经反相器使下 FET 截止,再经 FET 反相,从而使引脚输出“1”信号。

2.6.2　P1 口

P1 口的字节地址为 90H,位地址为 90H～97H。P1 口某一位的位结构的电路原理图如图 2-16 所示。

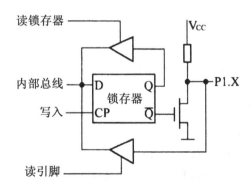

图 2-16　P1 口的位结构的电路原理图

P1 口是一个标准的准双向口,在结构上与 P0 口有以下不同之处:

(1) 由于 P1 口功能比较单一,在组成应用系统时,并不像 P0 口那样要分时作为数据总线和地址总线。一般它只用作普通的输入、输出,因此不再需要模拟转换开关。

（2）在输出驱动部分,接有上拉电阻,与场效应管共同组成输出驱动电路。因此 P1 口作为输出口使用时,已经能向外提供推拉电流负载,无须再加上拉电阻。只不过图中的上拉电阻实际上也是由场效应管构成的,并不是线形电阻。

2.6.3　P2 口

P2 口的位结构的电路原理图如图 2-17 所示。

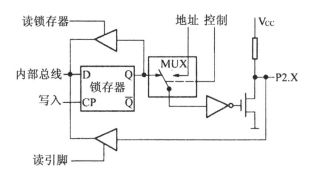

图 2-17　P2 口的位结构的电路原理图

因为 P2 口可以作通用 I/O 接口使用,也可以输出地址的高 8 位,因此在结构上,P2 口比 P1 口多了一个输出转换控制部分,这和 P0 口一样。

P2 口作通用的 I/O 接口使用,MUX 倒向左边,与锁存器 Q 端相接。

当系统中接有外部存储器时,P2 口可用于输出高 8 位地址,在 CPU 的控制下,MUX 应倒向右边,与地址信号相连。

大家可以按照 P0 口分析 P2 口的工作过程。

2.6.4　P3 口

P3 口的位结构的电路原理图如图 2-18 所示。

P3 口也是一个双功能口。当作为通用 I/O 接口使用时,工作原理与 P1 和 P2 口类似。除可用作通用 I/O 接口外,P3 口可工作于专用功能。

由于 P3 口的第二功能中有的是输出的,有的是输入的,因此在输入方面多了一个缓冲器,用于第二功能的输入。

当 P3 口作通用输出口时,专用输出功能端应保持高电平,使与非门的输出取决于锁存器 Q 的状态。

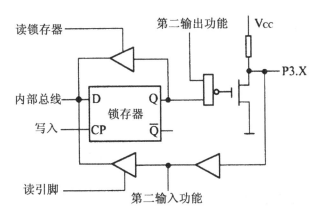

图 2-18　P3 口的位结构的电路原理图

当 P3 口作专用信号输出时,则应先将该位锁存器置 1,使与非门的输出由专用输出控制线的状态决定。

当 P3 口作为输入口时,不管是通用输入还是专用信号输入,都应先使锁存器置 1,第二输出功能应保持高电平,使与非门输出为 0,FET 截止,以保证高阻抗输入。

2.7　单片机的工作原理

单片机的工作原理是衡量单片机性能的一个重要指标。在单片机应用中,必须了解单片机的各种工作原理。MCS-51 单片机有几种不同的工作方式,不同的工作方式对应不同的工作状态。

2.7.1　程序执行方式

单片机最基本的执行方式是程序执行方式,在这个方式下,单片机应用系统执行设计者的程序,程序执行方式又可分为连续执行和单步执行两种方式。

2.7.1.1　连续执行方式

连续执行方式是从指定地址开始连续执行程序存储器(ROM)中存放的程序。单片机复位后程序计数器 PC＝0000H,因此单片机应用系统在加电或复位后从 0000H 处开始执行程序。但为了避开中断入口地址,应用程序一般都在 0000H 处存放一条转移指令,转移到应用程序的主程序的开始处,开始连续执行应用程序。一般主程序都从 0030H 或 0050H 开始编写。

2.7.1.2　单步执行方式

单步执行方式其实是通过脉冲信号来控制和执行程序,一般一个外来脉冲信号对应一个执行程序,传来一个脉冲信号就会执行一条指令或程序,而脉冲是由按键产生的,所以单步执行方式实际上就是按一次键执行一条指令。

程序的单步执行方式是在仿真调试中应用的,而单片机应用系统在实际的工作中是不能单步执行的。单步执行需要借助单片机的外部中断功能实现,将单步执行键与外部中断源入口相连,按下单步执行键,其相应电路会产生一个脉冲信号,这个脉冲信号通过中断源,向单片机发出中断请求,中断服务子程序接收后执行用户程序的一条指令。假定利用外部中断 0 实现程序的单步执行,应事先做好两项准备工作。

(1) 设计单步执行的外部控制电路,以按键产生脉冲作为外部中断 0 的中断请求信号,经 $\overline{INT0}$ 端输入,并把电路设计成不按按键为低电平,按下按键产生一个高电平。此外,还需要在初始化程序中定义 $\overline{INT0}$ 低电平有效。

(2) 编写外部中断 0 的中断服务程序,即

JNB P3.2,S　　　;若 $\overline{INT0}=0$,则等待

JB P3.2,S　　　;若 $\overline{INT0}=1$,则等待

RETI　　　　　　;返回主菜单

这样在没有按下按键的时候,$\overline{INT0}=0$,中断有效,单片机响应中断。但转入中断服务程序后,只能在它的第一条指令上等待,只有按一次单步键,产生正脉冲 $\overline{INT0}=1$,才能通过第一条指令而到第二条指令上去等待。当正脉冲结束后,再结束第二条指令并通过第三条指令返回主程序。而 MCS-51 的中断机制有这样一个特点,即当一个中断服务正在进行时,又来了一个同级的新的中断请求,这时 CPU 不会立即响应中断,只有当原中断服务结束并返回主程序后,至少要执行一条指令,然后才能再响应新的中断。利用这个特点,不按按键即产生中断请求,进入中断服务,再按一次按键且放开后,又产生新的中断请求,故单片机从中断服务程序返回主程序后,能且只能执行一条指令。因为这时 $\overline{INT0}$ 已为低电平,$\overline{INT0}$ 请求有效,单片机就再一次响应中断,并进入中断服务去等待,从而实现了主程序的单步执行。

2.7.2　低功耗运行方式

80C51 有 HMOS 器件所不具备的两个低功耗运行方式,即休闲和掉电保护方式。图 2-19 所示是实现这两种方式的内部电路。

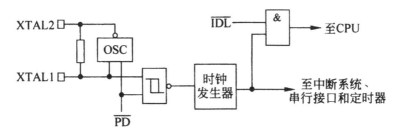

图 2-19　休闲和掉电方式的实现电路

(1) 如果 PCON 中的 $\overline{\text{IDL}}=0$,则 80C51 将进入休闲运行方式。在这种方式下,振荡器仍继续运行,但 $\overline{\text{IDL}}$ 封锁了去 CPU 的与门。故 CPU 此时得不到时钟信号,而中断、串行接口和定时器等环节却仍在时钟控制下正常运行。

(2) 掉电方式下(PCON 中 $\overline{\text{PD}}=0$),振荡器冻结。

2.7.2.1　休闲运行方式

将 PCON 寄存器的 IDL 位置于“1”,即进入休闲方式。程序运行过程中,在 CPU 没有工作要做时(如等待定时时间到来),就进入一种降低功耗的工作方式。在休闲方式下,工作电流仅为 1.7～5 mA,而正常的工作电流为 11～20 mA。此时 CPU 的工作暂停。由 80C51 内部控制电路可见,在休闲方式下,时钟发生器仍然工作,并向中断系统串行口和定时器提供工作时钟信号,但向 CPU 提供时钟的电路被封锁,CPU 工作停止。

因为 PCON 寄存器不可按位寻址,所以欲置休闲方式必须用字节操作指令。例如,执行 ORL PCON,♯1 指令后,80C51 即进入休闲方式。CPU 的状态在待机期间维持不变,堆栈指针、程序计数器、累加器、PSW 以及所有其他寄存器均保持其原数据不变,各引脚也保持其进入休闲方式时所具有的逻辑状态,ALE 和 $\overline{\text{PSEN}}$ 保持高电平。

80C51 处于休闲方式期间,ALE 和 $\overline{\text{PSEN}}$ 引脚输出逻辑高电平 V_{OH}。这样,片外 EPROM 也处于禁止状态。表 2-7 所列为这两种方式下各有关引脚的逻辑状态。如果在进入休闲方式之前,80C51 执行的是片外存储器中的程序,那么 P0 口各引脚此时将处于高阻状态,P2 口继续发出 PC 高字节。若此前执行的是片内程序,则 P0 口和 P2 口将继续发送专用寄存器 P0 和 P2 中的数据。

表 2-7　休闲和掉电方式下各引脚的逻辑状态

引脚	执行片内程序		执行片外程序	
	休闲	掉电	休闲	掉电
ALE	1	0	1	0
$\overline{\text{PSEN}}$	1	0	1	0
P0	SFR 数据	SFR 数据	高阻	高阻
P1	SFR 数据	SFR 数据	SFR 数据	SFR 数据
P2	SFR 数据	SFR 数据	PCH	SFR 数据
P3	SFR 数据	SFR 数据	SFR 数据	SFR 数据

有两种方法可用来终止休闲方式。

(1) 中断。发生任何中断,都会导致 PCON.0 位被硬件清 0,从而也就终止了休闲方式,此时 CPU 响应此中断请求,进入中断服务子程序,在中断服务子程序执行最后一条指令 RETI,返回程序中,正好是原先置待机方式指令后的下一条指令,中断处理结束后,程序将从休闲方式启动指令后面恢复执行,CPU 将继续工作。

(2) 硬件复位。休闲方式下振荡器仍然工作,故硬件复位信号只需保持两个机器周期有效即可完成复位过程。RST 引脚上的有效信号直接异步地将 IDL 位清 0。此时 CPU 从它停止运行的地方恢复程序的执行,即从休闲方式的启动指令后面继续下去。

需要指出的是,用硬件复位使器件退出休闲方式,在执行一两条指令后,最终将导致 80C51 复位,所有端口锁存器位都被写成 1,各 SFR 均被初始化成复位值,程序从 0000H 单元重新开始执行。

2.7.2.2　掉电保护方式

如果 PCON 寄存器的 PD 位被写成 1,则 80C51 即进入掉电运行方式。此时片内振荡器停振,时钟冻结,故所有功能均暂时停止。只要 V_{cc} 存在,片内 RAM 和 SFR 就将保持其内容不变。

80C51 处于掉电方式时,由表 2-7 可见,ALE 和 $\overline{\text{PSEN}}$ 引脚输出逻辑低电平 V_{OL}。这样设计的目的,主要是为了便于在掉电方式下撤销对片内

RAM 以外电路的供电,从而进一步降低功耗。

如果在执行片内程序时启动了掉电方式,则各口引脚将继续输出其相应 SFR 的内容。即使 80C51 由片外程序进入掉电方式,P1～P2 口也输出其 SFR 的数据,但 P0 口将处于高阻状态。

退出掉电方式的唯一方法是硬件复位。复位操作使所有 SFR 均恢复成初始值,并从 0000H 单元重新开始执行程序。因此,定时器、中断允许、波特率和口状态等均需重新安排。但片内 RAM 的内容并不受影响。

掉电方式下,V_{CC} 供电可降至 2 V。

习题

1. MCS-51 单片机包含哪些主要逻辑功能部件? 各个功能部件的主要功能是什么?

2. MCS-51 单片机有几个存储器地址空间? 画出它的存储器结构图。

3. 简述 8051 单片机片内 RAM 存储器的地址空间分配。

4. 单片机复位有几种方式? 复位后的机器初始状态如何?

5. 试画出单片机与外部寄存器、I/O 接口的连接图,并说明为什么外扩存储器时 P0 口要加接地锁存器,而 P2 口却不用加接。

6. MCS-51 单片机有哪几种工作方式?

第3章 MCS-51单片机的指令系统

3.1 指令系统概述

3.1.1 指令与指令系统

3.1.1.1 指令

指令是指示计算机执行某种操作的命令。计算机所能执行的全部指令的集合称为指令系统。指令系统是供用户使用的软件资源,是在微型计算机设计时确定的,是用户必须遵循的标准。不同的计算机都有不同的指令系统,指令系统的强弱在很大程度上决定了这类计算机智能的高低。MCS-51指令系统共有33种功能、42种助记符、111条指令。

由于计算机只能识别二进制数,所以指令也必须用二进制形式来表示。用二进制形式来表示的指令称为指令的机器码或机器指令,并由此组成机器语言。

例如,计算3+2,则在MCS-51单片机中用机器码编程为:

01110100 00000011   ;将3送累加器A

00100100 00000010   ;将累加器A的内容与2相加,结果存放在A中

为了便于书写和记忆,也可用十六进制代码表示指令,即表示为:

74H 03H

24H 02H

显然,用机器语言编写程序不易记忆,易出错。为克服上述缺点,可以将指令采用助记符、符号和数字来表示,即采用汇编语言。汇编语言与机器语言指令是一一对应的,如上例用MCS-51汇编语言写成:

MOV A,♯03H   ;将3送累加器A

ADD A,♯02H   ;将累加器A的内容与2相加,结果存放在A中

3.1.1.2　指令系统

计算机能够执行的全部操作所对应的指令集合,称为计算机的指令系统。从指令是反映计算机内部的一种操作的角度来看,指令系统全面展示了计算机的操作功能,也就是它的工作原理;从用户使用的角度来看,指令系统是提供给用户使用计算机功能的软件资源。要让计算机处理问题,首先要编写程序。编写程序实际上是从指令系统中挑选一个指令子集的过程。

一种机器的指令系统是该机器本身所固有的,用户无法改变,只能接受使用它。虽然各种机器指令系统各不相同,但它们的指令类型、指令格式、指令基本操作以及指令寻址方式都有很多共同之处。因此,在学习指令系统时,既要从编程使用的角度掌握指令的使用格式及每条指令的功能,又要掌握每条指令在计算机内部的微观操作过程(即工作原理),从而进一步加深对硬件组成原理的理解。学习好一种机器的指令系统,再学习掌握其他机器指令系统就容易了。

3.1.2　指令的基本格式

指令的表示方法称为指令格式,其内容包括指令的长度和指令内部信息的安排等。MCS-51 汇编语言指令格式与其他微机的指令格式一样,均由以下几个部分组成:

［标号:］操作码［(目的操作数),(源操作数)］［;注释］

例如:

LOOP:MOV A,B　;(A)←B

对 MCS-51 单片机汇编语言指令的标准格式作以下说明:

(1) 一个指令行中字段之间须用分隔符(空格、冒号、逗号、分号等)隔开。

(2) 括号［］表示该项是可选项,可有可无。故单片机指令行操作码不可缺少,即任意一条指令都必须有操作码。

(3) 标号(Label)是用户设定的符号,它实际代表该指令所在程序存储器的地址,编写程序时根据需要来设置。标号必须以字母开头,其后可加数字串或字母或下划线,但不能使用运算符,不能超过 8 个字符。

例如:

ABC Q3 PAT D678 均为标号的允许格式。

SAC−PTR 10AB＋A 等均为标号不允许的格式。

标号后必须使用英文编辑环境下的“:”作为分隔符来结尾。

（4）操作码(Operation Code)是用英文缩写的指令功能助记符。它确定了本条指令完成什么样的操作功能,指示机器执行何种操作,是指令行的核心部分,是指令行中的必选字段。例如,MOV 表示数据传送类操作。如果指令行中没有操作码,则不是一个完整的指令行,汇编将无法通过。操作码与操作数之间用"空格"分隔。

（5）目的操作数(Destination Operand)提供操作的对象,并指出一个目标地址,表示操作结果存放单元的地址,它与操作码之间必须以一个或几个空格分隔。

（6）源操作数(Source Operand)指出的是一个源地址(或立即数),表示操作的对象或操作数来自何处。它与目的操作数之间要用英文编辑环境下的","隔开。

（7）注释(Notes)部分是在编写程序时,为了增加程序的可读性,由用户编写对该条指令或该段程序功能的说明。它以英文编辑环境下的分号";"开头,可以用中文、英文或某些符号来对本条指令作注释,汇编程序一旦遇到分号,就会认为后面内容是注释,无须翻译。

3.1.3 指令中用到的描述符号

下面对描述指令的一些符号的约定意义加以说明。在 MCS-51 系列单片机的指令中,常用的符号如下:

（1）Ri:可用作间接寻址的工作寄存器 R0、R1(i=0,1)。

（2）Rn:作为选定工作寄存器组的工作寄存器 R0～R7(n=0～7)。

（3）@Ri:寄存器 Ri 间接寻址和 8 位片内 RAM 单元 0～255。

（4）direct:8 位直接地址,可以是片内 RAM 单元或特殊功能寄存器的地址。

（5）♯data:8 位立即数。"♯"为立即数的前缀符号。

（6）♯data 16:指令中的 16 位立即数。

（7）addr 11:11 位目的地址,用于 ACALL 和 AJMP 指令中,目的地址必须放在与下一条指令第一个字节同一个 2 KB 程序存储器地址空间之内。

（8）addr 16:16 位目的地址,用于 LCALL 或 LJMP 指令中,能转移到 64 KB 程序存储器的任何地址空间。

（9）rel:带符号的 8 位偏移地址,用于 SJMP 和所有的条件转移指令。其范围是相对于下一条指令第一个字节地址的-128～+127 个字节。

（10）DPTR:16 位数据指针,也可作为 16 位地址寄存器。

（11）bit：位地址，片内 RAM 中的可寻址位和特殊功能寄存器的地址。

（12）/bit：位地址单元内容取反。

（13）A：累加器 ACC。

（14）B：通用寄存器，用于 MUL 和 DIV 指令中。

（15）CY：进位标志位或布尔处理器中的累加器。

（16）@：间接寻址前缀符号，用于间址寄存器前，如@Ri、@DPTR。

（17）$：当前指令的地址。

（18）（X）：X 中的内容。

（19）（（X））：由 X 指出的地址单元中的内容。

（20）→：箭头左边的内容被箭头右边的内容所取代，右边内容不变。

（21）←→：箭头左边的内容与箭头右边的内容交换。

3.2　单片机的寻址方式

将源地址中的数据复制取出，经运算后放到目的地址中去的寻找地址的方式，称为寻址方式。一般在计算机系统中，寻址方式越多，表明其功能越强，灵活性越大。学习 MCS-51 单片机的指令系统就必须熟练掌握寻址方式。

3.2.1　立即寻址

立即寻址，即操作数在指令中直接给出，紧跟在操作码的后面，该数据称为立即数，可为 8 位或 16 位。

例 3.1　将立即数 60H 传送到累加器 A 中。执行指令：

MOV A，♯60H　　　；A←♯60H，♯表示立即数

该指令在存储器中的存放格式如图 3-1 所示。

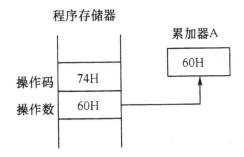

图 3-1　立即寻址执行示意图

3.2.2 直接寻址

在指令中直接给出操作数所在存储单元的地址。操作数不是立即数,而是操作数所在地址。所需的操作数从该地址单元中获得,由于这类指令的地址直接标注在指令上,所以称为直接寻址。

直接寻址方式可访问的存储器空间包括片内 RAM 的 128 个单元和特殊功能寄存器 SFR,外部存储器访问没有此种寻址方式。

例 3.2 已知(30H)=56H,即内存单元 30H 中存放的数据为 56H,试将 30H 单元中的内容传送到累加器 A 中。执行指令:

MOV A,30H ;A←(30H)

说明:该条指令源操作数的寻址方式为直接寻址,指令机器码的存储和指令执行示意图如图 3-2 所示。

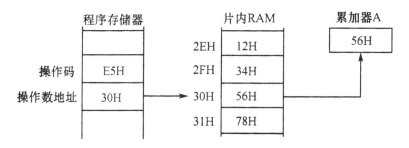

图 3-2 直接寻址执行示意图

3.2.3 寄存器寻址

以寄存器为操作数的寻址方式称为寄存器寻址,即寄存器寻址的操作数既不是立即数,也不是地址,而是一个寄存器名称。寄存器是指当前工作寄存器组 R0～R7 中的一个,操作数为寄存器中的内容。寄存器寻址的速度比直接寻址要快。

例 3.3 已知(R1)=65H,试将寄存器 R1 中的内容传送到累加器 A 中。执行指令:

MOV A,R1 ;A←(R1)

说明:该指令功能是将当前工作寄存器组中 R1 的内容传送给累加器 A。源操作数寻址方式为寄存器寻址。指令执行示意图如图 3-3 所示。

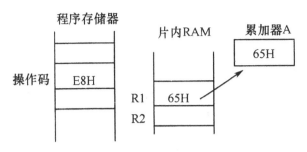

图 3-3　寄存器寻址执行示意图

3.2.4　寄存器间接寻址

由指令指出某一个寄存器的内容作为操作数地址,由该地址访问对应的存储器单元,将该单元内容作为操作数,这种寻址方法称为寄存器间接寻址。

寄存器间接寻址使用所选定寄存器区中的 R0 和 R1 作为地址指针来寻址片内数据存储器 RAM(00~7FH)的 128 个单元,不能访问特殊功能寄存器 SFR。还可用 DPTR 作为地址指针访问外部数据存储器,寄存器间接寻址用符号"@"指明。

例 3.4　已知(R1)=65H,(65H)=33H,试将 65H 中的内容传送到累加器 A 中。执行指令:

MOV A,@R1

说明:本条指令以 R1 中的内容 65H 为内部存储器地址,将其中的内容 33H 传送到累加器 A 中,即 A←((R1))。本条指令的机器码为 E6H。

执行结果:(A)=33H,R1 中的内容和存储器 65H 中的内容不变。指令执行示意图如图 3-4 所示。

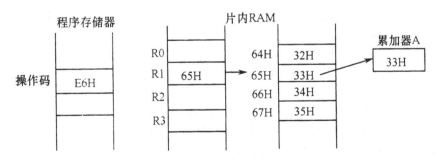

图 3-4　寄存器间接寻址执行示意图

3.2.5 变址寻址

变址寻址是指操作数的地址由基址寄存器的地址加上变址寄存器的地址得到。在 MCS-51 系统中,它是以数据指针寄存器 DPTR 或程序计数器 PC 为基址,累加器 A 为变址,两者相加得到存储单元的地址,所访问的存储器为程序存储器。这种寻址方式通常用于访问程序存储器中的表格型数据,表首单元的地址为基址,访问的单元相对于表首的位移量为变址,两者相加得到访问单元的地址。例如:

MOV DPTR,♯1234H

MOV A,♯0A4H

MOVC A,@A+DPTR

前两条指令执行完,则(A)=0A4H,(DPTR)=1234H,第 3 条指令的功能是将 DPTR 的内容与 A 的内容相加,变址寻址形成的操作数地址,即程序存储器存储单元的地址为 1234H+0A4H=12D8H,然后取出此存储单元中的内容送入累加器 A 中,而 12D8H 单元的内容为 3FH,故该指令执行结果使 A 的内容为 3FH。指令执行示意图如图 3-5 所示。

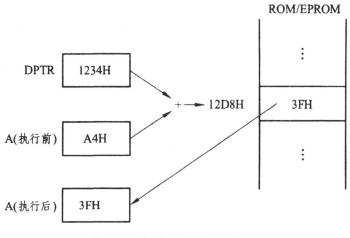

图 3-5 变址寻址执行示意图

对 MCS-51 指令系统的变址寻址方式作以下说明:

(1)变址寻址方式只能访问程序存储器,或者说,它是专门针对程序存储器的寻址方式。其寻址范围是 64 KB。

（2）变址寻址的指令只有 3 条：

MOVC A,@A+DPTR

MOVC A,@A+PC

JMP @A+DPTR

其中，前两条是程序存储器读指令，后一条是无条件转移指令。

（3）尽管变址寻址方式较为复杂，但变址寻址的指令却都是单字节指令。

3.2.6 相对寻址

前面所述的五种寻址方式都是用于获取操作数的，而相对寻址是专为实现程序的相对转移而设计的，为相对转移指令所用。相对转移指令对应相对寻址方式。相对寻址指令执行时，是以当前程序计数器 PC 的值加上指令规定的偏移量 rel 而构成实际操作数地址，即

转移目的地址＝转移指令所在地址＋转移指令字节数＋rel

＝PC 当前值＋偏移量 rel

例 3.5 已知(PC)＝2000H，执行指令：

SJMP 50H

【说明】这条指令机器码为两字节：80H50H。其中 80H 为操作码，50H 为偏移量。指令执行示意图如图 3-6 所示。设指令所在地址为 2000H，即 80H 存放 2000H，50H 存放 2001H。指令执行时，PC 指向 2000H，将 80H 取出送至指令译码器翻译执行，同时 PC 自动加 1，指向 2001H 单元；指令翻译后有 4 个操作：第一，将 2001H 单元偏移量取出；第二，PC 自动加 1，指向 2002H 单元；第三，将取出的 50H 符号扩展后与当前 PC 值相加，即 2002H＋0050H＝2052H；第四，将 2052H 送给程序计数器(PC)，将 PC 原来内容 2002H 覆盖。之后，程序转向 2052H 开始执行。如果偏移量为负数，如－12，则偏移量机器码为 F4H（－12 的补码），则在上述操作的第三步变为 2002H＋FFF4H＝1FF6H。之后，程序转向 1FF6H 开始执行。

3.2.7 位寻址

与直接寻址类似，位寻址在指令中直接给出操作数的位地址。在片内 RAM 中，位寻址区位于字节地址 20H～2FH，共 16 字节，128 位，位地址为 00H～7FH。在特殊功能寄存器(SFR)中，能被 8 整除的字节地址中的位也可进行寻址位，但习惯上常用符号表示，如 TI、RI、CY 等。

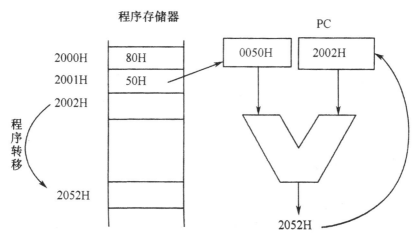

图 3-6　相对寻址执行示意图

例 3.6　将位地址 00H 的内容传送到位累加器 C 中。执行指令：

MOV C,00H

说明:此条指令机器码为 A2H00H,第一字节 A2H 为操作码,第二字节为操作数位地址 00H。位地址 00H 位于内部存储器地址 20H 的最低位。该指令执行后,位 CY 进位,即 PSW.7 的内容为 1。指令执行示意图如图 3-7 所示。

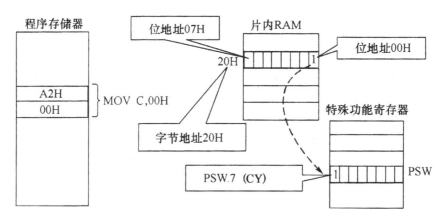

图 3-7　位寻址执行示意图

3.3　单片机的指令系统

MCS-51 单片机指令系统有 42 种助记符,描述了 33 种操作功能,与寻址方式组合,得到 111 条指令。若按字节数分类,则有 49 条单字节指令、45 条双字节指令和 17 条三字节指令。若按指令执行时间分类,则有 64 条单周期指令、45 条双周期指令和 2 条(乘、除)四周期指令。若按指令功能分类,则有 29 条数据传送类指令、24 条算术运算指令、24 条逻辑运算指令、17 条控制转移指令和 17 条位操作指令。

3.3.1　数据传送指令

MCS-51 系列单片机为用户提供极其丰富的数据传送指令,是指令系统中最活跃、使用最频繁的一类指令,几乎所有的应用程序都用到这类指令,功能很强。特别是直接寻址,可不使用工作寄存器或累加器,以提高数据传送的速度和效率。

数据传送指令的分类如图 3-8 所示。

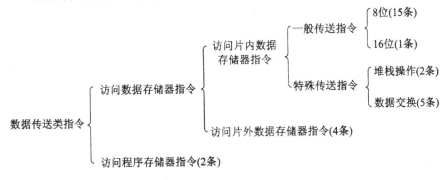

图 3-8　数据传送指令的分类

3.3.1.1　片内 RAM 数据传送指令

传送指令的助记符为 MOV,通用格式如下。

MOV(目的操作数),(源操作数)

传送指令时有从右向左传送数据的约定,即指令的右边操作数为源操作数,表达数据的来源;左边操作数为目的操作数,表达数据的去向。

单片机芯片内部是数据传送最为频繁的部分,有关的传送指令也很多。该类指令的功能是实现数据在片内 RAM 单元之间、寄存器之间、寄存器与

RAM 单元之间的传送。图 3-9 给出了该类指令的操作关系图。

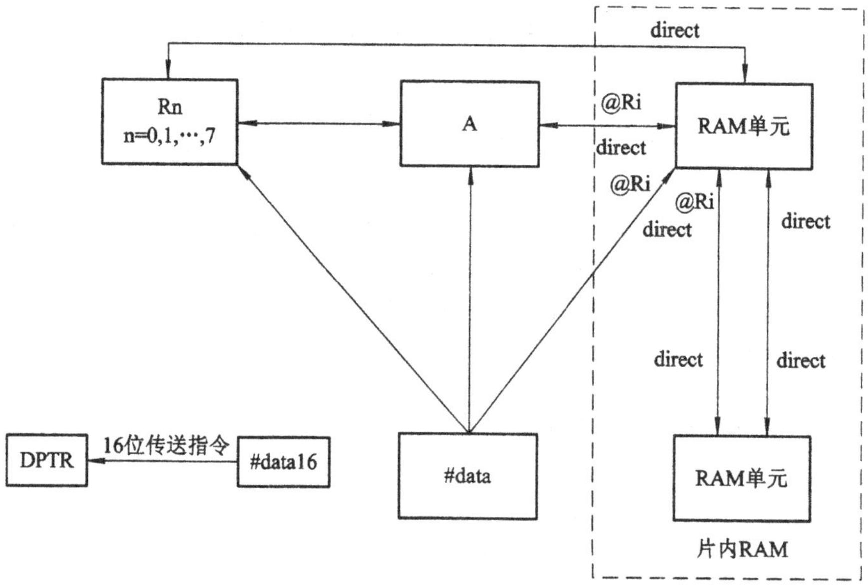

图 3-9 访问片内 RAM 的传送指令操作关系图

在图 3-9 中,一条单向箭头线表示一种操作,箭头线尾是源操作数,箭头指向目的操作数,箭头线旁的标识符表示对片内 RAM 的某种寻址方式。因此,一条单向箭头线对应一种寻址方式,即一条 MOV 指令。双向箭头线可以看成两条单向箭头线。由图 3-9 可知:

① 立即数只能作为源操作数,而不能作为目的操作数。

② 工作寄存器中的内容只能和直接寻址方式寻址的片内 RAM 单元内容相互传送,不能和其他寻址方式寻址的单元进行数据传送。

③ 累加器 A 的内容可以和寄存器间接寻址方式、直接寻址方式寻址的片内 RAM 单元的内容相互传送。

④ 寄存器间接寻址方式寻址的片内 RAM 单元的内容可以和直接寻址方式寻址的另一个 RAM 单元的内容相互传送。

⑤ 直接寻址方式寻址的两个不同地址 RAM 单元的内容可以相互传送。16 位传送指令只有一条,是一条给 DPTR 送数的指令。

举例如下:

(1)以累加器 A 为目的操作数的指令。指令的基本形式如下。

```
MOV A,Rn          ;A←(Rn)
MOV A,@Ri         ;A←((Ri))
MOV A,direct      ;A←(direct)
```

```
    MOV A,♯data              ;A←data
```

该组指令的功能是把源操作数传送给累加器 A。

例 3.7 已知累加器(A)＝30H,寄存器(R6)＝30H,(R0)＝30H,内部 RAM(20H)＝55H,内部 RAM(30H)＝20H,分析下列指令执行结果:

```
    MOV A,R6                 ;A←(R6),结果:(A)＝30H
    MOV A,20H                ;A←(20H),结果:(A)＝55H
    MOV A,@R0                ;A←((R0)),结果:(A)＝20H
    MOV A,♯66H               ;A←66H,结果:(A)＝66H
```

(2) 以工作寄存器 Rn 为目的操作数的指令。指令的基本形式如下。

```
    MOV Rn,A                 ;Rn←(A)
    MOV Rn,direct            ;Rn←(direct)
    MOV Rn,♯data             ;Rn←data
```

例 3.8 已知累加器(A)＝20H,(30H)＝50H,判断执行下列指令后 R0 寄存器中的内容:

```
    MOV R0,A                 ;R0←(A),结果:(R0)＝20H
    MOV R0,30H               ;R0←(30H),结果:(R0)＝50H
    MOV R0,♯55H              ;R0←♯55H,结果:(R0)＝55H
```

(3) 以直接地址为目的操作数的指令。指令的基本形式如下。

```
    MOV direct,A             ;direct←(A)
    MOV direct,Rn            ;direct←(Rn)
    MOV direct1,direct2      ;direct1←(direct2)
    MOV direct,@Ri           ;direct←((Ri))
    MOV direct,♯data         ;direct←data
```

例 3.9 已知累加器(A)＝40H,(R2)＝20H,(R0)＝80H,(80H)＝78H,(78H)＝50H,判断各存储单元执行下列指令后的结果:

```
    MOV PI,A                 ;PI←(A),结果:PI＝40H
    MOV 70H,R2               ;70H←(R2),结果:(70H)＝20H
    MOV 20H,78H              ;20H←(78H),结果:(20H)＝50H
    MOV 40H,@R0              ;40H←((R0)),结果:(40H)＝78H
    MOV 01H,♯80H             ;(01H)←80H,结果:(01H)＝80H
```

(4) 以间接地址为目的操作数的指令。指令的基本形式如下。

```
    MOV @R0,A                ;将 A 中的值送入 R0 中的值为地址的单元
                              中,A 中的值保持不变
    MOV @R1,21H              ;将地址为 21H 的单元中的值送入以 R1 中的
                              值作为地址的单元中
```

　　　　MOV @R1，♯34H　　　;将 34H 这个值送入以 R1 中的值作为地址的

　　　　　　　　　　　　　　　　单元中

　　例 3.10　已知累加器(A)＝50H，(40H)＝32H，(R0)＝20H，判断执行下列指令后的结果：

　　　　MOV @R0，A　　　　　;((R0))←(A)，结果:(20H)＝50H

　　　　MOV @R0，40H　　　　;((R0))←(40H)，结果:(20H)＝32H

　　　　MOV @R0，♯88H　　　;((R0))←88H，结果:(20H)＝88H

　　(5) 以立即数 DPTR 为目的操作数的指令。指令的基本形式如下。

　　　　MOV DPTR，♯data16　;(DPTR)←♯data16

　　即把 16 位立即数装入数据指针 DPTR 中。该指令表明,可把 16 位立即数直接装入数据指针 DPTR,这是唯一的 16 位立即数传送指令。DPTR 由 DPH 和 DPL 组成。这条指令执行的结果是将高 8 位立即数 dataH 送入 DPH,低 8 位立即数 dataL 送入 DPL。译成机器码时,高位字节在前,低位字节在后,如"MOV DPTR,♯1234H"的机器码是"90 12 34",执行结果如下:

	DPH(83H)								DPL(82H)							
	0	0	0	1	0	0	1	0	0	0	1	1	0	1	0	0

3.3.1.2　片外 RAM 数据传送指令

　　对片外 RAM 单元只能使用寄存器间接寻址的方法实现与累加器 A 之间的数据传送。片外 RAM 数据传送指令有主要有两类。

　　(1) 片外 RAM 或扩展 I/O 端口的内容传送到累加器 A。指令的基本形式如下：

　　　　MOVX A，@DPTR　　　;A←((DPTR))

　　　　MOVX A，@Ri　　　　;(A)←((P2)(Ri))

　　(2) 累加器 A 的内容传送到片外 RAM 或扩展 I/O 端口。指令的基本形式如下：

　　　　MOVX @DPTR，A　　　;(DPTR)←(A)

　　　　MOVX @Ri，A　　　　;(P2)(Ri)←(A)

　　与片内 RAM 数据传送指令相比,片外 RAM 数据传送指令具有以下特点：

　　(1) 片外 RAM 数据传送指令的助记符采用 MOVX,与片内 RAM 数据传送指令 MOV 不一样。MCS-51 对片内 RAM 和片外 RAM 独立编址,因而采用不同的指令访问。

（2）无论读入和读出，必须通过累加器 A。片外 RAM 单元只能与累加器 A 之间进行数据传送，当片外 RAM 数据读入累加器时，P3.7 引脚输出 RD 读选通信号。当累加器 A 数据传送至片外 RAM 时，P3.6 引脚输出 WR 写选通信号。

（3）Ri（即 R0 或 R1）的寻址空间是 00H～0FFH，DPTR 的寻址空间是 0000H～0FFFFH。使用时，先将要读或写的地址送入 DPTR 或 Ri 中，再用读/写命令。

（4）MCS-51 系统中没有设置访问外设的 I/O 指令，且片外扩展的 I/O 端口与片外 RAM 是统一编址的，因此对片外 I/O 端口的访问也使用此 4 条指令。

例 3.11　将外部存储器 3000H 单元的内容传送到外部存储器 2048H 中。设（3000H）＝29H，执行程序编制如下：

```
MOV DPTR,♯3000H        ;(DPTR)=3000H
MOVX A,@DPTR           ;(A)←(3000H),(A)=29H
MOV R1,♯48H            ;(R1)=48H
MOV P2,♯20H            ;P2 口锁存 20H
MOVX @R1,A             ;(2048H)←29H
```

说明：假设本系统地址总线高 8 位接至 P2 口。当执行指令 MOVX @R1,A 时，P2 口锁存内容 20H 送给地址总线的高 8 位，R1 的内容 48H 经 P0 口送给地址总线低 8 位，从而形成 16 位地址 2048H。

3.3.1.3　程序存储器 ROM 取数据指令（查表指令）

程序存储器 ROM 取数据指令只有两条，完成从程序存储器 ROM 中读入数据，传送至累加器 A 的功能。这两条指令常用于查表操作，故又称为查表指令。指令的操作码助记符为 MOVC。指令的基本形式如下：

```
MOVC A,@A+DPTR         ;A←((A)+(DWR))
MOVC A,@A+PC           ;(PC)←(PC)+1,A←((A)+(PC))
```

第一条指令称为远程查表指令，采用 16 位 DPTR 作为基址寄存器，DPTR 可任意赋值。因此这条指令的寻址范围是整个 ROM 的 64 KB 空间，也就是说，数据表格可以存放在程序存储器 64 KB 地址范围内的任意地方，故称为远程查表指令。

第二条指令称为近程查表指令，采用程序计数器 PC 作为基址寄存器，CPU 取完该指令操作码时 PC 会自动加 1，指向下一条指令的第一个字节地址，且只能寻址以当前 MOVC 指令为起始的 256 个地址单元之内的某一单元，故称为近程查表指令。

例 3.12 在 ROM 中数据表格首地址为 8000H,数据表格如下:

8010H:02H

8011H:04H

8012H:06H

8013H:08H

执行指令:

2004H:MOV A,♯10H   ;A←10H

2006H:MOV DPTR,♯8000H   ;DPTR←8000H

2009H:MOVC A,@A+DPTR   ;A←(8000H+10H)=(8010H)

指令执行结果:(A)=02H。

3.3.1.4 数据交换指令

使用 MOV 指令进行两个数据的交换时,必须有第三方作为缓存,方可实现交换。为了方便数据交换,MCS-51 单片机指令系统中专门设有交换指令,可直接进行两字节数据交换和半字节数据交换。

(1) 字节交换指令。指令的基本形式如下:

XCH A,Rn   ;(A)↔(Rn)

XCH A,direct   ;(A)↔(direct)

XCH A,@Ri   ;(A)↔((Ri))

字节交换指令中,目的操作数必须是累加器 A,源操作数有寄存器寻址、直接寻址和寄存器间接寻址 3 种寻址方式。指令的功能是将累加器 A 中的内容和源操作数的内容互换。

(2) 半字节交换指令。指令的基本形式如下:

XCHD A,@Ri   ;(A)↔((Ri))

半字节交换指令将累加器的低 4 位与@Ri 所指的内部 RAM 内容的低 4 位交换,各自的高 4 位值不变。

(3) 累加器的高低 4 位互换指令。指令的基本形式如下:

SWAP A

该指令将累加器的高低 4 位互换。

例 3.13 将 30H 单元的内容与 A 中的内容互换,然后将 A 的高 4 位存入 Ri 所指出的 RAM 单元中的低 4 位,A 的低 4 位存入该单元中的高 4 位。

XCH A,30H   ;(A)↔(30H)

SWAP A   ;$(A)_{7\sim4}↔(A)_{3\sim0}$

MOV @Ri,A   ;(Ri)←(A)

例 3.14　设片内存储器 40H 和 41H 中分别存放有 5 和 8 的 ASCII 码 35H 和 38H,试编制程序将两个 ASCII 码转换成压缩型 BCD 码 58H 存放在 42H 中。程序编制如下:

MOV R0,♯40H	;R0 指向 40H
MOV R1,♯41H	;R1 指向 41H
XCH A,@R0	;(A)=35H,A 中内容存入 40H
SWAP A	;A 高低 4 位交换,(A)=53H
XCHD A,@R1	;累加器中低 4 位 3 与 41H 中低 4 位 8 互换;执行结果(A)=58H,(41H)=33H
MOV 42H,A	;A 中结果 58H 存入内存 42H 单元中

程序执行内存变化如图 3-10 所示。

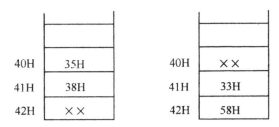

　　(a) 程序执行前内存状态　　(b) 程序执行后内存状态

图 3-10　程序执行内存变化

注:图中××为未知量。

3.3.1.5　堆栈指令

　　堆栈是一段按照先进后出原则组织起来的连续的存储区域,以实现参数的传递或保持现场。堆栈有自减型和自增型两种。

　　(1) 自减型。每进栈一个字节的数据,SP＝SP－1,例如,执行语句 POP Rs 执行结果如图 3-11 所示。

　　(2) 自增型。每进栈一个字节的数据,SP＝SP＋1,例如,执行语句 POP Rs 执行结果如图 3-12 所示。

　　堆栈(Stack)操作是一种存储器顺序访问模式,按照先进后出(First In Last Out,FILO)的原则对存储器进行读写。MCS-51 单片机的堆栈区设定在内部 RAM 中,是自增型,通过特殊功能寄存器中的堆栈指针 SP 进行间接访问。

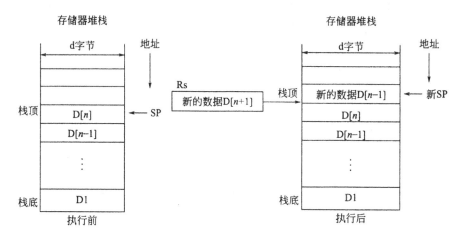

图 3-11 自减型堆栈的工作原理

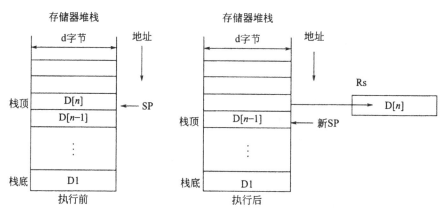

图 3-12 自增型堆栈的工作原理

MCS-51 单片机的堆栈包括进栈(PUSH)和出栈(POP)两类指令。指令的基本形式如下:

PUSH direct   ;SP←SP+1,((SP))←(direct)

POP direct   ;SP←SP-1,((SP))←(direct)

每当执行进栈指令时,总是先存入指针所指示的栈顶处,然后 SP 的数值增大,逐渐向栈底靠拢;执行出栈指令时,则先将指针所指示的栈顶数据弹出,SP 减小。

例 3.15 编制程序,将栈底设为 50H,并将累加器 A 和寄存器 B 中的内容顺序压入堆栈,之后再将堆栈的内容顺序弹入数据指针 DPH 和 DPL。设(A)=20H,(B)=60H,程序如下:

MOV SP,♯50H   ;设置栈底,(SP)=50H

```
PUSH ACC      ;压入 A,(SP)+1→SP,(SP)=51H,(51H)←20H
PUSH B        ;压入 B,(SP)+1→SP,(SP)=52H,(52H)=60H
POP DPH       ;弹出到 DPH,(SP)→DPH,(DPH)=60H,(SP)-1→
              SP,(SP)=51H
POP DPL       ;弹出到 DPL,(SP)→DPL,(DPL)=20H,(SP)-1→
              SP,(SP)=50H
```

从执行结果可以看出,上述程序利用堆栈将累加器 A 和寄存器 B 中的内容传送到了数据指针 DPL 和 DPH 中。

3.3.2　算术运算指令

MCS-51 的算术运算指令比较丰富,共计 24 条。可以分为加、减法,乘、除法和十进制调整等几类。除加 1 和减 1 指令外,算术运算指令执行结果将影响程序状态字 PSW。这类指令直接支持 8 位无符号数操作。借助溢出标志可对带符号数进行补码运算。

3.3.2.1　加、减法指令

加、减法指令包括不带进位加法、带进位加法、带借位减法、加 1 和减 1 指令。其中前三种指令除操作码助记符不同外,它们的两个操作数的寻址方式组合完全相同,后两种指令的操作数的寻址方式也基本相同。为了抓住这些特点来记忆指令,我们将以如图 3-13 所示的形式进行说明。

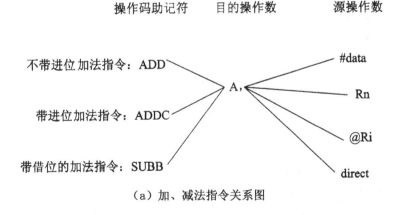

（a）加、减法指令关系图

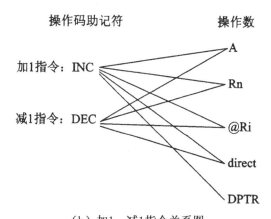

（b）加1、减1指令关系图

图 3-13　加、减法指令形式结构图

不带进位加法、带进位加法、带借位减法指令的目的操作数都只能是累加器 A，源操作数可以是立即数或寄存器寻址、寄存器间接寻址、直接寻址方式所确定的片内 RAM 单元的数。加 1 或减 1 指令是单操作数指令，将操作数单元的内容加 1 或减 1 后，再送回原单元。

（1）不带进位加法指令。不带进位加法指令将累加器 A 中的内容与源操作数的内容相加，运算结果存入 A 中。指令对标志位 P、OV、AC 和 CY 产生影响。指令的基本形式如下：

ADD A，♯data　　　　　；A←(A)，♯data

ADD A，direct　　　　　；A←(A)＋(direct)

ADD A，Rn　　　　　　　；A←(A)＋(Rn)

ADD A，@Ri　　　　　　；A←(A)＋((Ri))

例 3.16　执行指令：

ADD A，Rn

$$
\begin{array}{r}
10111001 \\
+\quad 10001010 \\
\hline
1)\quad 01000011
\end{array}
$$

指令执行结果：(A)＝43H，CY＝1，OV＝0，AC＝1，P＝1。

（2）带进位加法指令。带进位加法指令将源字节变量、累加器内容和进位标志 CY 一起相加，结果存入累加器中。需要注意的是，进位位 CY 加到最低位。该指令对标志位的影响与 ADD 指令完全相同。指令的基本形式如下：

ADDC A,direct　　　　;A←(A)＋(direct)＋CY

ADDC A,♯data　　　　;A←(A)＋ ♯data ＋CY

ADDC A,Rn　　　　　;A←(A)＋(Rn)＋CY

ADDC A,@Ri　　　　　;A←(A)＋((Ri))＋CY

例 3.17　设(A)＝87H,(20H)＝0F9H,CY＝1,执行指令：

ADDC A,20H

$$
\begin{array}{r}
10000111 \\
11111001 \\
+\qquad\quad 1 \\
\hline
CY＝1\quad 10000001
\end{array}
$$

指令执行结果：(A)＝81H,CY＝1,OV＝0,AC＝1,P＝0。

(3) 带借位减法指令。这组指令功能是把累加器 A＝目的操作数－源操作数－进位标志 CY,够减时,进位标志 CY＝0;当不够减时,发生借位操作,进位标志 CY＝1。采用 SUBB 可以实现多字节减法。由于 MCS-51 单片机指令系统中没有不带借位减法指令,因此,在作第一次相减时,要使用命令将 CY 还进行清零。指令的基本形式如下：

SUBB A,Rn　　　　　;A←(A)－(Rn)－CY

SUBB A,direct　　　　;A←(A)－(direct)－CY

SUBB A,@Ri　　　　　;A←(A)－((Ri))－CY

SUBB A, ♯data　　　　;A←(A)－(data)－CY

例 3.18　设(A)＝0C9H,(R3)＝54H,CY＝1,执行指令：

SUBB A,R3

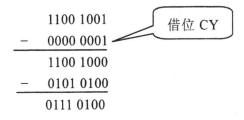

指令执行结果：(A)＝74H,CY＝0,OV＝1,AC＝0,P＝0。

(4) 加 1 指令。加 1 指令是对制定单元的内容加 1 的操作,又被称为增量指令,指令的基本形式如下：

INC A　　　　　　　;A←(A)＋1

INC Rn   ;Rn←(Rn)+1

INC direct   ;direct←(direct)+1

INC @Ri   ;Ri←(Ri))+1

INC DPTR   ;DPTR←(DPTR)+1

除对累加器 A 操作影响 P 标志外,不影响任何标志位。

例 3.19 设(R0)=7EH,(7EH)=FFH,(7FH)=38H,(DPTR)=10FEH,分析逐条执行下列指令后各单元的内容。

INC @R0   ;使 7EH 单元内容 FFH 变为 00H

INC @R0   ;使 R0 的内容由 7EH 变为 7FH

INC @R0   ;使 7FH 单元内容由 38H 变为 39H

INC DPTR   ;使 DPL 为 FFH,DPH 不变

INC DPTR   ;使 DPL 为 00H,DPH 为 11H

INC DPTR   ;使 DPL 为 01H,DPH 不变

(5)减 1 指令。减 1 指令是对制定单元的内容减 1 的操作,指令的基本形式如下:

DEC A   ;A←(A)-1

DEC Rn   ;Rn←(Rn)-1

DEC direct   ;direct←(direct)-1

DEC @Ri   ;Ri←(Ri))-1

除对累加器 A 操作影响 P 标志外,不影响任何标志位。

3.3.2.2 乘、除法指令

(1)乘法指令。MCS-51 单片机乘法为 8 位乘法指令,其功能是将累加器 A 中的乘数和寄存器 B 中的被乘数相乘,将乘积的低 8 位放在累加器中,高 8 位放在寄存器 B 中。如果乘积大于 0FFH,则 OV=1,否则 OV=0。无论结果如何,本条指令总使进位标志位 CY 清零。指令的基本形式如下:

MUL AB

例 3.20 如果变量 X、Y 和 Z 分别放在 30H、31H 和 32H 中,计算:$XY+Z$,将最后结果放在 33H 和 34H 中。注意:结果可能大于 8 位。程序编制如下:

MOV A,30H   ;取乘数 X

MOV B,31H   ;取被乘数 Y

MUL AB   ;两数相乘 XY,结果在 BA 中

ADD A,32H   ;乘积低 8 位与 Z 相加

MOV 33H,A   ;结果送 33H

MOV A,B　　　　　;乘积高 8 位送 A

ADDC A,♯0　　　　;乘积低 8 位与 Z 相加时可能产生的进位加入

　　　　　　　　　　　高 8 位

MOV 34H,A　　　　;送高 8 位结果

（2）除法指令。MCS-51 单片机除法指令为 8 位除以 8 位除法。被除数放在 A 中,除数放在 B 中。指令执行之后商放在 A 中,余数放在 B 中。当除数(寄存器 B 中的内容)为 0 时,OV＝1,表示除法有溢出,此时,商和余数为不确定值。与乘法指令相同,除法指令总是使进位标志位 CY 清零。指令的基本形式如下:

DIV AB

例 3.21　设(A)＝5DH,(B)＝4EH,执行指令:

DIV AB

指令执行结果:(A)＝01H,(B)＝0FH,标志位 CY＝0,OV＝0。

3.3.2.3　十进制调整指令

8421 BCD 码是计算机中常用的一种编码。由于 CPU 内部的加法器是二进制加法器,这就会使得用 BCD 码直接做加法运算在其结果大于 9 时产生错误,因此需要对二进制运算结果进行调整,使之符合十进制数的运算和进位规律。这种调整称为十进制调整,具体调整规则如下:

（1）累加器 A 的低 4 位数值≤9　　低 4 位数值不调整。

（2）9＜累加器 A 的低 4 位数值≤15　　先加 6 调整,有 AC＝1(低 4 位)。

（3）累加器 A 的高 4 位数值＋AC≤9　　高 4 位数值不调整。

（4）9＜累加器 A 的高 4 位数值＋AC≤15　　先加 6 调整,有 CY＝1(高 4 位)。

指令的基本形式如下:

DA A

例 3.22　[59]$_{BCD}$＝01011001,[48]$_{BCD}$＝01001000,用 BCD 码数完成 59＋48 的运算过程如下:

```
        0101  1001        59
  +     0100  1000        48
        1010  0001        A1
  +           0110        低位有进位（AC=1），加 6 调整
        1010  0111        A7
  +     0110  0000        高位大于 9，加 6（0）调整
  0001  0000  0111        107
```

说明:DA 指令不影响溢出标志;不可使用 DA 指令对十进制减法的结果进行调整;BCD 数存放在累加器 A 中;借助进位标志可实现多位 BCD 加法结果的调整。

3.3.3 逻辑运算指令

逻辑运算指令将操作数按位进行逻辑运算。逻辑运算指令有"与""或""异或"、求反、左移位、右移位、清零等操作,寻址方式有直接寻址、寄存器寻址和寄存器间接寻址。

3.3.3.1 逻辑"与"运算

逻辑与运算指令的作用是将源操作数和目的操作数按位执行逻辑与命令,并将结果存入目的操作数中。指令的基本形式如下:

ANL A,Rn	;A←(A)∧(Rn)
ANL A,direct	;A←(A)∧(direct)
ANL A,@Ri	;A←(A)∧((Ri))
ANL A,♯data	;A←(A)∧data
ANL direct,A	;direct←(direct)∧(A)
ANL direct,♯data	;direct←(direct)∧data

例 3.23 设(A)=71H,执行指令:

ANL A,♯56H

$$(A)=(71)H=(01110001)B$$
$$(56)H=\qquad(01010110)B$$

$$结果 =\qquad(01010000)B$$

3.3.3.2 逻辑"或"运算

ORL A,Rn	;A←(A)∨(Rn)
ORL A,direct	;A←(A)∨(direct)
ORL A,@Ri	;A←(A)∨((Ri))
ORL A,♯data	;A←(A)∨data
ORL direct,A	;directs←(direct)∨(A)
ORL direct,♯data	;direct←(direct)∨data

例 3.24 已知定时器工作方式寄存器 TMOD 的各位均为 0,现将 TMOD 的 D6、D3、D2、D0 置 1。执行指令:

ORL TMOD,♯4DH

$$
\begin{array}{r}
0000\ 0000 \\
\vee\ 0100\ 1101 \\
\hline
0100\ 1101
\end{array}
$$

指令执行结果：(TMOD)=4DH。

3.3.3.3　逻辑"异或"运算

XRL A,Rn	;A←(A)⊕(Rn)
XRL A,direct	;A←(A)⊕(direct)
XRL A,@Ri	;A←(A)⊕((Ri))
XRL A,♯data	;A←(A)⊕ data
XRL direct,A	;direct←(direct)⊕(A)
XRL direct,♯data	;direct←(direct)⊕ data

例 3.25　已知(30H)=45H,执行指令：

XRL 30H,♯0FFH

$$
\begin{array}{r}
0100\ 0101 \\
\oplus\ 1111\ 1111 \\
\hline
1011\ 1010
\end{array}
$$

指令执行结果：(30H)=0BAH,30H 单元中内容已全部取反。

3.3.3.4　循环移位指令

循环指令有两种,一种是不带进位移位,另一种是带进位移位。不带进位移位指令是累加器自身内容按位向左或向右循环移动 1 位;带进位移位是累加器连同进位位一起向左或向右循环移动 1 位。向左移位时,累加器的最高位进入进位位,进位位则进入累加器最低位;向右移位时,累加器最低位进入进位位,进位位则进入累加器最高位。该指令只能对累加器进行移位。循环移位指令的移位方式如图 3-14 和图 3-15 所示。

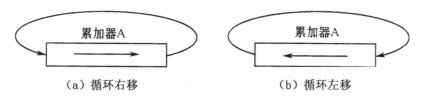

（a）循环右移　　　　　　　　　　　（b）循环左移

图 3-14　不带进位移位的循环移位指令

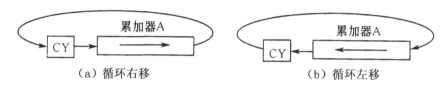

（a）循环右移　　　　　　　　　（b）循环左移

图 3-15　带进位移位的循环移位指令

指令的基本形式如下：

RL A　　　　　;左环移指令,对累加器 A 中的内容左移 1 位

RR A　　　　　;右环移指令,对累加器 A 中的内容右移 1 位

RLC A　　　　;带进位左环移指令,对累加器 A 中的内容连同进位位左移 1 位

RRC A　　　　;带进位右环移指令,对累加器 A 中的内容连同进位位右移 1 位

例 3.26　设内存 20H21H 中以二进制数的形式存放有某班的数学成绩总和。该班学生人数刚好 128 名,试用移位指令求该班的平均成绩,将整数部分放在 20H 中,小数部分放在 21H 中。

分析:众所周知,二进制除以 2 即是将小数点向左移 1 位,除以 128 即是将小数点向左移 7 位。由图 3-16 可以看出,除以 128 时小数点应该在如图所示位置。如果将平均值的整数部分放在 20H 字节,小数放在 21H 字节,即可将整个数据向左移 1 位。程序编制如下:

ADD A,♯0　　　　　;清进位位

MOV A,21H　　　　;取成绩低 8 位

RLC A　　　　　　　;带进位左移 1 位,小数部分在累加器 A 中

MOV 21H,A　　　　;小数部分存 21H 中

MOV A,20H　　　　;取成绩高 8 位

RLC A　　　　　　　;带进位左移 1 位,整数部分在累加器 A 中

MOV 20H,A　　　　;整数部分存 20H 中

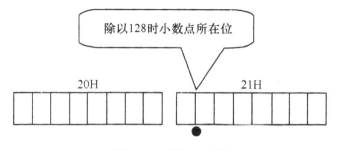

图 3-16　例 3. 26 图

3.3.3.5　累加器 A 的简单操作指令

（1）清 0 指令。清 0 指令能够将 A 清 0,单周期单字节指令,只影响 P 标志。指令的基本形式如下：

CLR A

指令执行结果：A＝00H。

（2）取反指令。取反指令能够将 A 中的值按位取反,单周期单字节指令,不影响标志位。指令的基本形式如下：

CPL A

例 3.27　执行指令：

MOV A,♯01110000B

CPL A

指令执行结果：A＝10001111B。

3.3.4　控制转移指令

MCS-51 的控制转移指令共 17 条。控制转移指令是任何指令系统都具有的一类指令,主要以改变程序计数器 PC 中内容为目标,以控制程序执行的流向。控制转移指令可分为无条件转移指令、条件转移指令、子程序调用及返回指令、空操作指令等四类。

3.3.4.1　无条件转移指令

无条件转移指令直接修改程序计数器（PC）,程序将无条件停止顺序执行模式,转移到新的目标地址,指令执行后不影响标志位。

（1）长转移指令。长转移指令属于直接寻址方式,3 字节的机器码中,第一字节为操作码 02H,后两字节为转移的目标地址。指令执行时,将后两字节直接送给程序计数器（PC）。指令的基本形式如下：

LJMP addr 16　　;PC←addr 16

目标地址可以是标号,也可以是绝对地址。在 64 KB 程序存储器空间内,长跳转指令都无条件地转向指定地址,且对标志位无影响。

（2）绝对转移指令。绝对转移指令为两字节指令,主要是为了兼容上一代 CPU 8048 而保留的指令。指令的基本形式与长转移指令类似：

AJMP addr 11　　;PC←(PC)＋2,　　$PC_{10\sim0}$←addr 11

绝对转移指令的机器码是由 11 位直接地址 addr 11 和指令操作码 00001 按下列分布组成的。

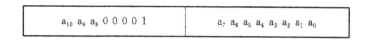

AJMP 转移地址形成示意图,如图 3-17 所示。

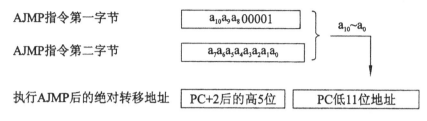

图 3-17 AJMP 转移地址形成示意图

目标地址可以是标号,也可以是绝对地址。指令执行时,用机器码中的 11 位目标地址将程序计数器(PC)的低 11 位覆盖,PC 的高 5 位内容保持不变。因为 11 位二进制数最大为 2 KB(2 048),所以该条指令所能转移的地址范围为 2 KB。

(3) 相对转移指令。相对转移指令为两字节指令,指令的基本形式如下:

SJMP rel   ;PC←(PC)+2,PC←(PC)+rel

SJMP 指令的操作数 rel 用 8 位带符号数补码表示,占指令的一个字节。相对转移指令在当前 PC 的 $-128\sim+127$ 范围内转移。由于该指令给出的是相对转移地址,因此在修改程序时,只要相对地址不变,程序就不需要作任何改动。

(4) 间接转移指令。间接转移指令采用变址寻址方式,以 DPTR 作为基地址,加上累加器 A 中的内容作为转移的目标地址。指令的基本形式如下:

JMP @A+DPTR   ;PC←(A)+(DPTR)

例 3.28   如图 3-18 所示的 9 个按键的键盘。要求按下功能键 A~G,完成不同的功能;请写出主程序。

A	B	C
D	E	F
G	H	I

图 3-18   例 3.28 图

解:实现这一功能,可以采用如图 3-19 所示的程序结构,如按下"A"键后获得的键值是 0,按下"B"键后获得的值是 1 等,然后根据不同的值进行跳转,如键值为 0 就转到 S1 执行,为 1 就转到 S2 执行……采用 AJMP,程序存放的地址如表 3-1 所示。

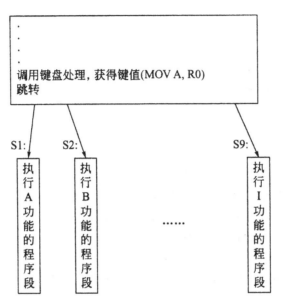

图 3-19　程序代码说明图

表 3-1　程序存放地址

ROM	地址
⋮	⋮
AJMP S4	TAB+6
	TAB+5
AJMP S3	TAB+4
	TAB+3
AJMP S2	TAB+2
	TAB+1
AJMP S1	TAB
⋮	⋮

程序如下：

```
        MOV DPTR,♯TAB          ;将 TAB 所代表的地址送入 DPTR
        MOV A,R0               ;从 R0 中取数(R0 存放由按键处理
                               程序获得的键值)
        MOV B,♯2
        MUL A,B                ;A 中的值乘 2(AJMP 是双字节指令)
        JMP A,@A+DPTR          ;跳转
TAB:AJMP S1                    ;跳转表格
        AJMP S2
        ATMP S3
```

3.3.4.2　条件转移指令

条件转移指令是指当条件满足时，程序转移到指定位置，条件不满足时，程序将继续顺次执行。在 MCS-51 系统中，条件转移指令有 3 种：累加器 A 判零条件转移指令、比较转移指令和减 1 条件转移指令。

(1) 累加器 A 判零条件转移指令。判零条件转移指令以累加器 A 的内容是否为 0 作为转移的条件，共有两条指令。

① 判零指令。判零指令——JZ 指令，是为 0 转移，不为 0 则顺序执行；指令的基本形式如下：

JZ rel　　;如果 A=0，则 PC←PC +2+rel，否则，PC←PC +2

② 判非零指令。判非零指令——JNZ 指令，是不为 0 转移，为 0 则顺序执行。累加器 A 的内容是否为 0，是由这条指令以前的其他指令执行的结果决定的，执行这条指令不作任何运算，也不影响标志位。指令的基本形式如下：

JNZ rel　　;如果 A≠0，则 PC←PC +2+rel，否则，PC←PC +2

例 3.29　将片外 RAM 首地址为 DATA1 的一个数据块转送到片内 RAM 首地址为 DATA2 的存储区中。

外部 RAM 向内部 RAM 的数据转送一定要经过累加器 A，利用判零条件转移正好可以判别是否要继续传送或者终止。

完成数据传送的参考程序如下：

```
        MOV R0,♯DATA1         ;R0 作为外部数据块的地址指针
        MOV R1,♯DATA2         ;R1 作为内部数据块的地址指针
LOOP：MOVX A,@R0              ;取外部 RAM 数据送入 A
HERE：JZ HERE                 ;数据为 0 终止传送
        MOV @R1,A             ;数据传送至内部 RAM 单元
```

```
            INC R0                    ;修改指针,指向下一数据地址
            INC R1
            SMP LOOP                  ;循环取数
```

(2) 比较转移指令。比较转移指令用于对两个数作比较,并根据比较情况进行转移:若两个操作数相等,则不转移,程序顺序执行;若两个操作数不等,则转移。比较时进行一次减法运算,但其差值不保存,两个数的原值不受影响,而标志位要受影响。利用标志位 CY 作进一步的判断,可实现三分支转移。指令的基本形式如下:

```
      CJNE A,♯data,rel     ;如果 A=data,则 PC←PC+3,不转移,继续
                             执行
                           ;如果 A>data,则 C=0,PC←PC+3+rel,
                             转移
                           ;如果 A<data,则 C=1,PC←PC+3+rel,
                             转移

      CJNE Rn,♯data,rel    ;如果(Rn)=data,则 PC←PC+3,不转移,继
                             续执行
                           ;如果(Rn)>data,则 C=0,PC←PC+3+
                             rel,转移
                           ;如果(Rn)<data,则 C=1,PC←PC+3+
                             rel,转移

      CJNE @Ri,♯data,rel   ;如果(Ri)=data,则 PC←PC+3,不转移,继
                             续执行
                           ;如果(Ri)>data,则 C=0,PC←PC+3+rel,
                             转移
                           ;如果(Ri)<data,则 C=1,PC←PC+3+rel,
                             转移

      CJNE A,direct,rel    ;如果 A=(direct),则 PC←PC+3,不转移,
                             继续执行
```

(3) 减 1 条件转移指令。减 1 条件转移指令有两条。每执行一次这种指令,就把第一操作数减 1,并把结果仍保存在第一操作数中,然后判断是否为零。如果不为零,则转移到指定的地址单元,否则顺序执行。指令的基本形式如下:

```
      DJNZ Rn,rel          ;PC←(PC)+2,Rn←(Rn)-1
                           ;如果(Rn)≠0,则 PC←(PC)+rel
                           ;如果(Rn)=0,则程序向下按顺序执行
```

DJNZ direct,rel   ;PC←(PC)＋3,directs←(direct)－1

;如果(direct)≠0,则 PC←(PC)＋rel

;如果(direct)＝0,则程序向下按顺序执行

减 1 条件转移指令对于构成循环程序是十分有用的,可以指定任何一个工作寄存器或者内部 RAM 单元作为循环计数器。每循环一次,这种指令被执行一次,计数器就减 1。预定的循环次数不到,计数器不会为 0,转移执行循环操作;达到预定的循环次数,计数器就被减为 0,顺序执行下一条指令,也就结束了循环。

例 3.30　将 RAM 中从 DATA1 单元开始的 10 个无符号数相加,结果送至 SUM 单元(假设累加和小于 255)。

```
        MOV R0,♯DATA1      ;数据块首地址 DATA1 送 R0
        MOV R3,♯0AH        ;计数器初值 0AH 送 R3
        CLR A              ;累加器 A 清 0
LOOP：  ADD A,@R0          ;累加一次
        INC R0             ;地址指针 R0 加 1,指向下一个数
        DJNZ R3,LOOP       ;计数器 R3 减 1 不为 0 继续累加
        MOV SUM,A          ;累加十次,结果送 SUM 单元
```

3.3.4.3　子程序调用及返回指令

在程序设计过程中经常会遇到功能完全一样的程序块反复使用的情况。例如,在计算类程序设计中可能反复用到多字节加法或减法程序。如果每次重复编制这一程序,势必导致相同的代码重复占用程序存储空间。对于这种情况,本节提出的子程序指令可以实现编制一次程序代码,在不同程序段使用时,采取"调用"的方式将该代码段"插入"到所需位置。实现这一过程需要两条指令,一是在需要插入的地方安排一条调用指令 CALL,使程序转向所需的程序功能块;二是在功能块结尾处安排一条返回指令 RET,使程序再返回到调用指令的下一条继续执行程序。这样便将同一程序块插入所需位置。我们将调用的程序称为主程序,被调用的程序称为子程序。子程序调用过程如图 3-20 所示。

主程序和子程序是相对而言的,一个子程序可以作为另一个程序的主程序,称为子程序的嵌套。图 3-21 所示是一个两级嵌套子程序调用和返回以及堆栈中存放断点地址的情况。

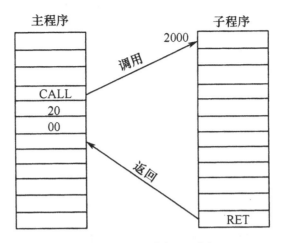

图 3-20　子程序调用过程

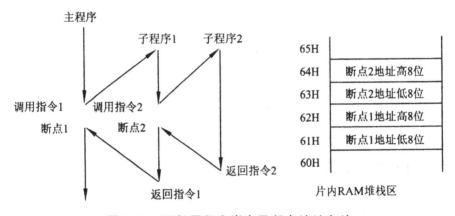

图 3-21　两级子程序嵌套及断点地址存放

（1）子程序调用指令。

① 长调用指令。指令的基本形式如下：

LCALL addr 16 　　　　;PC←(PC)＋3,SP←(SP)＋1

　　　　　　　　　　　;(SP)←(PC)$_L$,SP←(SP)＋1

　　　　　　　　　　　;(SP)←(PC)$_H$,PC←addr 16

LCALL 指令指示了 16 位目标地址，可以调用 64 KB 范围内所指定的子程序。执行该指令时，首先(PC)＋3 送回 PC，它是下一条指令（即断点）的地址。然后将该断点地址分两次压入堆栈，即先压入(PC)$_L$ 低位字节，后压入(PC)$_H$ 高位字节。堆栈指针 SP 每次加 1，共两次指向栈顶。接着将 16 位目标地址 addr 16 送入 PC，使程序转向目标地址去执行被调用的子程序。

例 3.31 设(SP)=70H,STRT=0213H,ADD1=0245H。执行指令:

STRT:ACALL ADD1

该指令执行过程如下:

(PC)←(PC)+3

(SP)←(SP)+1,(SP)←(PC$_{7\sim0}$)

(SP)←(SP)+1,(SP)←(PC$_{15\sim8}$)

(PC)←addr 15~0

指令执行结果:(SP)=72H,堆栈区内(71H)=16H,(72H)=02H,(PC)=0245H。

② 绝对调用指令。绝对调用指令为双字节指令,也称为短调用指令,提供 11 位的目标地址。指令的基本形式如下:

ACALL addr 11   ;PC←(PC)+2,SP←(SP)+1

                       ;(SP)←(PC)$_L$,SP←(SP)+1

                       ;(SP)←(PC)$_H$,PC$_{10\sim0}$←addr 11

ACALL 指令执行时,PC 内容先加 2,指向下一条指令,即断点的地址。然后将该断点地址分两次压入堆栈保护起来。该指令调用子程序的目的地址高 5 位取自 PC 的高 5 位不变(也即断点地址的高 5 位),而目的地址的低 11 位地址由该指令第一字节的高 3 位与第二字节的 8 位有序地组合。被调用子程序的首地址与 ACALL 指令的下一条指令位于同一个 2 KB 页面范围内。

例 3.32 设(SP)= 70H,STRT = 0213H,ADD1 = 0245H。执行指令:

STRT:ACALL ADD1

该指令执行过程如下:

(PC)←(PC)+2

(SP)←(SP)+1,((SP))←(PC$_{7\sim0}$)

(SP)←(SP)+1,((SP))←(PC$_{15\sim8}$)

(PC$_{10\sim0}$)←addr 10~0

(PC$_{15\sim11}$)不变

指令执行结果:(SP)=72H,堆栈区内(71H)=15H,(72H)=02H,(PC)=0245H。

(2) 子程序返回指令。该指令通常放在子程序的最后一条指令位置,用于实现返回到主程序。另外,在 MCS-51 程序设计中,也常用 RET 指令来实现程序转移,处理时先将转移位置的地址用两条 PUSH 指令入栈,低字节在前,高字节在后,然后执行 RET 指令,执行后程序转移到相应的位置去执行。指令的基本形式如下：

　　RET　　;$PC_{15\sim8}\leftarrow(SP),SP\leftarrow SP-1,PC_{7\sim0}\leftarrow(SP),SP\leftarrow SP-1$

　　（3）中断返回指令。该指令的执行过程与 RET 基本相同，区别在于该指令执行后，在转移之前将先清除中断的优先级触发器。该指令用于中段服务子程序后面，用于返回主程序中断的断点位置，使主程序能够继续执行断点位置后面的指令。

　　RETI　　;$PC_{15\sim8}\leftarrow(SP),SP\leftarrow SP-1,PC_{7\sim0}\leftarrow(SP),SP\leftarrow SP-1$

3.3.4.4　空操作指令

　　NOP　　;$PC\leftarrow(PC)+1$

　　空操作指令也算是一条控制指令，即控制 CPU 不作任何操作，只消耗一个机器周期的时间。空操作指令是单字节指令，因此，执行后 PC 值加 1，时间延续一个机器周期。

3.3.5　位操作指令

　　MCS-51 单片机硬件结构中有一个布尔处理器，它是一个 1 位处理器，有单独的累加器（借用进位位 CY）和存储器（即位寻址区中的各位），也有完成位操作的运算器等。从指令方面，与此相对应的有一个进行布尔操作的指令集，包括位变量的传送、修改、逻辑运算及位条件转移等位操作指令。位操作指令的操作数是字节中的某一位，每位取值只能是 0 或 1，故又称为布尔变量操作指令。布尔处理器的累加器 CY 在指令中可简写成 C。

3.3.5.1　位传送指令

　　位传送指令以 CY 为位累加器，采用位寻址方式对位进行传送操作。位传送指令共有两条，指令的基本形式如下：

　　MOV C,bit　　　　　　　;$C\leftarrow0$,位操作数送 CY

　　MOV bit　　　　　　　　;$(bit)\leftarrow0$,CY 送某位

　　例 3.33　把片内 RAM 中位寻址区的 20H 位的内容传送到 30H 位。程序如下：

　　MOV C,20H

　　MOV 30H,C

3.3.5.2　位修改指令

　　位修改指令直接将位设置成 0、1 及求反操作，指令的基本形式如下：

```
CLR  C            ;CY←0,清 CY
CLR  bit          ;bit←0,清位
SETB C            ;CY←0,置 CY
SETB bit          ;bit←0,置 0
CPL  C            ;C←(C̄)
CPL  bit          ;bit←(bit‾)
```

例 3.34 将内部数据存储器 30H 单元的第 0 位和第 4 位置 1,其余位取反。

程序如下:

```
MOV A,30H
CPL A
SETB ACC.0
SETB ACC.4
MOV 30H,A
```

3.3.5.3 位逻辑运算指令

位逻辑运算指令以 CY 作为位累加器与寻址位进行"与""或""非"运算。指令的基本形式如下:

```
ANL C,bit      ;CY←(CY)∧(bit),CY 和指定位相"与",结果存
               入 CY
ANL C,/bit     ;CY←(CY)∧(bit),指定位求反后和 CY 相"与",
               结果存入 CY
ORL C,bit      ;CY←(CY)∨(bit),CY 和指定位相"或",结果存
               入 CY
ORL C,/bit     ;CY←(CY)∨/(bit),指定位求反后和 CY 相"或",
               结果存入 CY
CPL C          ;CY←(CY‾),CY 求反后结果送 CY
CPL bit        ;bit←(bit‾),指定位求反后结果送指定位
```

例 3.35 设 D、E 和 Q 代表位地址,对 D、E 进行异或操作,并将结果放在 Q 中。

由于 MCS-51 中无位异或指令,位异或操作可用位与、位或操作实现。即 $Q=D \oplus E=D\overline{E}+\overline{D}E$。

程序如下:

```
ORG 0100H
MOV C,E        ;(C)←(E)
```

ANL C,/D　　　　;(C)←(E)∧($\overline{D}$)

MOV Q,C　　　　;中间结果暂存于 Q

MOV C,D　　　　;(C)←(D)

ANL C,/E　　　　;(C)←(D)∧($\overline{E}$)

ORL C,Q　　　　;(C)←((D)∧($\overline{E}$))∨(($\overline{D}$)∧(E))

MOV Q,C　　　　;结果存入 Q

END　　　　　　;结束

3.3.5.4　位条件转移指令

位条件转移指令共有 5 条,可分为以 CY 为条件的位转移指令和以 bit 为条件的位转移指令两类。位条件转移指令是根据位累加器或某一位地址单元的状态,控制程序流向。

(1) 以 CY 为条件的位转移指令。指令的基本形式如下:

JC rel　　　　;如果 CY=1,则 PC←(PC)+2+rel,转移

　　　　　　;如果 CY=0,则 PC←(PC)+2,不转移,继续执行

JNC rel　　　　;如果 CY=0,则 PC←(PC)+2+rel,转移

　　　　　　;如果 CY=1,则 PC←(PC)+2,不转移,继续执行

这两条指令都是相对转移指令,是以位累加器 C 的状态为转移条件,决定程序是否需要转移。

(2) 以 bit 为条件的位转移指令。指令的基本形式如下:

JB bit,rel　　　;如果(bit)=1,则 PC←(PC)+3+rel,转移

　　　　　　;如果(bit)=0,则 PC←(PC)+3,不转移,继续执行

JNB bit,rel　　　;如果(bit)=0,则 PC←(PC)+3+rel,转移

　　　　　　;如果(bit)=1,则 PC←(PC)+3,不转移,继续执行

JBC bit,rel　　　;如果(bit)=1,则 PC←(PC)+3+rel 且(bit)←0,转移

　　　　　　;如果(bit)=0,则 PC←(PC)+3,不转移,继续执行

这类指令是根据位地址 bit 的内容来决定程序的流向。其中,第一条指令和第三条指令的作用相同,只是第三条指令具有清 0 功能。

例 3.36　设在 8051 单片机的 P1.0 引脚上接了一个开关(接通时为低电平“0”),编一段简单的程序,实现在 P1.4 引脚上输出一个与之对应的 LED 指示灯输出(输出“1”对应 LED 亮,表示开关接通)。

方法 1:

PROG1:　JNB P1.0,LED_ON

　　　　CLR P1.4　　　;LED 灯不亮

　　　　SJMP PROG1

```
LED_ON: SETB P1.4        ;LED 灯亮
        SJMP PROG1
```

方法 2：

```
PROG2:  MOV C,P1.0
        CPL C
        MOV P1.4,C
        SJMP PROG2
```

习题

1. 什么是寻址方式？MCS-51 系列单片机有哪几种寻址方式？这几种寻址方式是如何寻址的？

2. 写出下列指令的寻址方式。

(1) JZ 20H

(2) MOV A,R2

(3) MOV DPTR,♯4012H

(4) MOV A,@R0

(5) MOVC A,@A+PC

(6) MOV C,20H

(7) MOV A,20H

3. 若要完成以下的数据传送,应如何用 MCS-51 系列的指令来完成？

(1) R0 的内容送到 R1 中。

(2) 外部 RAM 的 20H 单元内容送 R0,送内部 RAM 的 20H 单元。

(3) 外部 RAM 的 2000H 单元内容送 R0,送内部 RAM 的 20H 单元,送外部 RAM 的 20H 单元。

(4) ROM 的 2000H 单元内容送 R0,送内部 RAM 的 20H 单元,送外部 RAM 的 20H 单元。

4. 已知 A=7AH,R0=30H,(30H)=A6H,PSW=81H,写出以下各条指令执行之后的结果。

(1) XCH A,R0

(2) XCH A,30H

(3) XCH A,@R0

(4) XCHD A,@R0

(5) SWAP A

（6）ADD A,R0

（7）ADD A,30H

（8）ADD A,♯30H

（9）ADDC A,30H

（10）SUBB A,30H

（11）SUBB A,♯30H

（12）DA A

（13）RL A

（14）RLC A

（15）CJNE A,♯30H,00H

（16）CJNE A,30H,00H

5. 设 A=83H,R0=17H,(17H)=34H,分析当执行完下面的每条指令后目标单元的内容及 4 条指令组成的程序段执行后 A 的内容。

ANL A,♯17H

ORL 17H,A

XRL A,@R0

CPL

6. 若已知 40H 单元的内容为 08H,执行下列程序后,40H 单元的内容变为多少?

MOV R1,♯40H

MOV A,@R1

RL A

MOV R0,A

RL A

RL A

ADD A,R0

MOV @R1,A

7. 试说明指令"CJNE @R1,♯7AH,10H"的作用。若本条指令的地址为 2500H,则其转移地址是多少?

8. 试编写程序,将片内 RAM 的 20H、21H、22H 连续 3 个单元的内容依次存入 2FH、2EH 和 2DH 单元。

9. 试编写程序,将片外 8000H 开始的 16 个连续单元清 0。

10. 试编写一段程序,将片内 30H～32H 和 33H～35H 中的两个三字节压缩 BCD 码十进制数相加,将结果以单字节 BCD 码形式写到外部 RAM 的 1000H～1005H 单元。

第4章 MCS-51单片机的汇编语言程序设计

4.1 汇编程序设计概述

4.1.1 汇编语言概述

4.1.1.1 汇编语言的概念

汇编语言是用英文助记符来表示指令的符号语言。用汇编语言编写的程序称为汇编语言源程序,为 ASCII 码文件。

汇编语言从指令性质上可以分为以下两类。

(1) 指令性语句(Instruction)。

(2) 指示性语句(Directive)。

4.1.1.2 汇编语言的特点

汇编语言具有以下特点:

(1) 汇编语言是面向机器的语言,它以 CPU 指令系统为主体,指令操作直接涉及机器硬件。

(2) 汇编语言编程比高级语言困难。

(3) 汇编语言运行速度快,程序代码效率高,占用存储空间小。

(4) 汇编语言离不开具体机器的硬件,不具通用性。

4.1.1.3 汇编语言的语句格式

各种汇编语言的语法规则基本相同,且具有相同的语句格式,现结合 MCS-51 汇编语言具体说明。

MCS-51 汇编语言的语句格式表示如下:

〔(标号)〕:(操作码)〔＜操作数＞〕;〔(注释)〕

即一条汇编语句由标号、操作码、操作数和注释4个部分所组成。其中,方括号内部分可有可无,视需要而定。每个部分称为字段,字段之间通常留有空格。

(1)标号。标号是用户定义的符号,用以表示指令所在的地址,位于语句的第一个字段。汇编时,汇编程序把该指令机器码的第一个字节在程序存储器中的地址值赋给该标号。

使用标号时应注意以下几点:

① 标号由1～8个ASCII字符组成,但头一个字符必须是字母,其余字符可以是字母、数字或其他特定字符。标号后边必须紧跟冒号":"结束。

② 不使用指令助记符、寄存器名、标识符等作为标号。

③ 标号不允许重复定义,即不能在同一程序多处标号字段出现同样的标号。

④ 一条语句可以有标号,也可以没有标号,标号的有无取决于本程序中的其他语句是否需要访问这条语句。通常在子程序的第一个语句和转移语句的转入地址处使用标号。

(2)操作码。操作码字段用于规定语句执行的操作,以指令助记符或伪指令助记符表示。操作码是汇编指令中唯一不能空缺的部分。

使用操作码时应注意以下几点:

① 操作码在计算机系统设计时规定,和机器的类型有关,不能任意编造。

② 操作码和操作数两字段之间必须至少有一个空格分隔。

(3)操作数。操作数字段指示参与操作的数据或数据所在的地址。

使用操作数时应注意以下几点:

① "♯"后面紧跟的是立即数,可用各种数制表示。若用二进制数,则末尾加"B";若用十六进制数,则末尾加"H"(以字母开头的十六进制数,前面必须加一个0)。对于末尾没有标志的立即数,汇编程序均认为是十进制数。

② 没有"♯"开头的数,表示直接寻址的地址。有时以符号"$"表示当前指令第一字节的地址,它主要用于转移指令中。

③ 操作数字段内若有多个操作数,彼此之间用逗号","分隔开。

(4)注释。注释不属于语句的功能部分,它是程序的说明部分,即对程序的作用、主要内容、进入和退出子程序的条件等关键地方加以解释,可提高程序的可读性。

使用注释时应注意以下几点:

① 注释必须以分号";"开始。当注释占用多行时,每一行必须以";"开始。

② 注释应力求简明扼要。

4.1.2　汇编语言程序设计的步骤

用汇编语言编写程序,一般可按如下几个步骤进行。

(1) 分析题意,明确要求。解决问题之前,首先要明确所要解决的问题和要达到的目的、技术指标等。

(2) 建立数学模型。根据要解决的实际问题,反复研究分析并抽象出数学模型。

(3) 确定算法。解决一个实际问题,往往有多种方法,要从诸多算法中选择一种较为简洁和有效的方法作为程序设计的依据。

(4) 制定程序流程图。程序流程图是解题步骤及其算法进一步具体化的重要环节,是程序设计的重要环节,它直观清晰地体现了程序的设计思路。流程图是由预先约定的各种图形、流程线及必要的文字符号构成。

(5) 确定数据结构。合理地选择和分配内存工作单元以及工作寄存器。

(6) 编写源程序。根据程序流程图,精心选择合适的指令和寻址方式,实现流程图中每一框内的功能要求,完成源程序的编写。

(7) 上机调试程序。将编制好的源程序进行编译获得可执行目标代码,通常需要使用仿真器或利用仿真软件进行仿真调试,修改源程序中的错误,对程序运行结果进行分析,直至正确为止。同时,在不断的调试中还要尽量优化程序,缩短程序的长度,提高运算速度和节省存储空间。

4.1.3　汇编语言程序质量的评价标准

解决某一问题、实现某一功能的程序不是唯一的。程序有简有繁,占用的内存单元有多有少,执行时间有长有短,因而编制的程序也不同,怎样来评价程序的质量呢? 通常有以下几个标准:

(1) 程序的执行时间。

(2) 程序所占用的内存字节数目。

(3) 程序的逻辑性、可读性。

(4) 程序的兼容性、可扩展性。

(5) 程序的可靠性。

通常来说,一个程序执行时间越短,占用的内存单元越少,其质量越高。这就是程序设计中的"时间"和"空间"的概念。程序设计的逻辑性强、层次清楚、数据结构合理、便于阅读也是衡量程序优劣的重要标准;同时还要保证程序在任何实际工作条件下,都能正常运行。在较复杂的程序设计中,必须充分考虑程序的可读性和可靠性。另外,程序的可扩展性、兼容性,以及容错性等都是衡量与评价程序优劣的重要标准。

4.1.4　汇编语言伪指令与汇编

指令指示计算机完成某种操作,在汇编过程中要生成可执行的目标代码。

伪指令是指不生成可执行的目标代码,只是对汇编过程进行某种控制或提供某些汇编信息的指令。使用伪指令是为了增加程序编写的效率。

4.1.4.1　起始伪指令 ORG

格式:

ORG m

其中 m 是 16 位地址,它可用十进制数或十六进制数表示。

一般在一个汇编语言源程序或数据块的开始,都用一条 ORG 伪指令规定程序或数据块存放的起始位置。在一个源程序或数据块中,可以多次使用 ORG 指令,以规定不同的程序段或数据块的起始位置。规定的地址应该是从小到大,而且不允许有重复。需要注意的是,一个源程序若不用 ORG 指令,则目标程序默认从 0000H 开始存放。

例如:

　　　　ORG 8000H

START：MOV A,♯74H

　　　…

表示源程序的入口地址为 8000H,即程序从 8000H 开始执行。

4.1.4.2　结束伪指令 END

格式:

END

该伪指令放于程序的最后位置,用于指明汇编语言源程序的结束位置。当汇编程序汇编到 END 伪指令时,汇编结束。END 后面的指令,汇编程序都不予处理。一个源程序只能有一个 END 命令,否则就有一部分指令不能被汇编。

4.1.4.3　定义字节伪指令 DB

格式：

［标号：］DB X1,X2,X3,…,Xn

该伪指令的功能是从程序存储器的某地址单元开始,存入一组规定好的 8 位二进制常数。Xi 为单字节数据（小于 256,8 位的二进制数）,它可以是十进制数、十六进制数、表达式或由两个单引号所括起来的一个字符串（存放的是 ASCII 码）。这个伪指令在汇编以后,将影响程序存储器的内容。

例如：

ORG 3000H

TAB1：DB 12H,34H

　　　　DB '5','A','abc'

汇编后,各个数据在存储单元中的存放情况如图 4-1 所示。

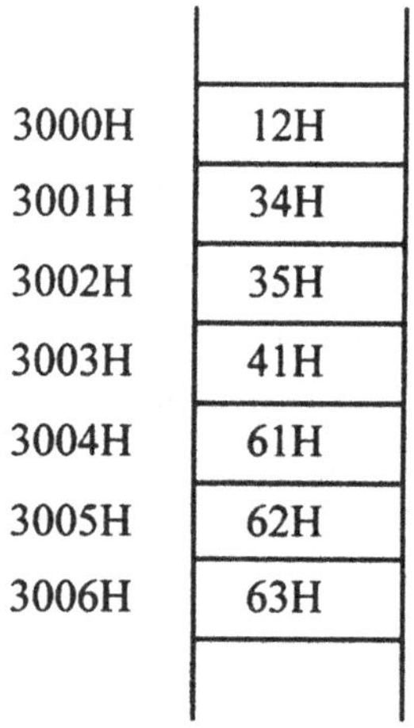

3000H	12H
3001H	34H
3002H	35H
3003H	41H
3004H	61H
3005H	62H
3006H	63H

图 4-1　DB 数据分配图

4.1.4.4　定义字伪指令 DW

格式：

［标号：］DW Y1,Y2,Y3,…,Yn

16 位数据 DW 伪指令的功能是从指定地址开始,定义若干个 16 位数据。该指令与 DB 指令类似,可用十进制数或十六进制数表示,也可以为一个表达式,但 Yi 为双字节数据（16 位）。每个 16 位数据要占两个 ROM 单元,在 MCS-51 系统中,16 位二进制数的高 8 位先存入低地址单元,低 8 位存入高地址单元。

例如：

　　　　ORG 3000H

TAB2：DW 1234H,5678H

汇编后,各个数据在存储单元中的存放情况如图 4-2 所示。

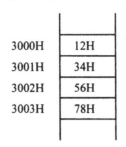

3000H	12H
3001H	34H
3002H	56H
3003H	78H

图 4-2　DW 数据分配图

4.1.4.5　定义存储空间伪指令 DS

格式：

［标号：］DS X

该伪指令用于定义在标号开始的内存单元预留一定数量的内存单元,以备源程序执行过程中使用。预留单元的数量由 X 决定。

例如：

　　　　ORG 3000H

TAB1：DB 12H,34H

　　　　DS 4H

　　　　DB '5'

汇编后,存储单元中的分配情况如图 4-3 所示。

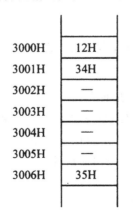

3000H	12H
3001H	34H
3002H	—
3003H	—
3004H	—
3005H	—
3006H	35H

图 4-3　DS 数据分配图

4.1.4.6 赋值伪指令 EQU

格式：

字符串 EQU 常数或符号

该伪指令的功能是将一个常数或特定的符号赋予规定的字符串,赋值以后的字符名称可以用作数据地址、代码地址或者直接当作一个立即数使用。这里使用的"字符串"不是标号,不用":"来做分隔符。若加上":",则反而会被汇编程序认为错误。

例如：

TAB1 EQU 1000H

TAB2 EQU 2000H

汇编后 TAB1、TAB2 分别等于 1000H、2000H。程序后面使用1000H、2000H的地方就可以用符号 TAB1、TAB2 替换。

用 EQU 伪指令对某标号赋值后,该符号的值在整个程序中不能再改变。

4.1.4.7 位地址赋值伪指令 BIT

格式：

字符串 BIT 位地址

该伪指令的功能是将位地址赋予所规定的字符名称。被定义的位地址在源程序中可用符号名称来表示。也可用 EQU 指令来定义位地址变量。

例如：

ORG 01000H

L0 BIT P1.2

L1 BIT 10H

4.1.4.8 数据地址赋值伪指令 DATA

格式：

符号 DATA 直接字节地址

该伪指令用于给片内 RAM 字节单元地址赋予 DATA 前面的符号,符号以字母开头,同一单元地址可以赋予多个符号。赋值后可用该符号代替DATA 后面的片内 RAM 字节单元地址。

例如：

RESULT DATA 60H

⋮

MOV RESULT,A

汇编后,RESULT 就表示片内 RAM 的 60H 单元,程序后面用片内 RAM 的 60H 单元的地方就可以用 RESULT。

4.4.4.9　数据地址赋值伪指令 XDATA

格式:

符号 XDATA 直接字节地址

该伪指令与 DATA 伪指令基本相同,只是它针对的是片外 RAM 字节单元。

例如:

PORT1 XDATA 2000H

⋮

MOV DPTR,PORT1

MOVX @DPTR,A

汇编后,符号 PORT1 就表示片外 RAM 的 2000H 单元地址,程序后面可通过符号 PORT1 表示片外 RAM 的 2000H 单元地址。

4.2　结构化程序设计方法

4.2.1　顺序结构程序

顺序程序结构是程序结构中最简单、最基本的一种形式,其特点是从第一条指令开始逐一顺序执行程序中的每一条指令,直到程序结束为止。此种结构运行速度快,但不宜处理重复的工作。如果用流程图表示顺序结构,则是一个处理框紧跟着一个处理框的简单结构。

例 4.1　假设两个双字节无符号数,分别存放在 R1R0 和 R3R2 中,高字节在前,低字节在后。编程使两数相加,和数存回 R2R1R0 中。

解:此为简单程序,求和的方法与笔算类同,先加低位,后加高位,无须画流程图。对应的程序如下:

```
ORG 1000H
CLR C
MOV A,R0        ;取被加数低字节至 A
ADD A,R2        ;与加数低字节相加
```

```
MOV  R0,A          ;存和数低字节
MOV  A,R1          ;取被加数高字节至 A
ADDC A,R3          ;与加数高字节相加
MOV  R1,A          ;存和数高字节
MOV  A,♯0
ADDC A,♯0          ;加进位位
MOV  R2,A          ;存和数进位位
SJMP $
END
```

例 4.2 拆字程序。将 30H 单元内的两位 BCD 码拆开并转换成 ASCII 码,存入内部 RAM 的 31H 和 32H 两个单元中。

解:程序流程如图 4-4 所示,对应的程序如下:

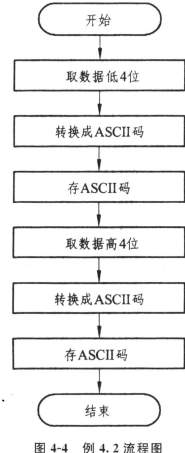

图 4-4 例 4.2 流程图

```
ORG 1000H
MOV A,30H          ;取值
ANL A,#0FH         ;取低 4 位
ADD A,#30H         ;转换成 ASCII 码
MOV 31H,A          ;保存结果
MOV A,30H          ;取值
SWAPA              ;高 4 位与低 4 位互换
ADD A,#30H         ;取低 4 位(原来的高 4 位)
ANL A,#0FH         ;转换成 ASCII 码
MOV 32H,A          ;保存结果
SJMP $
END
```

4.2.2　分支程序

分支程序是利用条件转移指令,使程序执行某一指令后,根据条件是否满足来改变程序执行的次序。在设计分支程序时,关键是如何判断分支的条件。在 MCS-51 指令系统中,可以直接用于判断分支条件的指令有累加器判零条件转移指令 JZ(JNZ)、比较条件转移指令 CJNZ 和位条件转移指令 JC(JNC)、JB(JNB)、JBC 等。通过这些指令,就可以完成各种各样的条件判断,如正负判断、溢出判断、大小判断等。需要注意的是,执行一条判断指令时,只能形成两路分支。若要形成多路分支,就要形成多次判断。

4.2.2.1　单分支程序

例 4.3　假定在内部 RAM 中有 40H、41H、42H 共 3 个连续单元,其中 40H 和 41H 中分别存放着两个 8 位无符号二进制数,要求找出两数中较大者并存入 42H 单元中。

解:程序流程如图 4-5 所示,对应的程序如下:

```
        ORG 2000H
BJDS:   NOP
        MOV R0,#40H        ;设置间址寄存器
        MOV A,@R0          ;取第一个数
        MOV R2,A           ;第一个数存 R2
        INC R0
        MOV A,@R0          ;取第二个数
```

```
        CLR C                    ;进位位清 0
        SUBB A,R2                ;两数比较
        JNC BIG1                 ;第二个数大转 BIG1
        XCH A,R2                 ;第一个数大则整字节交换
BIG0：  INC R0
        MOV @R0,A                ;存大数
        RET                      ;返回主程序
BIG1：  MOV A,@R0
        SJMP BIG0
```

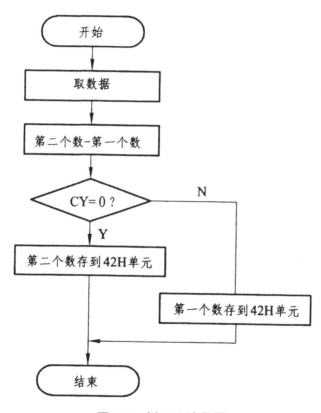

图 4-5 例 4.3 流程图

4.2.2.2 多分支程序

例 4.4 设变量 X 存于内部 RAM 20H 单元,函数值 Y 存于 21H 单元,试按照下式要求对 Y 赋值。

$$Y=\begin{cases}x+3, & x>0 \\ 20, & x=0 \\ x, & x<0\end{cases}$$

解：程序流程如图 4-6 所示，对应的程序如下：

```
            MOV A,20H          ;取数
            JZ ZER0            ;A 为 0,转 ZER0
            JB ACC.7,STORE     ;A 为负数,转 STORE
            ADD A,♯3          ;A 为正数,则加 3
            SJMP STORE
ZER0：      MOV A,♯20
STORE：     MOV 21H,A
```

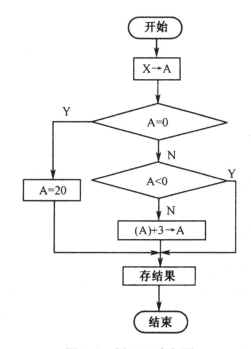

图 4-6　例 4.4 流程图

4.2.3　循环结构程序

　　循环程序是指在程序中有一段程序需要重复执行的一种程序结构。在许多实际应用中,往往需要多次反复执行某种相同的操作,而只是参与操作的操作数不同,这时就可采用循环程序结构。循环程序可以缩短程序,减少程序所占的内存空间。循环程序一般包括以下几个部分：

（1）初始化部分。对于循环过程中所使用的工作单元，在循环开始时应置初值。例如，工作寄存器设置计数初值，累加器 A 清 0，以及设置地址指针、长度等。这是循环程序中的一个重要部分，不注意就很容易出错。

（2）循环体（循环工作部分）。这是循环结构程序的核心部分。它完成需要多次重复执行的实际处理工作，又称为循环体。

（3）修改控制部分。它包括修改和控制两部分。它为进入下一轮处理而修改循环变量、数据指针等有关参数，并判断循环结束条件是否满足，若不满足则继续循环。

（4）结束部分。这是对循环程序执行的结果进行分析、处理和存放。

上述 4 个部分，有时不能明显区分，有时可以缺省一两个部分，这要根据具体问题而定。按照控制部分和处理部分的前后关系，上述 4 个部分有两种组织方式，如图 4-7(a)和图 4-7(b)所示。

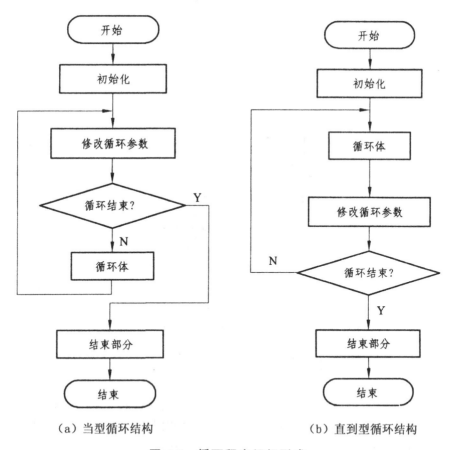

（a）当型循环结构　　　　　　　（b）直到型循环结构

图 4-7　循环程序组织形式

例 4.5　用计数器控制的单重循环:从 22H 单元开始存放一数据块,其长度存放在 20H 单元,编写一个数据块求和程序,要求将和存入 21H 单元(假设和不超过 255)。

解:用计数器控制的单重循环程序流程图如图 4-8 所示,对应的程序如下:

```
        CLR A
        MOV R7,20H
        MOV R0,♯22H
LOOP：  ADD A,@R0
        INC R0
        DJNZ R7,LOOP
        MOV 21H,A
```

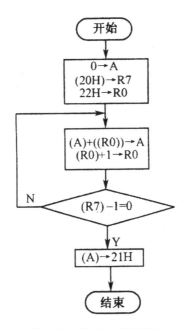

图 4-8　例 4.5 流程图

例 4.6　设字符串放在内部 RAM 30H 开始的单元中,以"＄"作结束标志,现要求计算该字符串长度,并把计算结果放在 25H 单元中。

解:程序流程如图 4-9 所示,对应的程序如下:

```
        CLR A
        MOV R0,♯30H              ;取数
LOOP：  CJNF @R0,♯24H,NEXT       ;与"＄"(ASCII 值为十六进制
                                    24)比较
```

```
SJM：   COMP                    ;找到"$"结束
NEXT：INC A                     ;不为"$",则计数器加1
      INC R0                    ;修改地址指针
      SJMP LOOP
COMP：MOV 25H,A                 ;存结果
```

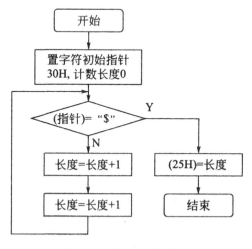

图 4-9   例 4.6 流程图

例 4.7   多重循环:试用软件设计一个延时程序,延时时间约为 50 ms。设晶体振荡频率为 12 MHz。

解:延时时间与指令执行时间有很大关系,在使用 12 MHz 时,一个机器周期为 1 μs,执行一条 DJNZ 指令的时间为 2 μs,可用多重循环方法写出如下的延时程序:

```
DEL：   MOV R7,♯200            ;执行次数为1,单周期指令
DEL1：MOV R6,♯123             ;执行次数为200,单周期指令
      NOP                      ;执行次数为200,单周期指令
DEL2：DJNZ R6,DEL2             ;执行次数为123×200,双周期指令
      DJNZ R7,DEL1             ;执行次数为200,双周期指令
```

实际延时时间 $t = 1 \times 1 + 200 \times 1 + 200 \times 1 + 200 \times 123 \times 2 + 200 \times 2 = 50.001$ ms。但需要注意的是,采用软件延时程序时,不允许有中断,否则将严重影响其精确性。对于需要延时更长时间的场合,还可以采用三重循环。

4.2.4   查表程序

在单片机应用系统设计中,如果运算较多,系统要求实时性较强时,可

用查表程序代替运算,将事先计算好的数据表格存放在 ROM 中,然后利用查表程序快速地取得数据,即可满足设计要求。查表程序是一种常用的程序,它可以完成数据计算、转换、补偿等各种功能,具有程序简单、执行速度快等优点。查表程序在编程时,可以通过 DB 伪指令将表格的内容存入 ROM 中。用于查表的指令有以下两条:

(1) MOVC A,@A＋DPTR。该指令以数据地址指针 DPTR 内容作基址,它指向数据表格的首址,以变址器 A 的内容为所查表格的项数(即在表格中的位置是第几项)。执行指令时,基址加变址,读取表格中的数据,(A＋DPTR)内容送 A。

该指令可以灵活设置数据地址指针 DPTR 内容,可在 64 KB 程序存储器范围内查表,故称为长查表指令。

(2) MOVC A,@A＋PC。该指令以程序计数器 PC 内容作基址,以变址器 A 内容为项数加变址调整值。执行指令时,基址加变址,读取表格中数据,(A＋PC)内容送 A。

变址调整值即 MOVC A,@A＋PC 指令执行后的地址到表格首址之间的距离,即两地址之间其他指令所占的字节数。

用 PC 内容作基址查表只能查距本指令 256 个字节以内的表格数据,被称为页内查表指令或短查表指令。执行该指令时,PC 当前值是由 MOVC A,@A＋PC 指令在程序中的位置加 2 以后决定的,还要计算变址调整值,使用起来比较麻烦。但它不影响 DPTR 内容,使程序具有一定灵活性,仍是一种常用的查表方法。

例 4.8　将 1 位十六进制数转换为 ASCII 码。设 1 位十六进制数存放在 R0 的低 4 位,转换后的 ASCII 码仍送回 R0 中。

解:十六进制 0～9 的 ASCII 码为 30H～39H,A～F 的 ASCII 码为 41H～46H,ASCII 码表格的首址为 TAB。

```
        ORG 0200H
        MOV A,R0
        ANL A,＃0FH          ;屏蔽高 4 位
        MOV DPTR,＃TAB
        MOVC A,@A＋DPTR
        MOV R0,A
        RET
TAB: DB 30H,31H,32H,…,39H
        DB 41H,42H,…,46H
```

例 4.9 一组长度为 LEN 的十六进制数存入 HEXR 开始的单元中,将它们转换成 ASCII 码,并存入 ASCR 开始的单元中。

解:由于每个字节含有两个十六进制数,因此,要拆开转换两次,每次都要通过查表求得 ASCII 码。由于两次查表指令 MOVC A,@A＋PC 在程序中所处的位置不同,且 PC 当前值也不同,故对 PC 值的变址调整值是不同的。

```
            ORG 0100H
            HEXR EQU 20H
            ASCR EQU 40H
            LEN EQU 1FH
HEXASC：MOV R0,＃HEXR        ;R0 作十六进制数存放指针
            MOV R1,＃ASCR        ;R1 作 ASCII 码存放指针
            MOV R7,＃LEN         ;R7 作计数器
LOOP：      MOV A,@R0           ;取数
            ANL A,＃0FH          ;保留低 4 位
            ADD A,＃15           ;第一次变址调整
            MOVC A,@A＋PC        ;第一次查表
            MOV @R1,A            ;存放 ASCII 码        (1字节)
            INC R1              ;修正 ASCII 码存放指针(1字节)
            MOV A,@R0           ;重新取数              (1字节)
            SWAP A              ;                     (1字节)
            ANL A,＃0FH          ;准备处理高 4 位       (2字节)
            ADD A,＃6            ;第二次变址调整         (2字节)
            MOVC A,@A＋PC        ;第二次查表            (1字节)
            MOV @R1,A            ;存放 ASCII 码        (1字节)
            INC R0              ;                     (1字节)
            INC R1              ;修正地址指针           (1字节)
            DJNZ R7,LOOP        ;未完继续              (2字节)
            RET                 ;返回                  (1字节)
ASCTAB：DB '0 1 2 3'
            DB '4 5 6 7'
            DB '8 9 A B'
            DB 'C D E F'
            END
```

需要注意的是,数据表格中用单引号' '括起来的元素,程序汇编时,将这些元素当作 ASCII 码处理。

4.2.5　子程序

在一个程序中经常会遇到反复多次执行某程序段的情况,如果重复书写这个程序段,则会使程序变得冗长而杂乱。对此,可把重复的程序编写为一个小程序,通过主程序调用而使用它,这样不仅减少了编程的工作量,而且也缩短了程序的长度。另外,子程序还增加了程序的可移植性,将一些常用的运算程序写成子程序形式,可以被随时引用、参考,为广大单片机用户提供了方便。

调用子程序的程序称为主程序,主程序与子程序间的调用关系如图 4-10 所示。

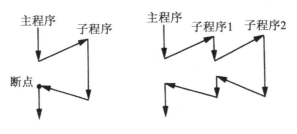

图 4-10　子程序及其嵌套

从图 4-10 中可以看出,调用和返回构成了子程序调用的完整过程。为了实现这一过程,必须有子程序调用和返回指令,调用指令在主程序中使用,而返回指令则应该是子程序的最后一条指令。执行完这条指令之后,程序返回主程序断点处继续执行。在 MCS-51 中,完成子程序调用的指令为 ACALL 与 LCALL,完成从子程序返回的指令为 RET。

在一个比较复杂的子程序中,往往还可能再调用另一个子程序。这种子程序再次调用子程序的情况,称为子程序的嵌套。

4.2.5.1　子程序调用过程中参数的传递

为了使子程序具有通用性,子程序处理过程中用到的数据都由主程序提供,子程序的某些执行结果也应送回到主程序。这就存在着主程序和子程序之间的参数传递问题。参数传递通常采用以下几种方法。

(1) 寄存器或累加器传送。数据通过工作寄存器 R0～R7 或累加器 A 来传送。在调用子程序之前,数据先送入寄存器或累加器,子程序执行以后,结果仍由寄存器或累加器送回。这是一种最常使用的方法。其优点是程序简单、速度快。其缺点是传递的参数不能太多。

（2）指针寄存器传送。数据一般存放在数据存储器中,可用指针来指示数据的位置,这样可大大节省传送数据的工作量,并可实现变长度运算。若数据在内部 RAM 中,则可用 R0、R1 作指针;参数在外部 RAM 或程序存储器中,则可用 DPTR 作指针。参数传递时只通过 R0、R1、DPTR 传送数据所存放的地址,调用结束后,传送回来的也只是存放数据的指针寄存器所指的数据地址。

（3）堆栈传送。可以用堆栈来向子程序传递参数和从堆栈获取结果。调用子程序前,先把要传送的参数用 PUSH 压入堆栈。进入子程序后,可用堆栈指针间接访问堆栈中的参数,同时可把结果送回堆栈中。返回主程序后,可用 POP 指令得到这些结果。需要注意的是,在调用子程序时,断点也会压入堆栈,占用两个单元,在子程序中弹出参数时,不要把断点地址也弹出。此外,在返回主程序时,要把堆栈指针指向断点地址,以便能正确返回。

4.2.5.2　调用子程序时的现场保护问题

在转入子程序时,特别是进入中断服务子程序时,要特别注意现场保护问题。即主程序使用的内部 RAM 内容,各工作寄存器内容,累加器 A 内容和 DPTR 以及 PSW 等寄存器内容,都不应因转子程序而改变。如果子程序所使用的寄存器与主程序使用的寄存器有冲突,则在转入子程序后首先要采取保护现场的措施。方法是将要保护的单元推入堆栈,而空出这些单元供子程序使用。返主程序之前要弹出到原工作单元,恢复主程序原来的状态,即恢复现场。

例如,十翻二子程序的现场保护。

```
BCDCB: PUSH ACC
       PUSH PSW
       PUSH DPL          ;保护现场
       PUSH DPH
       ⋮                 ;十翻二
       POP DPH
       POP DPL
       POP PSW           ;恢复现场
       POP ACC
       RET
```

推入与弹出的顺序应按"先进后出"或"后进先出"的顺序,才能保证现场的恢复。对于一个具体的子程序是否要进行现场保护,以及哪些单元应该保护,要具体情况具体对待,不能一概而论。

例 4.10　将十六进制数的 ASCII 码转换成相应二进制数的子程序。

解:十六进制数 0~9 的 ASCII 码为 30~39H,A~F 的 ASCII 码为 41~46H。按照题意,只需要判断被转换数据是 0~9 还是 A~F,如果是前者,则将被转换数据减去 30H 即可;如果是后者,则将被转换数据减去 37H 即可。

程序流程如图 4-11 所示,对应的程序如下:

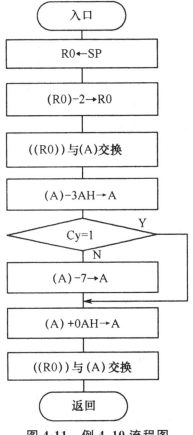

图 4-11　例 4.10 流程图

入口:被传换数据在栈顶。

出口:转换结果(ASCII 码)在栈项。

```
SUBASH：MOV R0,SP        ;SP 不能改变
        DEC R0          ;否则不能正确返回
```

```
              DEC R0                ;栈顶两字节为返回地址
              XCH A,@R0             ;从堆栈取出被转换的数送给 A
              CLR C
              SUBB,♯3AH             ;是否为 0～9 的 ASCII 码
              JC ASCDTG             ;若是,则转 ASCDTG
              SUBB A,♯07H           ;若否,则再减去 7
    ASCDTG：ADD A,♯0AH              ;转换成十六进制数
              XCH A,@R0             ;转换后十六进制数压堆栈
              RET
```

例 4.11 参数传递采用累加器 A:设有一个从 21H 开始存放的数据块,每个单元中均有一个十六进制数(0～F),数据块长度存放在 20H,编程将它们转化为相应的 ASCII 码值,并存放在 41H 开始的单元中。

解:根据 ASCII 码表,0～9 的 ASCII 码为 30H～39H,即 0～9 只要加上 30H 就可得到相应的 ASCII 值,而 A～F 的 ASCII 码为 41H～46H,即 A～F 只要加上 37H 也可得到相应的 ASCII 码值。

参数传递采用累加器的程序流程图如图 4-12 所示,对应的程序如下:

```
              ORG 0030H            ;主程序
    MAIN：MOV SP,♯60H              ;设定堆栈指针
              MOV R1,♯41H          ;置目标块首地址
              MOV R0,♯21H          ;置源数据块首地址
              MOV R2,20H           ;置数据块长
    LOOP：MOV A,@R0                ;取待转换数
              LCALL ZHCX           ;调用转换子程序
              MOV @R1,A            ;保存结果
              INC R0               ;修改源指针
              INC R1               ;修改源目标指针
              DJNZ R2,LOOP         ;(R2)－1≠0,则继续转换
              SJMP $               ;踏步等待
              ORG 6000H            ;十六进制转 ASCII 码子程序
    ZHCX：CJNE A,♯0AH,NEXT         ;十六进制数与 10 比较
    NEXT：JC ASC1                  ;若(A)<10,则转 ASC1
              ADD A,♯37H           ;若(A)≥10,则加 37H
              SJMP ASC2
    ASC1：ADD A,♯30H               ;(A)＋30H→A
    ASC2：RET                      ;返回主程序
```

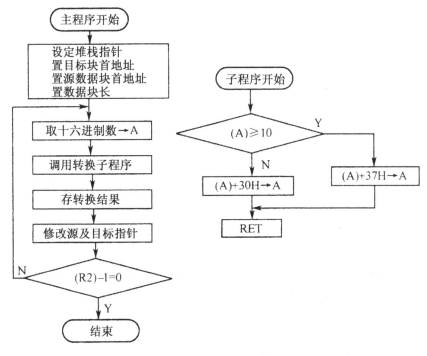

图 4-12 例 4.11 流程图

例 4.12 参数传递通过指针寄存器:计算两个多字节压缩 BCD 码减法。设被减数与减数分别存放在以 30H 和 20H 开始的单元中,字节数在 40H 单元(设字节数不大于 16),要求运算结果存放在以 20H 开始的单元中。

解:由于无十进制减法指令和十进制减法调整指令,故在进行十进制减法运算时,只能先求减数的十进制补码,将减法变为加法,再用十进制调整指令来调整运算结果,结果为十进制补码。如(CY)=1,表示够减无借位,值为正;如(CY)=0,表示不够减,值为负。

```
        ORG 0030H              ;主程序
MAIN:   MOV SP,♯60H
        MOV R0,♯20H           ;置减数地址指针
        MOV R1,♯30H           ;置被减数地址指针
        MOV R7,40H            ;置字节数
        LCALL BCDS            ;调用子程序
        SJMP $                ;踏步等待
        ORG 6000H             ;多字节 BCD 码减法子程序
```

```
BCDS：  CLR C
LOOP：  MOV A,#9AH
        SUBB A,@R0          ;取减数对 100 的补码
        ADD A,@R1           ;被减数＋减数的补码,用加法完
                             成减法运算
        DA A                ;十进制调整
        MOV @R0,A           ;保存结果
        INC R0              ;修改减数指针
        INC R1              ;修改被减数指针
        CPL C               ;进位与实际情况相反,进位标志
                             要取反
        DJNZ R7,LOOP
        RET                 ;返回主程序
```

例 4.13　参数传递通过堆栈:在 20H 单元存有两个十六进制数,试将它们分别转换成 ASCII 码,存入 30H 和 31H 单元。

解:由于要进行两次转换,故可用子程序来完成,参数传递用堆栈来完成。

```
        ORG 0030H           ;主程序
MAIN：  MOV SR #60H         ;设定堆栈指针
        PUSH 20H            ;将十六进制数压入堆栈
        LCALL CASC          ;调用转换子程序
        POP 30H             ;返回参数送 30H 单元
        MOV A,20H           ;20H 单元内容送 A
        SWAP A              ;高、低 4 位交换
        PUSH ACC            ;将第 2 个十六进制数压入堆栈
        ACALL CASC          ;再次调用
        POP 31H             ;存第 2 个 ASCII 码
        SJMP $              ;踏步等待
        ORG 3000H           ;堆栈传送子程序
CASC：  DEC SP              ;修改 SP 到参数位置
        DEC SP
        POP ACC             ;弹出参数到 A
        ANL A,#0FH          ;屏蔽高 4 位
        CJNE A,#0AH,NEXT    ;十六进制数转换为 ASCII 码
NEXT：  JC XY10
        ADD A,#37H
```

```
        SJM EXIT
XY10：  ADD A，#30H
EXIT：  PUSH ACC                ;参数入栈
        INC SP                  ;修改 SP 到返回地址
        INC SP
        RET                     ;返回主程序
```

4.3　汇编语言程序设计实例

4.3.1　算术运算程序

例 4.14　多字节无符号数减法子程序。被减数和减数分别存放于内部 RAM DATA1 和 DATA2 开始的单元中,差存放于 DATA2 中。

```
MSUB：  MOV R0，#DATA1+N-1       ;设被减数指针
        MOV R1，#DATA2+N-1       ;设减数指针
        MOV R7，#N               ;字节数计数
        CLR C
LOOP：  MOV A，@R0
        SUBB A，@R1              ;求差
        MOV @R1，A               ;存结果
        DEC R0                  ;修改指针
        DEC R1
        DJNZ R7，LOOP            ;循环判断
        RET
```

例 4.15　设两个多字节带符号数从低到高分别存放在[R0]及[R1]开始的单元中,字节数为[R3],要求相加结果存放在以[R0]开始的单元中,试编写子程序段。

解:程序流程如图 4-13 所示,对应的程序如下:

```
SDADD：CLR 07H                  ;标志位清零
        MOV A，R0                ;复制保存地址指针
        MOV R2，A
        MOV A，R3
        MOV R7，A
        CLR C
```

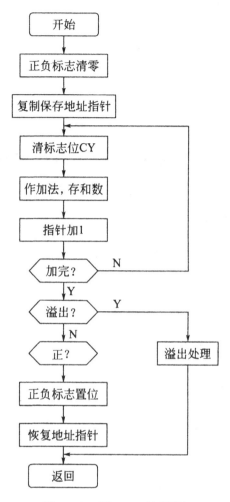

图 4-13　例 4.15 流程图

```
LOOP1: MOV A,@R0
       ADDC A,@R1                ;相加
       MOV @R0,A
       INC R0
       INC R1                    ;地址指针加 1
       DJNZ 7,LOOP1
       JB OV,ERR                 ;若溢出,转溢出处理
       DEC R0
       MOV A,@R0
```

```
            JNB E7H,LOOP2
            SETB 07H                    ;和值为负,置位标志
LOOP2：MOV A,R2                          ;恢复地址指针
            MOV R0,A
            RET
ERR：   RET                             ;溢出处理
```

4.3.2 数据排序程序

例 4.16 设内部 RAM 起始地址为 30H 的数据块中共存有 64 个字节型无符号二进制数,试编制程序使它们按从小到大的顺序排列。

解:设 64 个无符号数在数据块中的原始顺序为:$e_{64},e_{63},\cdots,e_2,e_1$,使它们从小到大顺序排列的方法很多,现以冒泡法为例进行介绍。

图 4-14 所示给出了 6 个数(255、26、87、0、4、8)的 2 排序交换过程。

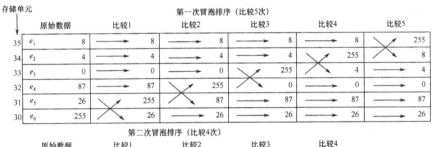

图 4-14 冒泡过程示意图

冒泡法程序的流程图如图 4-15 所示,对应的程序如下:

```
            ORG 1000H
            MOV R3,#63                   ;设置外循环次数
LP0：   CLR 7FH                          ;交换标志位清零
            MOV A,R3                      ;取外循环次数
            MOV R2,A                      ;设置内循环次数
```

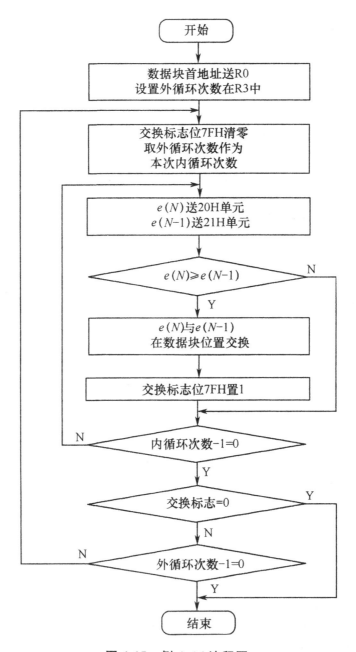

图 4-15 例 4.16 流程图

```
            MOV R0,#30H             ;设置数据区首地址
LP1：  MOV 20H,@R0             ;数据送 20H
            MOV A,@R0               ;20H 内容送 A
            INC R0                  ;指针加 1
            MOV 21H,@R0             ;下一地址内容送 21H
            CLR C                   ;CY 清零
            SUBB A,21H              ;相邻单元内容比较
            JC LP2                  ;若有借位则前者小,转 LP2
            MOV @R0,20H             ;无借位,则前者大
            DEC R0                  ;交换数据
            MOV @R0,21H
            INC R0                  ;指针加 1
            SETB 7FH                ;置位交换标志位
LP2：  DJNZ R2,LP1             ;内循环次数减 1,若不为 0 则比较
                                    下一次
            JNB 7FH,LP3            ;内循环结束,交换标志位若为 0,则
                                    转 LP3 结束循环
            DJNZ R3,LP0            ;交换标志位为 1,外循环次数减 1,
                                    若不为 0 继续比较
LP3：  SJMP $                 ;排序完毕
            RND
```

4.3.3　数制转换程序

在该类程序中,通常代码转换都采用子程序调用方法进行,即把具体的转换功能由子程序完成,而由主程序完成组织数据和安排结果等工作。

例 4.17　把外部 RAM 30H～3FH 单元中的 ASCII 码依次转换为十六进制数,并存入内部 RAM 60H～67H 单元之中。

解:转换算法为把转换的 ASCII 码减去 30H。若小于 0,则为非十六进制数;若为 0～9 之间,即为转换结果;如果大于等于 0AH,应再减 7。减 7 后,如果小于 0AII,则为非十八进制数;如果在 0AH～0FH 之间,即为转换结果;如果大于 0FH,还是非十六进制数。

转换流程如图 4-16 所示。

因为一个字节可装两个转换后得到的十六进制数,即两次转换才能拼装为一字节。为避免在程序中重复出现转换程序段,因此通常采用子程序

结构,把转换操作编写为子程序。

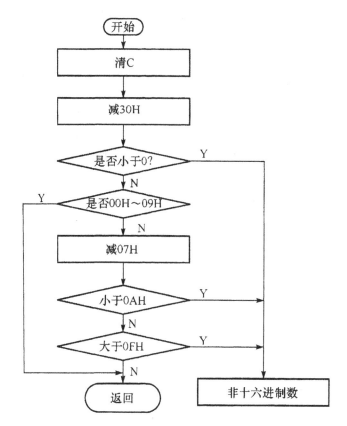

图 4-16　ASCII 码—十六进制数转换程序流程

主程序流程如图 4-17 所示,对应的程序如下。

主程序:

```
        ORG 1000H
MAIN:   MOV R0,#30H          ;设置 ASCII 码地址指针
        MOV R1,#60H          ;设置十六进制数地址指针
        MOV R7,#08H          ;需拼装的十六进制数字节个数
AB:     ACALL TRAN           ;调用转换子程序
        SWAP A               ;A 高低 4 位交换
        MOV @R1,A            ;存放内部 RAM
        INC R0
        ACALL TRAN           ;调用转换子程序
        XCHD A,@R1           ;十六进制数拼装
```

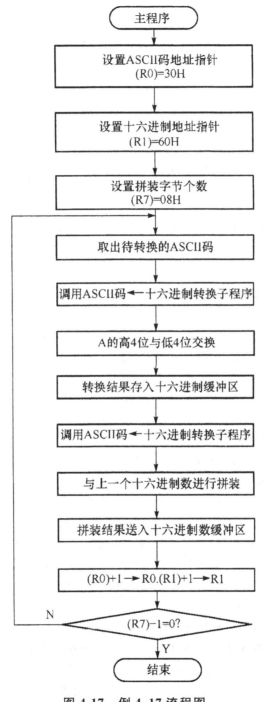

图 4-17　例 4.17 流程图

```
        INC R0
        INC R1
        DJNZ R7,AB              ;继续
HALT：AJM HALT
子程序：
TRAN：CLR C                     ;清进位位
        MOVX A,@R0             ;取 ASCII 码
        SUBB A,♯30H            ;减 30H
        CJNE A,♯0AH,BB
        AJHP BC
BB：    JC DONE
BC：    SUBB A,♯07H            ;大于等于 0AH,再减 07H
DONE：RET                      ;返回
```

4.3.4 数据检索程序

数据检索是在数据区中查找关键字的操作。有两种数据检索方法:顺序检索和对分检索。顺序检索是把关键字与数据区中的数据从前向后逐个比较,判断是否相等。对分检索是一种递归算法,具体实现时首先确定检索范围,范围的起点是 0,而终点是把最后一个数的序号加 1,这样才能使最后一个数也处在有效的检索范围之内,因为在程序中对分序号通过起点与终点相加,然后除 2 取整而得到。

对分检索程序的流程图如图 4-18 所示。

例 4.18 假定检索数据区在内部 RAM 中,首地址为 data,其数据为无符号数,并已按升序排序。工作单元定义如下。

2AH 为存放检索范围的起点;2BH 为存放检索关键字;R0 为先指向数据区首地址。检索开始后,则为对分读数地址;R1 为检索成功标志。如检索成功,则数据序号放入其中,否则置为 0FFH 状态;R3 为检索次数计数器;R4 为存放检索到的数据;R7 为存放检索范围的终点。

对分检索程序如下:

```
        MOV 2AH,♯00H          ;检索范围起点
        MOV R7,♯DVL           ;检索范围终点
        MOV 2BH,♯KEY          ;关键字
        MOV R3,♯01H           ;检索次数初值
LOOP：MOV R0,♯DATA          ;数据区首址
```

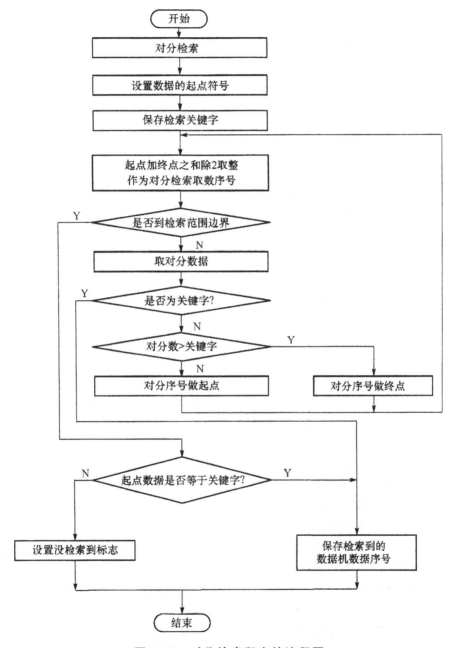

图 4-18　对分检索程序的流程图

```
        MOV A,2AH
        ADD A,R7            ;起点加终点
        CLR C
        RRC A               ;除 2 取整
        MOV R2,A            ;存放取数的序号
        CLR C
        SUBB A,2AH          ;判是否到范围边缘
        JZ LOOP3            ;是边缘则转
        MOV A,R2
        ADD A,R0            ;形成取数地址
        MOV R0,A
        MOV A,@R0           ;取数
        MOV R4,A            ;取数放 R4 中
        CLR C
        SUBB A,2BH          ;与关键字比较
        JZ LOOP5            ;相等则检索成功
        JNC LOOP2           ;取数大,则转
        MOV 2AH,R2          ;取数小,修改检索范围起点
        INC R3             ;检索次数加 1
        SJMP LOOP1          ;继续
LOOP2:  MOV A,R2            ;取数大,修改检索范围终点
        MOV R7,A
        INC R3
        SJMP LOOP1          ;继续
LOOP3:  MOV R0,♯DATA        ;达到边缘,比较数据是否为关键字
        MOV A,@R0
        CJNE A,2BH,LOOP4
        MOV R4,A            ;是关键字,保存
        SJMP LOOP5
LOOP4:  MOV A,♯0FFH         ;不是关键字,送检索不成功标志
        MOV R2,A
LOOP5:  JMP LOOP5           ;结束
```

习题

1. 编写程序,求(30H)和(31H)单元内两数差的绝对值,结果保存在(40H)。

2. 编写子程序,将(R0)和(R1)指出的内部 RAM 中的两个 3 字节无符号整数相加,结果送(R0)指出的内部 RAM 中。

3. 编写比较两个 ASCII 字符串是否相等的程序。

4. 设计 LED 灯移位程序,要求 P1 口引脚上所接的 8 只发光二极管每次点亮一个,用延时子程序方式顺序从低位到高位循环点亮。

5. 设计 LED 等闪烁程序,用延时子程序方式实现 P1 口引脚上所接的 8 个发光二极管交叉点亮。

第5章　MCS-51单片机的中断系统

5.1　中断系统概述

中断系统是为使 CPU 具有对单片机外部或内部随机发生的事件的实时处理而设置的。MCS-51 片内的中断系统能大大提高 MCS-51 单片机处理外部或内部事件的能力。下面首先介绍有关中断的一些基本概念。

5.1.1　中断系统的概念

当出现需要时,CPU 暂时停止当前执行的程序转而处理紧急情况和执行新的程序的过程,即在程序运行时,系统出现了一个必须由 CPU 立即处理的情况,此时,CPU 暂时终止程序的执行而转而处理这个新情况的过程就叫作中断,如图 5-1 所示。实现这种功能的部件称为中断系统(中断机构),产生中断的请求源称为中断源。中断源向 CPU 提出的处理请求,称为中断请求或中断申请。CPU 优先处理紧急情况的过程称为 CPU 的中断响应过程。对事件的整个处理过程,称为中断服务(或中断处理)。处理完毕,再回到原来被中止的地方,称为中断返回。

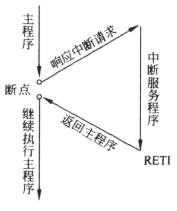

图 5-1　中断流程

MCS-51 系列单片机有 5 个中断源,52 系列单片机有 6 个中断源。单片机的中断系统一般允许多个中断源,当几个中断源同时向 CPU 请求中断时,就存在 CPU 优先响应哪一个中断源请求的问题。

当中断系统正在执行一个中断服务时,有另一个优先级更高的中断提出了中断请求,这时中断系统会暂时终止当前正在执行的级别较低的中断源的服务程序,转而去执行级别更高的中断源,待处理完毕后,再返回到被中断了的中断服务程序继续执行,这个过程称为中断嵌套。具有这种功能的中断系统称为多级中断系统,没有中断嵌套功能的则称为单级中断系统。

具有二级中断服务程序嵌套的中断过程如图 5-2 所示。

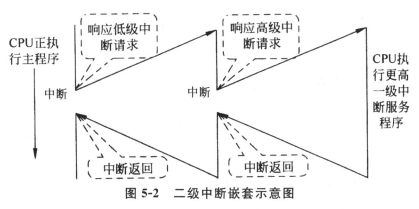

图 5-2　二级中断嵌套示意图

5.1.2　中断系统的功能

为了满足中断要求,中断系统一般有如下功能,如图 5-3 所示。

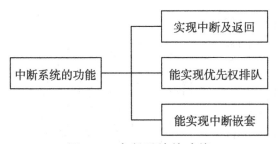

图 5-3　中断系统的功能

(1) 实现中断及返回。当某一个中断源发出中断申请时,CPU 能决定是否响应这个中断请求(当 CPU 在执行更急、更重要的工作时,可以暂不响应中断)。若允许响应这个中断请求,CPU 必须在现行的指令执行完后,把断点处的 PC 值(即下一条应执行的指令地址)压入堆栈保留下来,称为保护断点,这是硬件自动执行的。RETI 指令的功能为恢复 PC 值(称为恢复断点），使 CPU 返回断点，继续执行主程序。

（2）能实现优先权排队。通常，在系统中有多个中断源，有时会出现两个或更多个中断源同时提出中断请求的情况。这就要求计算机既能区分各个中断源的请求，又能确定首先为哪一个中断源服务。为了解决这一问题，通常给各中断源规定了优先级别，称为优先权。

（3）能实现中断嵌套。如果发出新的中断申请的中断源的优先权级与正在处理的中断源同级或更低时，CPU 暂时不响应这个中断申请，直至正在处理的中断服务程序执行完以后才去处理新的中断申请。

5.2 MCS-51 中断系统

5.2.1 中断系统的结构

MCS-51 中不同型号单片机的中断源是不同的，最典型的 80C51 单片机有 5 个中断源，具有两个中断优先级，可以实现二级中断嵌套。5 个中断源的排列顺序由中断优先级控制寄存器 IP 和顺序查询逻辑电路（图 5-4 中的硬件查询）共同决定。5 个中断源对应 5 个固定的中断入口地址，也称为矢量地址。5 个中断源的中断请求是否会得到响应，要受中断允许寄存器 IE 各位的控制，它们的优先级分别由 IP 各位来确定。MCS-51 单片机的中断系统结构如图 5-4 所示。

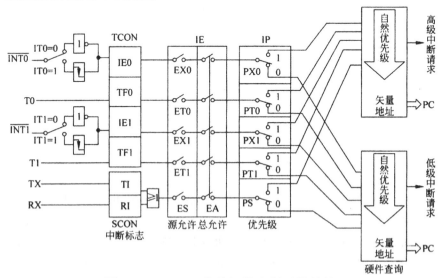

图 5-4 MCS-51 单片机的中断系统结构

5.2.2　中断请求

中断源是引起中断的原因或发出中断请求的中断来源。在 MCS-51 单片机中有 5 个中断源,分为 3 类:外部中断、定时器/计数器中断和串行口中断。

5.2.2.1　外部中断

(1) INT0:外部中断 0 请求,低电平或脉冲下降沿有效,中断标志为 IE0。由 P3.2 引脚输入。

(2) INT1:外部中断 1 请求,低电平或脉冲下降沿有效,中断标志为 IE1。由 P3.3 引脚输入。

外部中断请求有两种信号方式,即脉冲下降沿触发方式和电平触发方式。

在脉冲下降沿触发方式下,CPU 在每个机器周期采样 P3.2/P3.3 引脚的输入电平,如果在相继的两次采样中,前一个机器周期采样到高电平,后一个机器周期采样到低电平,即采样到一个下降沿,则认为有中断申请。

在电平方式下,CPU 在每个机器周期采样 P3.2/P3.3 引脚的输入电平,若采样到低电平,则认为有中断申请。

5.2.2.2　定时器/计数器中断

(1) T0:定时器/计数器 0 溢出中断请求,中断请求标志为 TF0。外部计数脉冲由 P3.4 引脚输入。

(2) T1:定时器/计数器 1 溢出中断请求,中断请求标志位 TF1。外部计数脉冲由 P3.5 引脚输入。

T0/T1 作为定时器使用时,其计数脉冲取自内部定时脉冲,当作为计数器使用时,其计数脉冲取自 T0/T1 管脚。启动 T0/T1 后,每到来一个机器周期或在 T0/T1 管脚上每检测到一个脉冲信号,计数器就加 1,当计数器的值由全 1 变为全 0 时就会向 CPU 申请中断。

5.2.2.3　串行口中断

TX/RX:串行中断请求,中断请求标志为 TI 或 RI。

串行口中断分为发送中断和接收中断,当串行口完成一帧发送或接收时,请求中断。

定时器/计数器中断与串行口中断均属于内部中断。

每一个中断源都对应有一个中断请求标志位来反映中断请求状态,这些标志位分布在特殊功能寄存器 TCON 和 SCON 中。

5.2.3 中断控制

8051 单片机中,中断请求信号的锁存、中断源的屏蔽、中断优先级控制等都是由相关专用寄存器实现的。这些寄存器都属于特殊功能寄存器,它们包括:定时器/计数器控制寄存器 TCON、串行口控制寄存器 SCON、中断允许寄存器 IE 和中断优先级寄存器 IP。

5.2.3.1 定时器/计数器控制寄存器 TCON

TCON 为定时器/计数器控制寄存器,字节地址 88H,是可位寻址的特殊功能寄存器,其位地址为 88H～8FH。TCON 寄存器既是 T0/TR1 开启关闭的控制寄存器,同时也锁存 T0/T1 及外部中断 0/外部中断 1 的中断标志。除 TR0 和 TR1 位外,其位地址的其余各位均与中断申请有关。

寄存器的位地址及格式如图 5-5 所示。

D7	D6	D5	D4	D3	D2	D1	D0
8FH	8EH	8DH	8CH	8BH	8AH	89H	88H
TF1	TR1	TF0	TR0	IE1	IT1	IE0	IT0

图 5-5　TCON 中的中断请求标志位

(1) IT0(TCON.0):外部中断请求 0(INT0)为边沿触发或电平触发方式的控制位。IT0=0,为电平触发方式,INT0 引脚位低电平时向 CPU 申请中断;IT0=1,为边沿触发方式,INT0 输入引脚上为高到低的负跳变时向 CPU 申请中断。IT0 可由软件置 1 或清 0。

(2) IE0(TCON.1):外部中断 0 的中断申请标志。当 INT0 向 CPU 申请时,即将 IE0 置 1。当 CPU 响应该中断,转向中断服务程序时,由硬件将 IE0 清 0。

(3) IT1(TCON.2):外部中断请求 1($\overline{\text{INT1}}$)为边沿触发方式或电平触发方式的控制位,其用法与 IT0 相同。

(4) IE1(TCON.3):外部中断 1 的中断申请标志。同 IE0 有相类似的功能。

(5) TF0(TCON.5):片内定时器/计数器 0 溢出中断申请标志。当启动 T0 计数后,定时器/计数器 0 从初始值开始加 1 计数,当最高位产生溢出时,由硬件将 TF0 置 1,向 CPU 申请中断,CPU 响应 TF0 中断时,会自动将 TF0 清 0。

（6）TF1(TCON.7)：片内定时器/计数器 1 溢出中断申请标志,其意义和 TF0 类似。

当 MCS-51 系统复位后,TCON 各位均被清 0。

5.2.3.2　串行口控制寄存器 SCON

SCON 为串行口控制寄存器,字节地址为 98H,是可位寻址的特殊功能寄存器,其位地址为 98H～9FH。SCON 寄存器与中断有关的标志位只有 TI 和 RI 两位。

寄存器的位地址及格式如图 5-6 所示。

D7	D6	D5	D4	D3	D2	D1	D0
9FH	9EH	9DH	9CH	9BH	9AH	99H	98H
SM0	SM1	SM2	REN	TB8	RB8	TI	RI

图 5-6　SCON 中的中断请求标志位

（1）TI(SCON.1)：串行口的发送中断标志。TI＝1 表示串行口发送器正在向 CPU 申请中断,向串行口的数据缓冲器 SBUF 写入一个数据后,就立即启动发送器发送,发送完成即同 CPU 申请中断。需要注意的是,CPU 响应发生器中断请求,转向执行中断服务程序时,并不将 TI 清 0,TI 必须由用户软件清 0。

（2）RI(SCON.0)：串行口接收中断标志。RI 为 1 表示串行口接收器正在向 CPU 申请中断,同样的 RI 必须由用户软件清 0。CUP 在响应本中断时,并不清楚 RI,必须在中断服务程序中用软件 RI 清 0。

通常来说,8051 五个中断源的中断请求标志是由中断机构硬件电路自动置位的,但也可以通过指令对以上两个控制寄存器的中断标志位置位,即"软件代请中断",这是单片机中断系统的一大特点。

5.2.3.3　中断允许寄存器 IE

MCS-51 的 CPU 中断源的开发或屏蔽,是由片内的中断允许寄存器 IE 控制的。IE 字节地址为 A8H,是可寻址的特殊功能寄存器,其位地址为 A8H～AFH。其格式如图 5-7 所示。

（1）EA(IE.7)：CPU 的中断开放/禁止总控制位。EA＝0 时,禁止所有中断;EA＝1 时,开放中断,但每个中断还受各自的控制位控制。

D7	D6	D5	D4	D3	D2	D1	D0
AFH	AEH	ADH	ACH	ABH	AAH	A9H	A8H
EA	—	—	ES	ET1	EX1	ET0	EX0

图 5-7 IE 的中断允许控制位

(2) ES(IE.4):允许或禁止串行口中断控制位。ES＝0 时,禁止中断;ES＝1 时,允许中断。

(3) ET1(IE.3):允许或禁止定时/计数器 1 溢出中断控制位。ET1＝0时,禁止中断;EX1＝1 时,允许中断。

(4) EX1(IE.2):允许或禁止外部中断 1(INT1)中断控制位。EX1＝0时,禁止中断;EX1＝1 时,允许中断。

(5) ET0(IE.1):允许或禁止定时器/计数器 0 溢出中断控制位。ET0＝0时,禁止中断,ET0＝1 时允许中断。

(6) EX0(IE.0):允许或禁止外部中断 0(INT0)中断。EX0＝0 时,禁止中断;EX0＝1 时,允许中断。

当 MCS-51 系统复位后,IE 被清 0,由用户程序置 1 或清 0 相应的位,实现允许或禁止个中断源的中断申请。如果使一个中断源允许中断,必须同时使 CPU 开放中断。如更新 IE 的内容,可由操作指令来实现,即 SETB BIT;CLR BIT。

例 5.1 假设允许片内定时器/计数器中断,禁止其他中断源的中断申请。尝试根据假设条件设置 IE 的相应值。

解:用位操作指令来编写。

```
CLR ES              ;禁止串行口中断
CLR EX1             ;禁止外部中断 1 中断
CLR EX0             ;禁止外部中断 0 中断
SETB ET1            ;允许定时器/计数器 T1 中断
SETB ET0            ;允许定时器/计数器 T0 中断
SETB EA             ;CPU 开中断
```

用字节操作指令来编写:

```
MOV IE,＃8AH
```

5.2.3.4 中断优先级寄存器 IP

MCS-51 的中断请求源有两个中断优先级,对于每一个中断请求源可由软件定位高优先级中断或低优先级中断,可实现两级中断嵌套,两级中断嵌套的过程如图 5-8 所示。

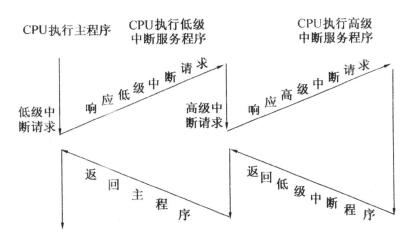

CPU执行主程序　　CPU执行低级　　　　　CPU执行高级
　　　　　　　　中断服务程序　　　　　中断服务程序

响应低级中断请求　　　　　响应高级中断请求

低级中断请求　　　　　　高级中断请求

返回主程序　　　　　返回低级中断程序

图 5-8　两级中断嵌套的过程

由图 5-8 可见,一个正在执行的低优先级中断程序能被高优先级的中断源所中断,但不能被另一个低优先级的中断源所中断。如果 CPU 正在执行高优先级的中断,则不能被任何中断源所中断,一直执行至结束。即低优先级可被高优先级中断,反之不能。任何一种中断,一旦得到响应,不会在被与其同级中断源所中断。如果某中断源被设置为高优先级中断,在执行中断源的中断服务程序时,则不能被任何其他的中断源中断。

MCS-51 的片内有一个中断优先级寄存器 IP,字节地址为 B8H,是可位寻址的特殊功能寄存器,其位地址为 B8H～BFH。MCS-51 单片机设有两级优先级,即高优先级中断和低优先级中断。中断源的中断优先级分别由中断优先级寄存器 IP 各位来设定。

寄存器的位地址及格式如图 5-9 所示。

D7	D6	D5	D4	D3	D2	D1	D0
BFH	BEH	BDH	BCH	BBH	BAH	B9H	B8H
—	—	—	PS	PT1	PX1	PT0	PX0

图 5-9　中断优先级寄存器 IP 的格式

(1) PS(IP.4):串行口中断优先级控制位。PS=1,为高优先级中断;PS=0,为低优先级中断。

(2) PT1(IP.3):定时/计数器 T1 中断优先级控制位。PT1=1,为高优先级中断;PT1=0,为低优先级中断。

（3）PX1(IP.2)：外部中断1中断优先级控制位。PX1＝1，为高优先级中断；PX1＝0，为低优先级中断。

（4）PT0(IP.1)：定时器/计数器 T0 中断优先级控制位。PT0＝1，为高优先级中断；PT1＝0，为低优先级中断。

（5）PX0(IP.0)：外部中断 0 中断优先级控制位。PX0＝1，为高优先级中断；PX0＝0，为低优先级中断。

中断申请源的中断优先级的高低，由中断优先级寄存器 IP 的各位控制，IP 的各位由用户用指令来设定。MCS-51 进行复位操作后，IP＝××000000B，即各中断源均设为低优先级中断。

5.2.3.5 中断优先级结构

为了进一步了解 MCS-51 中断系统的优先级，简单介绍一下 MCS-51 的中断优先级结构。MCS-51 的中断系统有两个不可寻址的"优先级激活触发器"。其中一个指示某高优先级的中断正在执行，所有后来的中断被阻止。另一个触发器指示某低优先级的中断正在执行，所有同级的中断都被阻止，高优先级的中断请求除外。

MCS-51 单片机中断系统规定如下：

（1）如果 CPU 正在对某一个中断服务，则级别低的或同级中断申请不能打断正在进行的服务；而级别高的中断申请则能中止正在进行的服务，使CPU 转去更高级的中断服务，待服务处理完毕后，CPU 再返回原中断服务程序继续执行。

（2）如果多个中断源同时申请中断，则级别高的优先级先服务。

（3）如果同时收到几个同一级别的中断请求时，中断服务取决于系统内部辅助优先顺序。在每个优先级内，存在着一个辅助优先级，其优先顺序如图 5-10 所示。

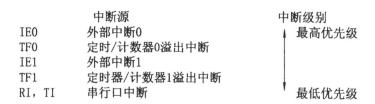

图 5-10　8051 内部的中断优先级

例 5.2　设置 IP 寄存器的初始值，使得 8031 的 2 个外中断为高优先级，其他中断为低优先级。

解:用位操作指令来编写。

SETB PX0 　　　　;2 个外中断为高优先级

SETB PX1

CLR PS 　　　　　;串行口、2 个定时器为低优先级中断

CLR PT0

CLR PT1

用字节操作指令来编写:

MOV IP,♯05H

5.2.4　中断响应及撤销

5.2.4.1　中断响应的条件及过程

MCS-51 单片机在每一个机器周期顺序采样各中断请求标志位,如有置位,并且下列 3 种情况都不存在,那么在下一周期响应中断;否则,CPU 不能立即响应中断。CPU 不响应中断的 3 种情况如下:

(1) CPU 正在处理同级或高优先级的中断。

(2) 现行的机器周期不是所执行指令的最后一个机器周期。

(3) 正在执行的指令是 RETI 或访问 IE、IP 的指令。CPU 在执行 RETI 或访问 IE、IP 的指令后,至少需要再执行一条其他指令后才会响应中断请求。

CPU 响应中断后,由硬件执行下列操作序列:

(1) 保留断点,即把程序计数器 PC 的内容和其他相关寄存器的值压入堆栈保存。

(2) 将相应的中断请求标志位清 0。

(3) 把被响应的中断服务程序的入口地址送入 PC,进而调用相应的中断服务程序。各中断源所对应的中断服务程序的入口地址如表 5-1 所示。

表 5-1　中断服务程序入口地址

中断源	入口地址
外部中断 0	0003H
定时器,计数器 T0	000BH
外部中断 1	0013H
定时器,计数器 T1	001BH
串行口中断	0023H

（4）从上述地址开始执行中断服务程序,中断服务程序的最后一条指令必须是中断返回指令 RETI。CPU 执行该指令时,先将相应的优先级状态触发器清零,然后将堆栈中弹出的两个字节送入 PC,从而返回到主程序断点处。保护现场及恢复现场的工作交由用户设计的中断服务程序处理。

5.2.4.2　中断响应的时间

单片机不能马上响应中断,需将现行的事务处理好后才能投入中断服务中去,即需一定的延迟,才能处理这一事件。若满足下列条件,则单片机在下一个机器周期的 S1 期间响应中断,否则将延缓对中断申请的响应。

（1）无同级或高级中断正在处理。

（2）现行指令执行到最后 1 个机器周期且已结束。

（3）如果现行指令为 RETI 或访问 IE、IP 的指令时,执行完该指令且紧随其后的下一条指令也已执行完毕。

中断响应时间是从单片机检测到中断请求信号,到转入中断服务程序入口所需要的机器周期数。

如果用的是标准 51,时钟频率为 12 MHz,则中断响应时间在 $3 \sim 8\ \mu s$ 之间。这只是到中断向量的时间,加上长转移的 2 个机器周期,中断响应时间一般在 $5 \sim 10\ \mu s$ 之间。

中断响应时间反映了单片机对事件的响应速度,是应用系统实时性的重要参数。

对 C 系统来说,中断响应时间比汇编系统还要长,这是因为 C 系统在中断服务程序中要用大量的指令来做现场保护,占用一定量的机器时间。

5.2.4.3　中断请求的撤销

中断响应后,该中断请求标志应被清除,否则将会屏蔽新产生的中断或引起另一次中断。中断标志的清除分为以下三种情况:

（1）串行口中断标志 TI 和 RI 在中断响应后不能由硬件自动清除,这就需要在中断服务程序中,由软件清除中断请求标志。

（2）对于定时器溢出的中断标志 TF0（或 TF1）及负跳变触发的外部中断标志 IE0（或 IE1）,中断响应后,中断标志由硬件自动清除。

（3）对于电平触发的外部中断请求,本次中断请求已被响应后,若外部中断请求管脚的低电平没有及时清除,则有可能再次引起中断,即存在一次申请多次响应的情况。因此,对于电平触发的外部中断请求,要彻底解决电平方式外部中断请求的撤销,除了标志位清 0 之外,必要时还需要在中断响应后把中断请求信号引脚从低电平强制改变为高电平,为此可在系统中增加如图 5-11 所示的电路。

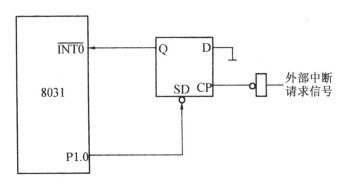

图 5-11　电平方式外部中断请求的撤销电路

由图 5-11 可见,用 D 触发器锁存外来的中断请求低电平,并通过 D 触发器的输出端 Q 接到$\overline{INT0}$(或$\overline{INT1}$)。所以,增加的 D 触发器不影响中断请求。中断响应后,为了撤销中断请求,可利用 D 触发器的直接置位端 SD 实现,把 SD 端接 MCS-51 的一条口线:P1.0。因此,只要 P1.0 端输出一个负脉冲就可以使 D 触发器置 1,从而撤销了低电平的中断请求信号。所需的负脉冲可通过在中断服务程序中增加如下两条指令得到:

SETB P1.0　　　　　;P1.0 为"1"
CLR P1.0　　　　　　;P1.0 为"0"

可见,电平方式的外部中断请求信号的完全撤销,是通过软硬件相结合的方法来实现的。

5.3　外部中断扩展方法

8051 单片机有两个外部中断请求输入端,即$\overline{INT0}$和$\overline{INT1}$。在实际应用中,若外部中断源有两个以上时,就需要扩展外部中断源。在此介绍两种扩展外部中断源的常用方法。

5.3.1　利用定时器扩展外部中断源

8051 单片机有 2 个定时器/计数器,各具有 1 个内部中断标志位和外部计数输入引脚。当定时器/计数器设置为计数工作方式时,若计数初值设置为满量程全 1(如定时器 T0,工作方式 1 时,TH0＝TL0＝0FFH),只要外部信号从计数器引脚输入 1 个负跳变信号,计数器便会为 T0 加 1,同时产生溢出中断,从而可以转去处理该外部中断源的请求。因此,我们可以把外部中断源作为边沿触发输入信号,接至定时器 T0(P3.4)或 T1(P3.5)引脚上;该定时器的溢出中断标志及中断服务程序作为扩充外部中断源的标志和中断服务程序。该方法不需要增加硬件就能实现,缺点是可扩展的数目被限制。

5.3.2 利用查询 75 式扩展外部中断源

将外部多个中断源的输入线通过与门合成一个信号接至 8051 单片机的 2 根外部中断输入线的任何一根,同时利用输入端口线作为各中断源的识别线。如图 5-12 所示,4 个外部装置中断请求信号通过与门接至 8051 单片机的外部中断输入引脚$\overline{\text{INT0}}$(或$\overline{\text{INT1}}$),P1.0~P1.3 作为 4 个中断源的查询识别线。4 个装置的中断请求输入均通过$\overline{\text{INT0}}$传给 CPU。无论哪一个外设提出中断请求,都会使$\overline{\text{INT0}}$引脚电平变低,究竟是哪个外设申请中断,可以通过程序查询 P1.0~P1.3 的逻辑电平获知。设这 4 个中断源的优先级为装置 1 最高,顺序至装置 4 最低。软件查询时,由最高至最低的顺序查询即可。

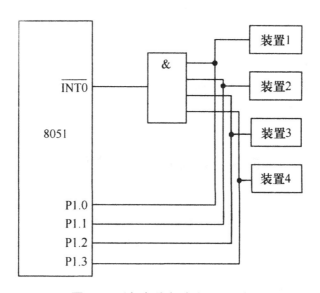

图 5-12 多个外部中断源扩展

5.4　中断程序设计

中断系统要想正常运转,必须有相应的软件配合才行。设计中断程序需要弄清楚以下几个问题。

5.4.1　中断服务程序设计的任务

中断服务程序设计需要考虑的基本任务有下列几种:

(1) 设置中断允许寄存器 IE,允许相应的中断请求源中断。

(2) 设置中断优先级寄存器 IP,确定并分配所使用的中断源的优先级。

(3) 若是外部中断源,还要设置中断请求的触发方式 IT1 或 IT0,以决定采用电平触发方式还是跳沿触发方式。

(4) 编写中断服务程序,处理中断请求。

前 3 条一般放在主程序的初始化程序段中。

例 5.3　假设允许外部中断 0 中断,并将其设定为高级中断,其他中断源为低级中断,采用跳沿触发方式。

解:在主程序中可编写如下程序段。

```
SETB EA      ;EA 位置 1,CPU 开中断
SETB EX0     ;EX0 位置 1,允许外部中断 0 产生中断
SETB PX0     ;PX0 位置 1,外部中断 0 为高级中断
SETB IT0     ;IT0 位置 1,外部中断 0 为跳沿触发方式
```

5.4.2　采用中断时的主程序结构

由于各中断入口地址是固定的,而程序又必须先从主程序起始地址 0000H 执行。所以,在 0000H 起始地址的几个字节中,要用无条件转移指令,跳转到主程序。另外,各中断入口地址之间依次相差 8 个字节。中断服务程序稍长就超过 8 个字节,这样中断服务程序就占用了其他的中断入口地址,影响其他中断源的中断。为此,一般在中断进入后,利用一条无条件转移指令,把中断服务程序跳转到远离其他中断入口的适当地址。

常用的主程序结构如下:

```
ORG 0000H
LJMP MAIN
```

```
        ORG 中断入口地址
        LJMP INT
MAIN：
        …
        主程序
        …
INT：
        …
        中断服务程序
        …
```

需要注意的是，在以上的主程序结构中，如果有多个中断源，就对应有多个"ORG 中断入口地址"，多个"ORG 中断入口地址"必须依次由小到大排列。

5.4.3 中断服务程序的流程

MCS-51 响应中断后，就进入中断服务程序。中断服务程序的基本流程如图 5-13 所示。

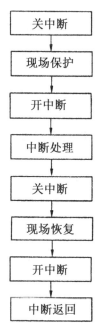

图 5-13 中断服务程序的流程图

以下对有关中断服务程序执行过程中的一些问题进行说明。

5.4.3.1　现场保护和现场恢复

中断时刻单片机中某些寄存器和存储器单元中的数据或状态被称为现场。为了使中断服务程序的执行不破坏这些数据或状态,以免在中断返回后影响主程序的运行,因此要把它们送入堆栈中保存起来,这就是现场保护。现场保护一定要位于现场中断处理程序的前面。中断处理结束后,在返回主程序前,则需要把保存的现场内容从堆栈中弹出,以恢复那些寄存器和存储器单元中的原有内容,这就是现场恢复。现场恢复一定要位于中断处理程序的后面。MCS-51 的堆栈操作指令 PUSH direct 和 POP direct,主要是供现场保护和现场恢复使用的。至于要保护哪些内容,应该由用户根据中断处理程序的具体情况来决定。

5.4.3.2　关中断和开中断

图 5-13 中保护现场和恢复现场前关中断,是为了防止此时有高一级的中断进入,避免现场被破坏;在保护现场和恢复现场之后的开中断是为了下一次的中断作准备,也为了允许有更高级的中断进入。这样做的结果是中断处理可以被打断,但原来的现场保护和恢复不允许更改,除了现场保护和现场恢复的片刻外,仍然保持着中断嵌套的功能。

但是对于一些重要的中断,在执行期间是不允许其他的中断嵌套其中的。对此可在现场保护之前先关闭中断系统,彻底屏蔽其他中断请求,待中断处理完成后再开中断。这样,就需要在图 5-13 中的“中断处理”步骤前后的“开中断”和“关中断”两个过程去掉。

至于具体中断请求源的关与开,可通过 CLR 或 SETB 指令清 0 或置 1 中断允许寄存器 IE 中的有关位来实现。

5.4.3.3　中断处理

中断处理是中断源请求中断的具体目的。中断处理部分的程序由应用设计者根据任务的具体要求编写。

5.4.3.4　中断返回

中断服务程序的最后一条指令必须是返回指令 RETI,RETI 指令是中断服务程序结束的标志。CPU 执行完这条指令后,把响应中断时所置 1 的优先级状态触发器清 0,然后从堆栈中弹出栈顶上的两个字节的断点地址送到程序计数器 PC,弹出的第一个字节送入 PCH,弹出的第二个字节送入

PCL,CPU 从断点处重新执行被中断的主程序。

例 5.4 根据图 5-13 的中断服务程序流程,编写出中断服务程序。假设,现场保护只需要将 PSW 寄存器和累加器 A 的内容压入堆栈中保护起来。

解:一个典型的中断服务程序如下。

```
INT：   CLR EA          ;CPU 关中断
        PUSH PSW        ;现场保护
        PUSH A
        SETB EA         ;CPU 开中断
        ...
        中断处理程序段
        ...
        CLR EA          ;CPU 关中断
        POP A           ;现场恢复
        POP PSW
        SETB EA         ;CPU 开中断
        RETI            ;中断返回,恢复断点
```

关于上述程序做出以下说明:

(1) 例中的现场保护假设仅仅涉及 PSW 和 A 的内容,如果还有其他的需要保护的内容,只需要在相应的位置再加几条 PUSH 和 POP 指令即可。需要注意的是,对堆栈的操作是先进后出,次序不可颠倒。

(2) 中断服务程序中的"中断处理程序段",这部分中断处理程序应由应用设计者根据中断任务的具体要求来编写。

(3) 如果本中断服务程序不允许被其他的中断所中断。可将"中断处理程序段"前后的"SETBEA"和"CLREA"两条指令去掉。

(4) 中断服务程序的最后一条指令必须是返回指令 RETI,千万不可缺少。它是中断服务程序结束的标志。CPU 执行完这条指令后,返回断点处,从断点处重新执行被中断的主程序。

5.5　中断的应用

例 5.5 INT0 的中断,利用按键来触发外部中断的发生。

解:当图 5-14 中按键(SW1)按下时,会产生中断。主程序执行时,让8051端口 0 所接的 LED 由 P0.7 至 P0.0 循环点亮后熄灭。当中断产生

后,执行中断子程序,此时 8 颗 LED 全亮然后全暗,如此执行 8 次后,返回主程序继续中断前的工作。由 LED 亮的情况,可观察中断执行的情形。

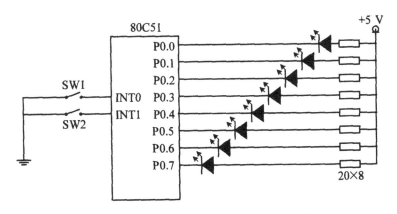

图 5-14　外部中断应用电路

需要注意的是,由于每次在按键按下或放开时可能会有弹跳现象,因而产生两次以上的中断信号,为避免此误动作产生,解决方法有两种,一是利用软件 DELAY 的方法,只要 DELAY 时间超过弹跳时间,即可避免此现象;二是利用硬件方式解决。在例 5.5 中利用执行中断子程序时先将TCON 中 IE0 清除也可解决此问题。

程序如下:

```
                ORG 0000H              ;程序代码的起始地址
                AJMP MAIN              ;跳至主程序
                ORG 03H                ;外部中断 0 中断向量地址
                AJMP INT0-SUB          ;跳至中断 0 中断子程序
                ORG 0030H
MAIN:           MOV IE,#10000001B      ;使能 INT0
                MOV TCON,#00000001B    ;设 INT0 为负边沿触发
                MOV SP,#20H            ;将堆栈移至 20H
START:          MOV A,#0FEH            ;由端口 0 循环输出,LED 循
                                        环亮
ROTATE:         RR A
                MOV P0,A
                ACALL DELAY
                AJMP ROTATE
DELAY:          MOV R3,#00H            ;延迟子程序
```

```
DEL:        MOV R4,#00H
            DJNE R4,S
            DJNE R3,DEL
            RET
INT0-SUB:   PUSH PSW               ;中断 0 服务程序
            PUSH A                 ;保存寄存器数据
            SETB RS0               ;选择寄存器区一
            CLR RS1
            MOV R0,#09H
LOOP:       MOV A,#0H              ;由端口 0 输出,LED 一亮
                                     一灭

            MOV P0,A
            ACALL DELAY
            MOV A,#0FEH
            MOV P0,A
            ACALL DELAY
            DJNE R0,LOOP
            POP A                  ;取出保存寄存器数据
            POP PSW
            RETI
            END
```

例 5.6 某系统设有一按键和一发光二极管,接线如图 5-15 所示。系统以中断方式工作,要求每按动一次按键,使外接发光二极管改变一次亮灭状态。试编制程序。

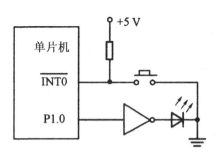

图 5-15 接线图

解:由于 INT0 接按键输入,故可以用外部中断 0 实现控制。中断处理程序中通过改变 P1.0 的状态来改变 LED 的亮灭。

```
                ORG 0000H              ;复位入口
                AJMP MAIN
                ORG 0003H              ;外部中断 0 入口
                AJMP PINT0
                ORG 0100H              ;主程序
      MAIN：     MOV SP,♯40H           ;设栈底
                SETB IT0               ;负跳变触发中断
                SETB EX0               ;开 INT0 中断
                SETB EA                ;开总允许开关
      HERE：     SJMP HERE             ;执行其他任务
                ORG 0200H              ;中断服务程序
      PINT0：    CPL P1.0              ;改变 LED
                RETI                   ;返回主程序
```

电平触发:避免一次按键引起多次中断响应,软件等待按键释放、硬件清除中断信号。

```
                ORG 0000H              ;复位入口
                AJMP MAIN
                ORG 0003H              ;中断入口
                AJMP PINT0
                ORG 0100H              ;主程序
      MAIN：     MOV SP,♯40H           ;设栈底
                CLR IT0                ;低电平触发中断
                SETB EX0               ;开 INT0 中断
                SETB EA                ;开总允许开关
      HERE：     SJMP HERE             ;执行其他任务
                ORG 0200H              ;中断服务程序
      PINT0：    CPL P1.0              ;改变 LED
      WAIT：     JNB P3.2,WAIT         ;等按键释放
                RETI                   ;返回主程序
```

习题

1. 什么叫中断? 单片机的中断系统要完成哪些任务?

2. 8051 单片机有几个中断源? 写出它们的内部优先级顺序以及各自的中断服务子程序入口地址。

3. 8051 单片机有哪些中断标志位？它们位于哪些特殊功能寄存器中？

4. 用适当的指令实现将外中断 1 设为脉冲下降沿触发的高优先级中断源。

5. 用中断加查询方式对 8051 单片机的外部中断源外中断 0 进行扩展，使之能分别对 4 个按键输入的低电平信号做出响应。

第6章 MCS-51 单片机的定时器/计数器

6.1 定时和计数

6.1.1 定时

为了便于理解,下面给出一个生活中的实例。

一个闹钟,将它定时在 1 h 后闹响,换言之,也可以说是秒针走了 3 600 圈,如果需要设计一个这样的定时装置,该怎么办呢? 如果想定时,必须具备以下 3 个要素:

(1) 定时基准:最小的定时单元。对于本例而言,需要一个精确的秒表,当秒针走一圈,则表示 1 min 的时间。

(2) 计数功能:需要一个装置能计数,秒针每走一圈则计数功能加 1。

(3) 计数容量:当计数达到 3 600 圈以后,则报警表示定时时间已到。

同时对于单片机而言,如何实现现实生活中需要的定时功能呢? 如果想利用单片机完成定时功能,则与生活中的定时相对应,需要以下 3 个要素:

(1) 定时基准:单片机中的晶振提供一个精确的定时基准。由单片机的晶振经过 12 分频后获得一个脉冲源,即采用机器周期作为定时基准,如果晶振为 12 MHz,则定时基准为 1 μs。

(2) 计数功能:与计数功能相同,单片机 CPU 内部集成这样的硬件功能,即每一个机器周期,寄存器的值增加 1,计数一次。

(3) 计数容量:当达到用户定义的时间后,则申请中断,在中断程序中实现报警功能。

6.1.2 计数

同样为了便于理解,下面给出一个生活中的实例。

假设希望知道一个碗可以装多少豆子,可以用什么办法呢？大家肯定会说把碗里的豆子数一下就行了,不错,正是如此。从这个常见的计数例子可以看出,如果想计数,必须具备以下 3 个要素:

(1) 计数单元:豆子。

(2) 人:一个能认识豆子并能计数的人。

(3) 计数容量:一个碗,同时碗里装满了豆子,人看到碗里已经满了,停止计数。

但是生活中常见的事情如何用单片机去实现呢？

单片机识别的只能是电脉冲信号,如果想利用单片机完成计数功能,则与生活中的计数相对应,需要以下 3 个要素:

(1) 计数脉冲:单片机的某个 I/O 引脚可以识别脉冲信号。

(2) 单片机 CPU:单片机 CPU 内部集成这样的硬件功能,不断对 I/O 引脚进行采样,即引脚每来一个脉冲,计数寄存器的值增加 1,计数一次。

(3) 计数容量:计数容量和寄存器的位数有关,如果利用 8 位寄存器则只能计数到 255,超过 255 则必须告诉 CPU 已经溢出,停止计数。

6.2 定时器/计数器的结构与工作原理

6.2.1 定时器/计数器的结构

定时/计数器的逻辑结构如图 6-1 所示,两个 16 位定时/计数器 T0 和 T1,分别由 8 位计数器 TH0、TL0 和 TH1、TL1 构成,它们都是以加 1 的方式完成计数。特殊功能寄存器 TMOD 控制定时/计数器的工作方式,TCON 控制定时/计数器的启动运行并记录 T0、T1 的溢出标志。通过对 TH0、TL0 和 TH1、TL1 的初始化编程可以预置 T0、T1 的计数初值。通过对 TMOD 和 TCON 的初始化编程可以分别置入方式字和控制字,以指定其工作方式并控制 T0、T1 按规定的工作方式计数。

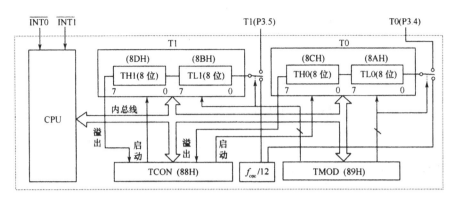

图 6-1　定时器/计数器的逻辑结构

6.2.2　定时器/计数器的工作原理

6.2.2.1　定时器的工作原理

当设置为定时器工作方式时,计数输入信号来自内部振荡信号,在每个机器周期内作定时器功能的硬件计数电路做一次加 1 运算。因此,定时器也可视为计算机器周期的计数器。而每个机器周期又等于 12 个振荡周期,故定时器的计数速率为振荡频率的 1/12(即 12 分频)。若单片机的晶振主频为 12 MHz,则计数周期为 1 μs。如果计数器加 1 产生溢出,则标志着定时时间已到,定时器溢出标志为置 1。

6.2.2.2　计数器的工作原理

当设置为计数器工作方式时,计数输入信号来自外部引脚 T0(P3.4)、T1(P3.5)上的计数脉冲,外部每输入一个脉冲,计数器 TH0、TL0(或TH1、TL1)做一次加 1 运算。而在实际工作中,计数器由计数脉冲的下降沿触发,即 CPU 在每个机器周期的 S5P2 期间对外部输入引脚 T0(或 T1)采样,若在一个机器周期中采样值为高电平,而在下一个机器周期中采样值为低电平,则紧跟着的再下一个机器周期的 S3P1 期间计数值就加 1,完成一次计数操作。因此,确认一次外部输入脉冲的有效跳变至少要花费 2 个机器周期,即 24 个振荡周期,所以最高计数频率为振荡频率的 1/24。为了确保计数脉冲不被丢失,则脉冲的高电平及低电平均应保持一个机器周期以上。对计数器计数脉冲的基本要求如图 6-2 所示,T_{CY}为机器周期。

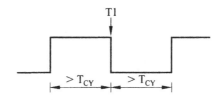

图 6-2　对计数器计数脉冲的基本要求

不管是定时还是计数工作方式,定时器 T0 或 T1 在对内部时钟或外部脉冲计数时,不占用 CPU 的时间,除非产生溢出才可能中断 CPU 的当前操作。由此可见,定时/计数器是单片机内部效率高且工作灵活的部件。

6.3　定时器/计数器的特殊功能
寄存器 TMOD、TCON

6.3.1　方式寄存器 TMOD

方式寄存器 TMOD 用于设定定时/计数器 T0 和 T1 的工作方式。它的字节地址为 89H,格式如图 6-3 所示。

图 6-3　方式寄存器 TMOD

以下讨论各位的功能。

(1) GATE:门控位。当 GATE＝1 时,计数器受外部中断信号$\overline{\text{INT}x}$控制(后缀:$x＝0,1$;$\overline{\text{INT0}}$控制 T0 计数,$\overline{\text{INT1}}$控制 T1 计数),且当运行控制位 TR0(或 TR1)为 1 时开始计数,为 0 时停止计数。当 GATE＝0 时,外部中断信号$\overline{\text{INT}x}$不参与控制,此时只要运行控制位 TR0(或 TR1)为 1 时,计数器就开始计数,而不管外部中断信号$\overline{\text{INT}x}$的电平为高还是为低。

(2) $\text{C}/\overline{\text{T}}$:计数器方式还是定时器方式选择位。当 $\text{C}/\overline{\text{T}}＝0$ 时为定时器方式,其计数器输入为晶振脉冲的 12 分频,即对机器周期计数。当 $\text{C}/\overline{\text{T}}＝1$ 时为计数器方式,计数器的触发输入来自 T0(P3.4)或 T1(P3.5)端的外部脉冲。

（3）M1 和 M0：操作方式选择位。对应 4 种操作方式，如表 6-1 所示。当单片机复位时，TMOD=00H。

表 6-1　操作方式选择

M1	M0	操作方式	功　　能
0	0	方式 0	13 位计数器
0	1	方式 1	16 位计数器
1	0	方式 2	可自动重新装载的 8 位计数器
1	1	方式 3	T0 分为两个独立的 8 位计数器，T1 停止计数

6.3.2　控制寄存器 TCON

定时/计数器的控制寄存器也是一个 8 位特殊功能寄存器，字节地址为 88H，可以位寻址，位地址为 88～8FH，用来存放控制字，其格式如图 6-4 所示。

图 6-4　控制寄存器 TCON

以下讨论各位的功能。

（1）TF1：T1 溢出标志。当 T1 产生溢出时，由硬件置 1，可向 CPU 发出中断请求，CPU 响应中断后，被硬件自动清零。也可由程序查询，并由软件清零。

（2）TR1：T1 运行控制位。由软件置 1 或清 0 来启动或关闭 T1 工作，因此又称为 T1 的启/停控制位。

（3）TF0：T0 溢出标志。其功能和操作类同 TF1。

（4）TR0：T0 运行控制位。其功能和操作类同 TR1。

需要注意的是，复位后 TMOD、TCON 各位均清 0；TCON 的低 4 位与外部中断有关。IE1、IT1、IE0 和 IT0（TCON.3～TCON.0）分别为外部中断$\overline{INT0}$、$\overline{INT1}$请求及请求方式控制位。

6.4 定时器/计数器的工作方式

6.4.1 工作方式 0

当 M1M0＝00 时,定时器/计数器设定为工作方式 0,由定时器(T0 或 T1)的高 8 位 THx 和低 5 位 TLx 构成 13 位定时器/计数器。其逻辑结构如图 6-5 所示(x 取 0 或 1,分别代表 T0 或 T1 的有关信号)。

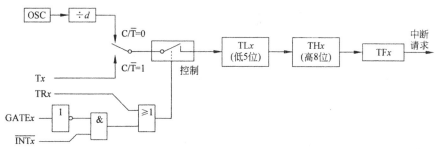

标准51，d=12。STC89C5X在6时钟模式下d=6，12时钟模式下d=12。

图 6-5 MCS-51 系列及兼容机片内定时器/计数器工作方式 0 的逻辑结构

GATE:定时/计数器启动方式控制位。

(1) GATE＝0,定时/计数器启动和停止由 TR0 或 TR1 独立控制。

(2) GATE＝1,启动和停止由 TRx 和 $\overline{\text{INT}x}$ 共同控制,其原理可参考图 6-5。GATE 位的这一功能,可实现脉冲宽度的测量,精确度高。

例 6.1 设定时器 T0 工作在方式 0,在 P1.0 引脚上输出周期为 2 ms 的方波(定时时间为 1 ms),f_{osc}＝6 MHz。编程实现其定时功能。

解: 当 T0 处于工作方式 0 时,加 1 计数器为 13 位。设 T0 的初值为 x。(1 机器周期＝2 μs)

(1) 计算 T0 初值 x。

$$(2^{13}-x)\times\frac{1}{6\times10^6\ \text{s}}\times12=1\times10^{-3}\ \text{s}$$

则

$$x=7692$$

转换为二进制数:

$$1111000001100B$$

结果为

$$(TH0) = F0H, (TL0) = 0CH$$

（2）初始化。选择 T0 并确定工作方式：

$$(TMOD) = 00H$$

装入初始值：

$$(TH0) = 0F0H, (TL0) = 0CH$$

选择以下数据传输方式：

中断方式：允许 T0 中断

```
SETB EA
SETB ET0
```

查询方式：禁止 T0 中断

```
CLR ET0
```

（3）程序清单。将上述的分析过程用指令表示出来。

方法 1：中断法。

在定时器初始化时要开放对应的中断允许（ET0 或 ET1）和总允许 EA，在启动后等待中断。当计数器溢出中断，CPU 将程序转到中断服务程序入口，因此应在中断服务程序中安排相应的处理程序。

主程序：

```
        ORG 1000H
PTOMD： MOV TMOD,#00H     ;T0 方式 0
        MOV TL0,#0CH      ;送初值
        MOV TH0,#0F0H
        SETB EA,          ;CPU 开中断
        SETB ET0,         ;开 T0 中断
        SETB TR0          ;启动定时
        SJMP $            ;等待中断
```

中断服务子程序：

```
        ORG 0120H
ITOP：  MOV TL0,#0CH      ;重新装入初值
        MOV TH0,#0F0H
        CPL P1.0          ;P1.0 取反输出方波
        RETI
```

方法 2：查询法。

在定时器初始化并启动后，在程序中安排指令查询 TF0 的状态。

```
        MOV TMOD,#00H          ;设置 T0 为模式 0
        MOV TL0,#0CH           ;送初值
        MOV TH0,#0F0H
        CLR ET0                ;禁止 T0 中断
        SETB TR0               ;启动 T0
LOOP:   JBC TF0,NEXT           ;查询定时时间是否到?
        SJMP LOOP
NEXT:   MOV TL0,#0CH           ;重装计数初值
        MOV TH0,#0F0H
        CPL P1.0               ;输出取反
        SJMP LOOP              ;重复循环
```

6.4.2　工作方式 1

当 M1M0＝01 时,定时器/计数器设定为工作方式 1,构成 16 位定时器/计数器。此时 TH0、TL0 都是 8 位加法计数器。其他与工作方式 0 相同。定时时间和计数长度均大于方式 0。

当为计数工作方式时,计数值的范围为

$$1 \sim 2^{16} = 1 \sim 65\ 536(个外部脉冲)$$

$$计数初始值 = 2^{16} - 外部计数个数$$

当为定时工作方式时,定时时间计算公式为

$$(2^{16} - 计数初值) \times 晶振周期 \times 12$$

或

$$(2^{16} - 计数初值) \times 机器周期$$

其时间单位与晶振周期或机器周期相同。

例如,晶振频率为 6 MHz,则最小定时时间为

$$\left[2^{16} - (2^{16} - 1)\right] \times \frac{1}{6 \times 10^6} \times 12 = 2 \times 10^{-6} = 2\ \mu s$$

最大定时时间为

$$\left[2^{16} - 0\right] \times \frac{1}{6 \times 10^6} \times 12 = 131\ 072 \times 10^{-6} = 131\ 072\ \mu s \approx 131\ ms$$

图 6-6 所示是 MCS-51 系列及兼容机片内定时/计数器工作方式 1 的逻辑结构。

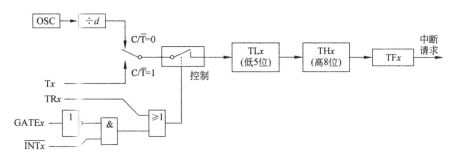

图6-6　MCS-51 系列及兼容机片内定时器/计数器工作方式 1 的逻辑结构

例 6.2　用 AT89C51 单片机产生方波信号,晶振频率为 6 MHz,用 T0 定时,通过并行口 P1.0 输出频率为 1 kHz 的方波的程序。用查询方式。

```
            ORG 2000H
START：     MOV TMOD,＃01H          ;T0 工作于方式 1
            MOV TL0,＃06H           ;时间常数初值低 8 位
            MOV TH0,＃0FFH          ;时间常数初值高 8 位
            CLR ET0                 ;禁止 T0 中断
            SETB TR0                ;启动 T0
LOOP：      JBC TF0,DONE            ;检查 T0 溢出否
            SJMP LOOP               ;未计满再查
DONE：      MOV TL0,＃06H           ;计满重装时间常数初值
            MOV TH0,＃0FFH
            CPL P1.0                ;将 P1.0 输出电平反相
            SJMP LOOP
```

中断方式的程序请读者自己思考写出来。

6.4.3　工作方式 2

　　由前面的讲述可知,工作方式 0 和工作方式 1 的最大特点是计数溢出后,计数器为全 0。因此,循环定时或循环计数应用时存在反复设置计数初值的问题。这不但影响定时精度,而且也给程序设计带来麻烦。工作方式 2 针对此问题而设置。它具有自动重新加载功能,即自动加载计数初值,因此工作方式 2 是自动重新加载工作方式。在这种工作方式下,16 位计数器分为两部分,即以 TL0 作计数器,以 TH0 作预置寄存器,初始化时把计数初值分别装入 TL0 和 TH0 中。当计数溢出后,不是像前两种工作方式那样通过软件方法,而是由 TH0 以硬件方法自动给计数器 TL0 重新加载,变软件加载为硬件加载。

当 M1M0＝10 时,定时器/计数器设定为工作方式 2。TL0 作为 8 位加法计数器使用,TH0 作为初值寄存器使用,TH0、TL0 的初值都由软件设置。TL0 计数溢出时,不仅置位 TF0 而且发出重装载信号,使三态门打开,将 TH0 中的初值自动送入 TL0,并从初值开始重新计数。重装初值后,TH0 的内容保持不变。其逻辑结构如图 6-7 所示,其中 THx 为 TLx 重新赋值寄存器,TLx 为 8 位定时器/计数器。

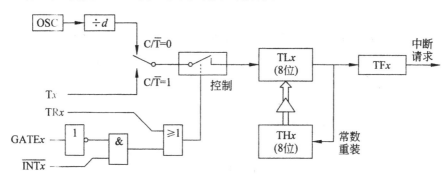

图 6-7 MCS-51 系列及兼容机片内定时器/计数器工作方式 2 的逻辑结构

例 6.3 利用定时器 T1 的模式 2 对外部信号计数。要求每计满 100 次,累加器 A 加 1。

解:计算 T1 的计数初值:
$$x＝2^8－100＝156D＝9CH$$

因此,TL1 的初值为 9CH,重装初值寄存器 TH1＝9CH。

程序清单:

```
                ORG 0000H
                LJMP MAIN
                ORG 001BH          ;中断服务程序入口
                LJMP INTT1
        MAIN：   MOV TMOD,＃60H     ;T1 为模式 2 计数方式
                MOV TL1,＃9CH       ;赋初值
                MOV TH1,＃9CH
                MOV IE,＃88H        ;定时器 T1 开中断
                SETB TR1           ;启动计数器
        HERE：   SJMP HERE          ;等待中断
中断服务程序:
        INTT1：  CPL P1.0
                RETI
```

6.4.4　工作方式 3

当 M1M0＝11 时,定时器/计数器设定为工作方式 3。工作方式 3 只适用于定时器 T0。在工作方式 3 下,T0 被分成两个相互独立的 8 位计数器 TL0 和 TH0,工作方式 3 下定时器/计数器的逻辑结构如图 6-8 示。

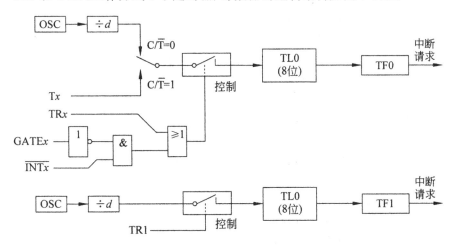

图 6-8　MCS-51 系列及兼容机片内定时器/计数器工作方式 3 的逻辑结构

例 6.4　用定时器/计数器 T0 监视一生产线,每生产 100 个工件,发出一包装命令,包装成一箱,并记录其箱数。硬件电路如图 6-9 所示。

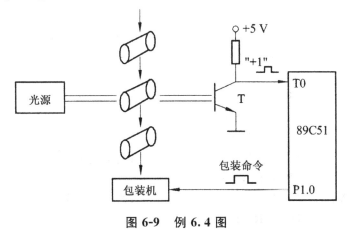

图 6-9　例 6.4 图

解:用 T0 作计数器,T 为光敏三极管。当有工件通过时,三极管输出高电平,即每通过一个工件,便会产生一个计数脉冲。

T0 工作于计数器方式的方式 2,方式控制字为

TMOD:00000110B

计数初值为

TH0＝TL0＝256－100＝156＝9CH

用 P1.0 启动包装机包装命令;用 R5、R4 作为箱数计数器。
程序如下:

```
            ORG 0000H
            LJMP MAIN              ;主程序
            ORG 000BH             ;T0 中断服务程序
            LJMP COUNT
            ORG 0030H
MAIN:       MOV SP,#60H
            CLR P1.0
            MOV R5,#0             ;箱数计数器清 0
            MOV R4,#0
            MOV TMOD,#606H       ;置 T0 工作方式
            MOV TH0,#9CH
            MOV TL0,#9CH
            SETB EA               ;CPU 开中断
            SETB ET0
            SETB TR0
            SJMP $
```

中断服务子程序:

```
COUNT:      MOV A,R4              ;箱数计数器加 1
            ADD A,#01H
            MOV R4,A
            MOV A,R5
            ADDC A,#00H
            MOV R5,A
            SETB P1.0             ;启动包装
            MOV R3,#100
DLY:        NOP                   ;给外设一定时间
            DJNZ R3,DLY
            CLR P1.0
            RETI                  ;中断返回
            END
```

6.5　定时器/计数器的应用

6.5.1　定时器的应用

例 6.5　设 8051 单片机的工作频率为 6 MHz,编写利用 T0 实现实时时钟的程序。

解:采用中断扩展方式实现 1 s 定时。将内存单元 30H、31H、32H 分别作为时、分、秒单元,每当定时 1 s 到时,秒单元加 1,同时秒指示灯闪;满60 s 则分单元加 1,同时分指示灯闪;满 60 分则时单元加 1,同时指示灯闪;满 24 h 后将时单元清 0,同时熄灭所有指示灯。利用 T0 中断扩展方式实现实时时钟如图 6-10 所示。

程序如下:

```
                ORG 0000H              ;复位入口
                UMP MAIN               ;转到主程序
                ORG 000BH              ;T0 中断入口
                LJMP TT0               ;转到 T0 中断服务程序
                ORG 0030               ;主程序入口
MAIN:           MOV SP,♯60H            ;设置堆栈指针
                MOV 20H,♯0AH           ;设置中断次数
                MOV 30H,♯00H           ;时、分、秒单元清 0
                MOV 31H,♯00H
                MOV 32H,♯00H
                MOV TMOD,♯01H          ;设置 T0 工作方式
                MOV TH0,♯3CH           ;装入 T0 初值
                MOV TL0,♯0B0H
                SETB TR0               ;启动 T0
                SETB EA                ;开中断
                SETB ET0               ;允许 T0 中断
                SJMP  $                ;等待中断
TT0:            PUSH PSW               ;保护现场
                PUSH ACC
                MOV TH0,♯3CH           ;重装 T0 初值
                MOV TL0,♯0B0H
```

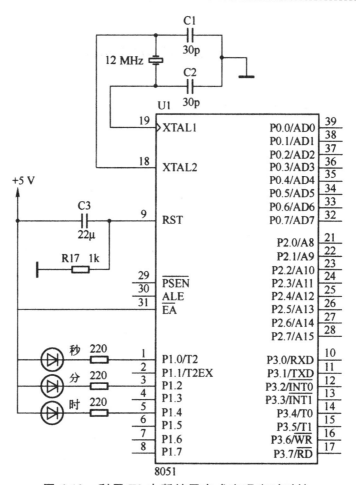

图 6-10 利用 T0 中断扩展方式实现实时时钟

DJNZ 20H,RT	;1 s 定时未到,返回
MOV 20H,#0AH	;重置中断次数
MOV A,#01H	
ADD A,32H	;秒单元加 1
DA A	;十进制调整
MOV 32H,A	;转换为 BCD 码
CPL P1.0	
CJNE A,#60H,RT	;未到 60 s,返回
MOV 32H,#00H	;到 60 s,秒单元清 0
MOV A,#01H	
ADD A,31H	;分单元加 1

```
        DA A                    ;十进制调整
        MOV 31H,A               ;转换为 BCD 码
        CPL P1.2
        CJNE A,♯60H,RT          ;未到 60 min,返回
        MOV 31H,♯00H            ;到 60 min,分单元清 0
        MOV A,♯01H
        ADD A,30H               ;时单元加 1
        DA A                    ;十进制调整
        MOV 30H,A               ;转换为 BCD 码
        CPL P1.4
        CJNE A,♯24H,RT          ;未到 24 h,返回
        MOV 30H,♯00H            ;到 24 h,时单元清 0
        MOV P1,♯00H
RT:     POP ACC                 ;恢复现场
        POP PSW
        RETI                    ;中断返回
        END
```

设 8051 单片机的工作频率为 6 MHz,利用 T0 定时中断在 P1.0 引脚上产生周期为 4 ms 方波的程序。利用定时器产生方波的 Proteus 仿真电路如图 6-11 所示。

在 P1.0 引脚上接虚拟示波器,然后分别采用汇编语言编写应用程序,执行后从虚拟示波器上可以看到周期为 4 ms 的方波。

程序如下:

```
        ORG 0000H               ;复位地址
        LJMP MAIN               ;跳转到主程序
        ORG 000BH               ;定时器 T0 中断入口
        LJMP SQ                 ;跳转到定时器 T0 中断服务
                                 程序
        ORG 0030H               ;主程序入口地址
MAIN:   MOV TMOD,♯01H           ;主程序,写入 T0 控制字,16 位
                                 定时方式
        MOV TL0,♯18H            ;写入 T0 定时 2 ms 初值
        MOV TH0,♯0FCH
        MOV IE,♯82H             ;开中断
        SETB TR0                ;启动 T0
```

```
HERE：    SJMP HERE                 ;循环等待
SQ：      CPL P1.0                  ;T0 中断服务程序,取反 P1.0
          MOV TL0,♯18H             ;重装 T0 定时初值
          MOV TH0,♯0FCH
          RETI                     ;中断返回
          END
```

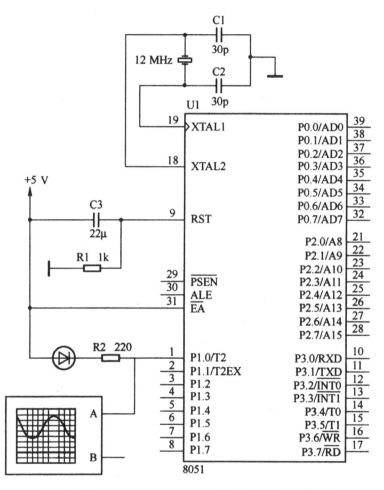

图 6-11 利用定时器产生方波的 Proteus 仿真电路

6.5.2 计数器的应用

计数器工作方式和定时器工作方式最根本的不同,在于计数脉冲信号的来源不同。在定时器工作方式下,计数脉冲来源于单片机内部。而在计

数器工作方式下,计数脉冲来源于外部输入。

利用计数器工作方式解决计数问题,一般可以采取如下思路。首先,要对定时器/计数器进行初始化工作,即设定其工作在计数器方式;根据实际问题选择合适的工作模式;根据问题要求设定计数器初值;开中断;启动相应的计数器。其次,在计数器中断服务程序中要重置计数器初值,并根据具体问题进行必要的数据处理工作。

例 6.6　将 T0 设置为外部脉冲计数方式,在 P3.4(T0)引脚上外接一个单脉冲发生器,每按一次单脉冲按钮,T0 计数一个脉冲,同时将计数值送往 P1 口,从 P1.0～P1.7 外接的 LED 发光二极管可以看到所计数值。采用汇编语言编写应用程序。

解: T0 作为外部计数器应用的 Proteus 仿真电路如图 6-12 所示。

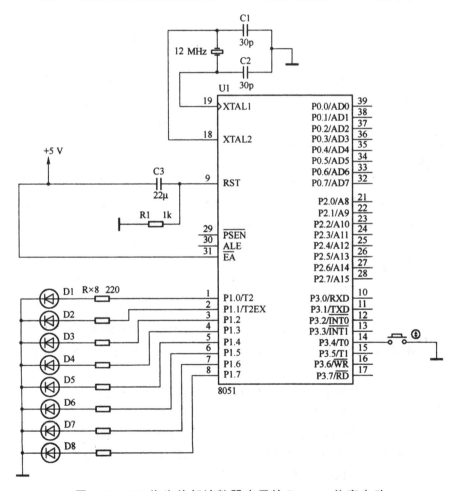

图 6-12　T0 作为外部计数器应用的 Proteus 仿真电路

程序如下：

```
        ORG 0000H              ;复位地址
        LJMP MAIN              ;跳转到主程序
        ORG 0030H              ;主程序入口地址
MAIN：  MOV TMOD,♯05H          ;写入 T0 控制字,16 位外部计
                                数方式

        MOV TH0,♯0             ;写入 T0 计数初值
        MOV TL0,♯0
        SETB TR0               ;开始计数
LOOP：  MOV P1,TL0             ;将计数结果送 P1 口
        LJMP LOOP
        END
```

要求当 P3.4(T0)引脚上的电平发生负跳变时,从 P1.0 输出一个 500 μs 的同步脉冲。可以先将 T0 设置为方式 2,外部计数方式,计数初值设为 FFH,当 P3.4 引脚上的电平发生负跳变时,T0 计数器加 1,同时 T1 发生溢出使 TF0 标志置位;然后将 T0 改变为 500 μs 的定时工作方式,并使 P1.0 输出由 1 变为 0。当 T0 定时时间到,产生溢出,使 P1.0 恢复输出高电平,同时 T0 恢复外部计数工作方式。产生同步脉冲的 Proteus 仿真电路如图 6-13 所示。

采用汇编语言编写应用程序,将 P1.0 和 P3.4 引脚分别接到模拟示波器的 A、B 输入端,每次按下按钮时,可以看到 P1.0 输出的同步脉冲信号。

如果单片机的工作频率为 6 MHz,则 x 的定时初值应为

$$x = 2^8 - (500 \times 10^{-6}) \text{s} / (2 \times 10^{-6}) \text{Hz} = 6\text{D} = 06\text{H}$$

程序如下：

```
        ORG 0000H              ;复位地址
        LJMP MAIN              ;跳转到主程序
        ORG 0030H              ;主程序入口地址
MAIN：  MOV TMOD,♯06H          ;写入 T0 控制字,8 位外部计
                                数方式

        MOV TH0,♯0FFH          ;写入 T0 计数初值
        MOV TL0,♯0FFH
        SETB TR0               ;启动 T0 计数
LOOP1： JBC TF0,PTF01          ;查询 T0 溢出标志
        SJMP LOOP1
PTF01： CLR TR0                ;停止计数
```

```
            MOV TMOD,#02H        ;改变 T 为 8 位定时方式
            MOV TH0,#06H         ;写入 T0 定时初值
            MOV TL0,#06H
            CLR P1.0             ;P1.0 输出低电平
            SETB TR0             ;启动 T0 定时 500 μs
LOOP2：     JBC TF0,PTFO2        ;查询 T0 溢出标志
            SJMP LOOP2
PTFO2：     SETB P1.0            ;P1.0 输出高电平
            CLR TR0              ;停止计数
            SJMP MAIN
            END
```

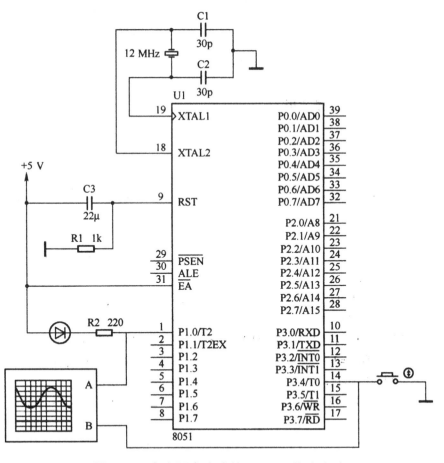

图 6-13 产生同步脉冲的 Proteus 仿真电路

习题

1. 8051 单片机中与定时器相关的特殊功能寄存器有哪几个，它们的功能各是什么？

2. 8051 单片机的晶振频率为 6 MHz，若要求定时值分别为 0.1 ms 和 10 ms，定时器 0 工作在方式 0、方式 1 和方式 2 时，其定时器初值各为多少？

3. 8051 单片机的晶振频率为 12 MHz，试用定时器中断方式编程实现从 P1.0 引脚输出周期为 2 ms 的方波。

4. 8051 单片机的晶振频率为 12 MHz，试用查询定时器溢出标志方式编程实现从 P1.0 引脚输出周期为 2 ms 的方波。

5. 利用 8051 单片机的定时器测量某正单脉冲宽度，采用何种工作方式可以获得最大的量程？若系统晶振频率为 6 MHz，那么允许的最大脉冲宽度是多少？

第 7 章　MCS-51 单片机的串行接口通信

7.1　串行通信概述

7.1.1　并行通信与串行通信

在实际应用中,MCS-51 单片机的 CPU 需要经常与外界或者计算机进行信息的交换。所有的信息交换统称为"通信"。

在计算机系统中,并行通信和串行通信是其对外通信的两种基本方式。

7.1.1.1　并行通信

并行通信指的是多线传输,数据的各位同时发送或接收的一种方式。它的优点是传输速度非常快,但由于数据传输线的根数由并行数据所决定,当并行数据位数较多时,通信线路就会变得复杂,且耗费的经济成本较多,故不适用于传输位数较多且距离较远的情况。图 7-1 所示是并行通信示例。

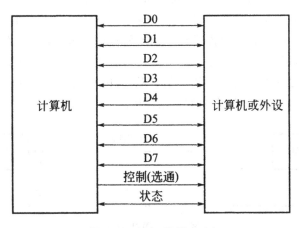

图 7-1　并行通信示例

7.1.1.2　串行通信

串行通信指的是单线传输,数据一位一位顺序发送或接收,分时传送,通信过程只须一对传输线即可。它的优点是硬件代价低、结构简单,传输距离远,但速度较并行通信慢。图 7-2 所示是串行通信示例。

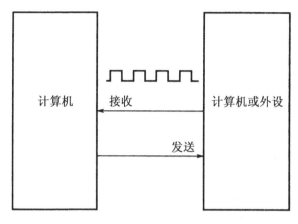

图 7-2　串行通信示例

7.1.2　串行通信的分类

7.1.2.1　按数据传输的方向性分类

在串行通信中,数据是在两个站点上进行传送的。按数据传输的方向性可将串行通信可分为单工、半双工和全双工形式。

(1) 单工形式。单工形式就是在通信双方的两个站点中,只能有一端发送、一端接收,发送端只能进行数据的发送而不能接收、接收端只能进行接收而不能进行发送。数据的流向是单方向的,如图 7-3 所示,例如,计算机与打印机之间的串行通信就是单工形式,因为只能有计算机向打印机传送数据,而不可能有相反方向的数据传送。

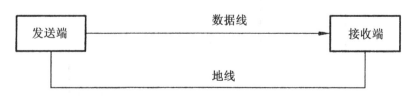

图 7-3　单工形式

（2）半双工形式。在半双工通信中，两个通信站点之间只有一个通信回路，数据或者由站点 1 发送到站点 2，或者由站点 2 发送到站点 1。两个站点之间的通信只需要一条通信线，如图 7-4 所示。

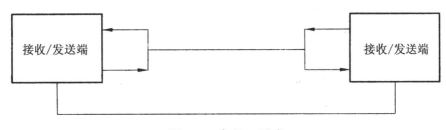

图 7-4　半双工形式

（3）全双工形式。在全双工的通信方式中，两个站点之间有两个独立的通信回路，可以同时进行发送和接收数据，具体如图 7-5 所示。

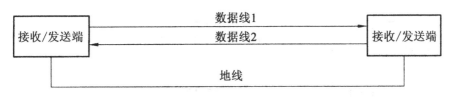

图 7-5　全双工形式

7.1.2.2　按串行数据的时钟控制方式分类

按串行数据的时钟控制方式，串行通信可分为异步通信和同步通信两类。

（1）异步通信。异步通信是指以字符（帧）为单位传送数据，用起始位和停止位标识每个字符的开始和结束字符，两次传送时间间隔不固定。异步通信为了可靠地传送数据，在每次传送数据的同时，附加了一些标志位。

在异步通信中，数据通常以字符为单位组成数据帧来进行传送。发送端和接收端由各自的时钟来控制发送与接收。

数据发送完毕后，发送端信号变成空闲位，为高电平。在数据的发送过程中，两帧数据之间可以有空闲位也可以没有空闲位，且可以有一个也可以有多个空闲位。

异步通信不需要时钟同步，所需连接设备简单，其缺点是每传送一个字符都包括了起始位、校验位和停止位，故而传送效率比较低。

（2）同步通信。同步通信中,在数据开始传送前用同步字符来指示(常约定 1～2 个),并由时钟来实现发送端和接收端同步,即检测到规定的同步字符后,下面就连续按顺序传送数据,直到通信告一段落。同步传送时,字符与字符之间没有间隙,也不用起始位和停止位,仅在数据块开始时用同步字符 SYNC 来指示。

同步字符的插入可以是单同步字符方式或双同步字符方式,如图 7-6 所示,然后是连续的数据块。同步字符可以由用户约定,当然也可以采用 ASCII 码中规定的 SYNC 代码,即 16H。按同步方式通信时,先发送同步字符,接收方检测到同步字符后,即准备接收数据。在同步传送时,要求用时钟来实现发送端与接收端之间的同步。为了保证接收正确无误,发送方除了传送数据外,还要同时传送时钟信号。

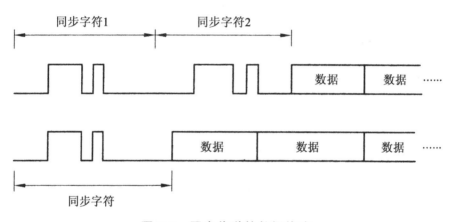

图 7-6　同步传送的数据格式

同步传送可以提高传输速率(达 56 Kb/s 或更高),但硬件比较复杂。

在单片机应用系统中,异步串行通信用于单片机之间的通信,以及单片机与计算机、控制器、条码阅读器、IC 读写卡等智能外设之间的通信。因此本章重点介绍异步串行通信。

7.1.3　异步串行通信的字符格式

在异步通信中,接收端是依靠字符帧格式来判断发送端是何时开始发送,何时结束发送的。字符帧格式是异步通信的一个重要指标。

字符帧也称为数据帧,由起始位、数据位、奇偶校验位和停止位 4 部分组成,具体如图 7-7 所示。

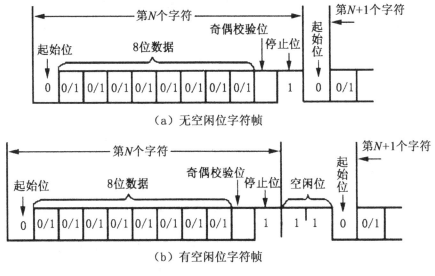

（a）无空闲位字符帧

（b）有空闲位字符帧

图 7-7　异步通信时字符帧的格式

结合图 7-7 具体说明如下：

（1）起始位：位于字符帧开头，只占一位，为逻辑 0 低电平，用于向接收设备表示发送端开始发送一帧信息。

（2）数据位：紧跟起始位之后，用户根据情况可取 5 位、6 位、7 位或 8位，低位在前高位在后。

（3）奇偶校验位：位于数据位之后，仅占一位，用来表征串行通信中采用奇校验还是偶校验，由用户决定。

（4）停止位：位于字符帧最后，为逻辑 1 高电平。通常可取 1 位、1.5 位或 2 位，用于向接收端表示一帧字符信息已经发送完，也为发送下一帧做准备。

从起始位开始到停止位结束是一字符的全部内容，也称为一帧。帧是一个字符的完整通信格式，因此还把串行通信的字符格式称为帧格式。

7.1.4　异步串行通信的信号形式

虽然都是串行通信，但近程的串行通信和远程的串行通信在信号形式上却有所不同。因此应按近程、远程两种情况分别加以说明。

7.1.4.1　近程通信

近程通信也称为本地通信。近程通信采用数字信号直接传送形式。也就是在传送过程中不改变原数据代码的波形和频率。这种数据传送方式称为基带传送方式。图 7-8 所示的是两台计算机近程串行通信的连接和代码波形图。

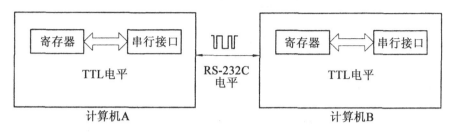

图 7-8　近程串行通信

串行通信可以使用的标准波特率在 RS-232C 标准中已有规定。串行通信使用 RS-232C 标准，它原本是美国电子工业协会（Electronic Industry Association）的推荐标准，现已在全世界的范围广泛采用。

从图 7-8 中可知，计算机内部的数据信号是 TTL 电平标准，而通信线上的数据信号却是 RS-232C 电平标准。然而尽管电平标准不同，但数据信号的波形和频率并没有改变。近程串行通信只需用传输线把两端的接口电路直接连起来即可实现，既方便又经济。

7.1.4.2　远程通信

在远程串行通信中，应使用专用的通信电缆，出于经济考虑通常使用电话线作为传输线，如图 7-9 所示。

图 7-9　远程串行通信

远距离直接传送数字信号，信号会发生畸变，为此要把数字信号转变为模拟信号再进行传送。通常使用频率调制法，即以不同频率的载波信号代表数字信号的两种不同电平状态。这种数据传送方式就称为频带传送方式。

7.2　串行口的结构与工作原理

7.2.1　串行口的结构

单片机为了进行串行数据通信,需要有相应的串行接口电路。只是这个接口电路不是单独的芯片,而是集成在单片机芯片的内部,成为单片机芯片的一个组成部分。MCS-51 系列单片机有一个全双工的串行口,这个口既可以用于网络通信,也可以实现串行异步通信,还可以作为同步移位寄存器使用。

图 7-10 所示的是 MCS-51 单片机串行口的基本结构。

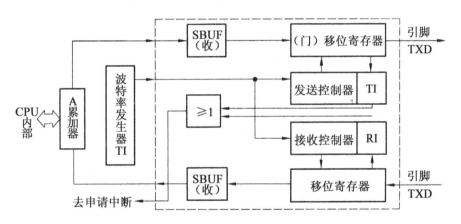

图 7-10　MCS-51 单片机串行口的基本结构

由图 7-10 可知,串行口的基本结构中的两个串行口的缓冲寄存器(SBUF),一个是发送寄存器,一个是接收寄存器,使 MCS-51 单片机能以全双工方式进行通信。串行发送时,只能从片内总线向发送缓冲器 SBUF 写入数据,不能读出。串行接收时,只能从接收缓冲器 SBUF 向片内总线读出数据,不能写入。它们都是可寻址的寄存器,但因为发送与接收不能同时进行,所以给这两个寄存器赋以同一地址(99H)。

MCS-51 单片机通过引脚 RXD(P3.0,串行数据接收端)和引脚 TXD(P3.1,串行数据发送端)与外界进行通信。串行发送与接收的速率与移位时钟同步。MCS-51 单片机用定时器 T1 作为串行通信的波特率发生器,

T1溢出率经2分频(或不分频)后又经16分频作为串行发送或接收的移位脉冲。移位脉冲的速率即是波特率。

由于接收寄存器之前还有移位寄存器,于是组成串行接收的双缓冲结构,避免了在数据接收过程中出现帧重叠错误,即在前一个字节被从接收缓冲器SBUF读出之前,第二个字节即开始被接收(串行移入至移位寄存器),但是,在第二个字节接收完毕而前一个字节CPU未读取时,会丢失前一个字节。

在满足串行口接收中断标志位RI(SCON.0)=0的条件下,置允许接收位REN(SCON.4)=1就会接收一帧数据进入移位寄存器,并装载到接收SBUF中,同时使RI=1。当发"读"SBUF命令时(执行"MOV A, SBUF"指令),便由接收缓冲器(SBUF)取出信息通过MCS-51单片机内部总线送CPU。

串行口的发送和接收都是以特殊功能寄存器SBUF的名义进行读或写的。当向SBUF发"写"命令时(执行"MOV SBUF,A"指令),即是向发送缓冲器(SBUF)装载并开始由TXD引脚向外发送一帧数据,发送完便使发送中断标志位TI=1。与接收数据情况不同,对于发送缓冲器,因为发送时CPU是主动的,不会发生帧重叠错误,因此发送电路就不需要双重缓冲结构。

7.2.2 串行口的工作原理

如图7-11所示,若有两个单片机串行通信,甲机为发送,乙机为接收。串行通信中,甲机CPU向SBUF写入数据(MOV SBUF,A),就启动了发送过程,A中的并行数据送入SBUF,在发送控制器的控制下,按设定的波特率,每来一个移位时钟,数据移出一位,由低位到高位一位一位进行移位并发送到电缆线上,移出的数据位通过电缆线直达乙机,乙机按设定的波特率,每来一个移位时钟移入移位,由低位到高位一位一位移入到SBUF;一个移出,一个移进,显然,如果两边的移位速度一致,甲移出的正好被乙移进,就能完成数据的正确传递;如果不一致,必然会造成数据位的丢失。即要求相同的波特率,无论是单片机之间还是单片机和PC之间。

当甲机一帧数据发送完毕(或称发送缓冲器空),硬件置位即发送中断标志位(SCON.1),该位可作为查询标志;如果设置允许中断,将引起中断,甲的CPU方可再发送下一帧数据。接收到的乙机,需预先设置位REN(SCON.4),即允许接收,对方的数据按设定的波特率由低位到高位顺序进入乙机的移位寄存器;当一帧数据到齐(接收缓冲器满),硬件自动置位接收中断标志 RI(SCON.0)，该位可以作为查询标志；如设置为允许中断，将引起接收中断，乙机的 CPU 方可通过读 SBUF(MOV A,SBUF)，将这帧数据读入，从而完成一帧数据的传送。

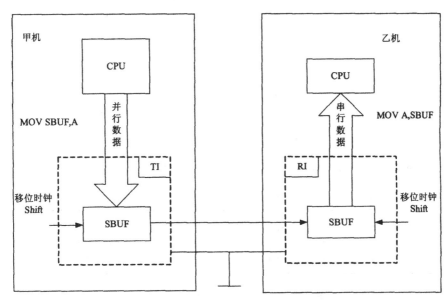

图 7-11　串行传送示意图

总结上述过程得出如下两种过程。

（1）查询方式发送的过程：发送一个数据→查询 TI→发送下一个数据（先发后查）。

（2）查询方式接收的过程：查询 RI→读入一个数据→查询 RI→读下一个数据（先查后收）。

上述过程将体现在编程中。

7.3　串行口的特殊功能寄存器 SCON 和 PCON

7.3.1　串行口控制寄存器 SCON

串行口控制寄存器 SCON 是一个特殊功能寄存器，内容如图 7-12 所示。

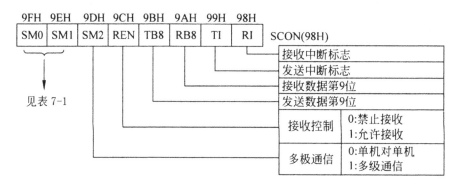

图 7-12　SCON 各位的定义

SCON 的字节地址为 98H,可位寻址,格式如图 7-13 所示。

	D7	D6	D5	D4	D3	D2	D1	D0
SCON	SM0	SM1	SM2	REN	TB8	RB8	TI	RI
位地址	9F	9E	9D	9C	9B	9A	99	98

图 7-13　串行口控制寄存器 SCON

SCON 每位的具体功能说明如下。

(1) SM0、SM1:控制串行口的工作方式。为串行口工作方式选择位,设置 4 种通信方式,若设振荡频率为 f_{osc},则 4 种工作方式如表 7-1 所示。

表 7-1　串行口工作方式

SM0	SM1	工作方式	说明	波特率
0	0	方式 0	同步移位寄存器	$f_{osc}/12$
0	1	方式 1	10 位异步收发	由定时器控制
1	0	方式 2	11 位异步收发	$f_{osc}/32$ 或 $f_{osc}/64$
1	1	方式 3	11 位异步收发	由定时器控制

10 位异步收发或 11 位异步收发是指异步通信中的数据帧格式,11 位数据帧格式比 10 位数据帧格式多了 1 位奇偶校验位。

(2) SM2:允许方式 2 和方式 3 进行多机通信控制位。在方式 2 和方式 3 下,SM2 用于主-从式多微机通信操作的控制位。

(3) REN:中断允许位,允许串行接收控制位。REN＝1 时,允许接收;

REN＝0 时,禁止接收,由软件进行控制。

（4）TB8:在多机通信中可作为区别地址帧和数据帧的标识位,一般约定 TB8＝1 时代表地址帧,TB8＝0 时代表数据帧,由软件进行控制。

（5）RB8:是工作在方式 2 和方式 3 时,接收到的第 9 位数据;在方式 1 中,代表接收到的停止位。

（6）TI:发送中断标志位。在一组数据发送完后被硬件置位。由片内硬件在方式 0 串行发送第 8 位结束时置位,或在其他方式串行发送停止位的开始时置位。TI 不能自动清零,必须使用软件清零。

（7）RI:接收中断标志位。数据接收有效后由硬件置位,置位与清零方式同 TI。

7.3.2　电源控制寄存器 PCON

PCON 主要是为 HCMOS 型单片机的电源控制而设置的专用寄存器,内容如图 7-14 所示。

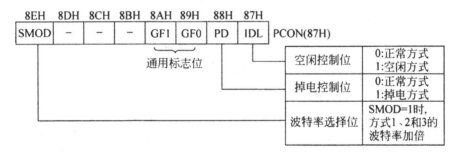

图 7-14　PCON 各位的定义

电源控制寄存器 PCON 的地址为 A7H,不能位寻址,格式如图 7-15 所示。

	D7	D6	D5	D4	D3	D2	D1	D0
PCON	SMOD							

图 7-15　电源控制寄存器 PCON

PCON 是为了在 CHMOS 的 80C51 单片机上实现电源控制而附加的。其中最高位 D7(SMOD)是波特率加倍位,当其值为 1 时,方式 1、2、3 波特率加倍,否则不加倍。

7.4 串行通信接口工作方式

7.4.1 工作方式 0

当 SM0＝0,SM1＝0 时,串行接口选择工作方式 0。此时,是将串行口作为同步移位寄存器使用,RXD 作为数据移位的出、入口,TXD 作为移位时钟脉冲,发送或接收的是 8 位数据(低位在前,高位在后)。其波特率固定为 $f_{osc}/12$。其结构如图 7-16 所示。

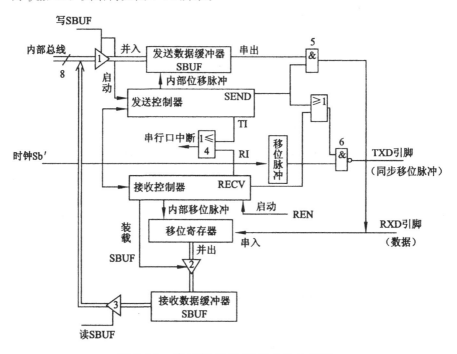

图 7-16 串行接口工作方式 0 的结构

工作方式 0 以 8 位数据为一帧,不设起始位和停止位,先发送或接收最低位。其帧格式如图 7-17 所示。

…	D_0	D_1	D_2	D_3	D_4	D_5	D_6	D_7	…

图 7-17 串行接口工作方式 0 的帧格式

工作方式 0 的工作过程如下所示。

（1）发送。按工作方式 0 发送时，RXD 引脚用于串行数据输出，TXD 输出移位同步脉冲。当数据写入发送缓冲器后，串行口将 8 位数据从低位开始以 $f_{osc}/12$ 的波特率从 RXD 端输出，输出完后将中断标志 TI 置 1，发中断请求，申请中断。要再次发送数据时，必须通过软件将 TI 清零。工作方式 0 输出时，外部接串并转换器，扩展并行输出口，如 74HC164、74LS164，二者的发送电路如图 7-18(a)和图 7-18(b)所示，数据发送时的工作时序如图 7-19 所示。

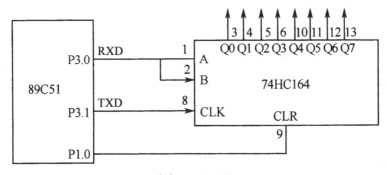

（a）74HC164

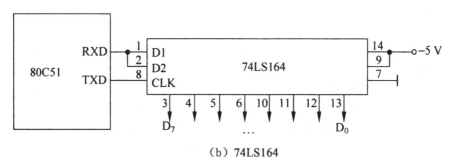

（b）74LS164

图 7-18　工作方式 0 的发送电路

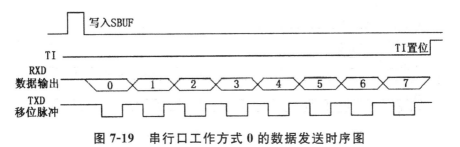

图 7-19　串行口工作方式 0 的数据发送时序图

（2）接收。CPU 在每个机器周期都会采样每个中断标志。在检测到 RI＝0 且 REN＝1 时，允许接收。也就是说，在按工作方式 0 接收时，受串行口允许接收控制位 REN 控制。REN＝0，禁止接收。接收过程中，数据由 RXD 端输入，TXD 端输出移位同步信号。当接收到 8 位数据时，将中断标志 RI 置 1，发中断请求。要再次接收数据时，必须通过软件将 RI 清 0。工作方式 0 输入时，外部接并串转化器，用于扩展并行输入口，如 74HC164、74LS164，二者的接收电路如图 7-20（a）和图 7-20（b）所示，数据接收时的工作时序如图 7-21 所示。

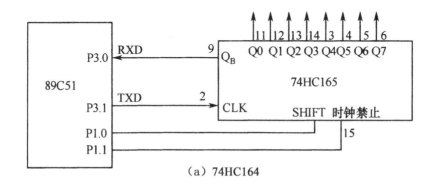

（a）74HC164

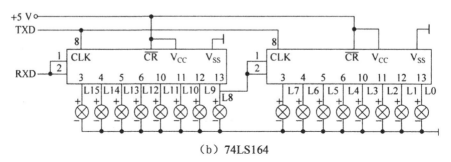

（b）74LS164

图 7-20　工作方式 0 的接收电路

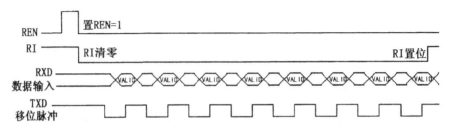

图 7-21　串行口工作方式 0 的数据接收时序图

工作方式 0 在工作时,必须使 SCON 控制字的 SM2＝0,转入中断服务后,由中断服务程序将 TI、RI 清 0。在工作方式 0 中没有使用 TB8 和 RB8 位。

例 7.1　将片内 RAM 的 30H 单元中的内容经 CD4094 并行输出。

解:CD4094 是一种 8 位串行输入、并行输出的同步移位寄存器,CLK 为同步脉冲输入端,STB 为控制端,如果 STB＝0,则 8 位并行数据输出端关闭,但允许串行数据从 DATA 输入;如果 STB＝1,则 DATA 输入端关闭,但允许 8 位数据并行输出。CD4094 与单片机的连接电路如图 7-22 所示。

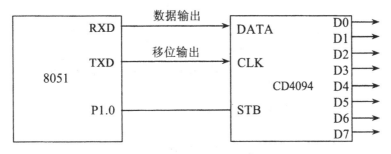

图 7-22　CD4094 与单片机的连接电路

源程序如下。

```
MAIN:   MOV SCON,♯00H        ;设置工作模式 0
        MOV A,30H
        MOV SBUF,A           ;发送 30H 单元的内容
        CLR P1.0             ;如果 STB＝0,并行数据输出端关
                              闭,允许串行数据输入
WAIT:   JNB TI,WAIT          ;判断是否发送完毕
        CLR TI
        SETB P1.0            ;如果 STB＝1,允许并行数据输
                              出,串行数据输入关闭
        SJMP  $
```

7.4.2　工作方式 1

工作方式 1 是 10 位为一帧的异步串行通信方式,包括 1 位起始位、8 位数据位(低位在前)、1 位停止位,结构示意图如图 7-23 所示,数据帧格式

如图 7-24 所示。

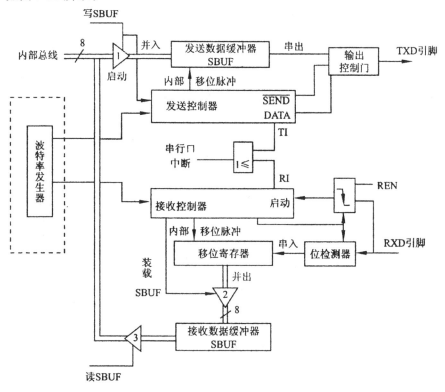

图 7-23　串行接口工作方式 1 的结构

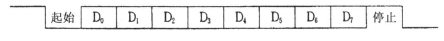

图 7-24　串行接口工作方式 1 的帧格式

工作方式 1 的波特率是可变的,此时,串行口和定时器 1 是有关系的。在硬件电路上,T1 的计数溢出不仅使 TF1 置位,而且会产生一个脉冲送串行口。工作方式 1 的波特率这时就取决于 T1(注意只是 T1,不是 T0)的溢出频率(每秒钟 T1 溢出多少次)和 PCON 中的 SMOD 的值。

工作方式 1 的工作过程如下所示。

(1) 发送。首先须设置 SCON 寄存器为方式 1 且 TI＝0。此外,还需要利用定时器 T1 来完成波特率的设置。CPU 执行任何一条以 SBUF 为目的寄存器的指令,即启动发送。串行口自动在 8 位数据的前后分别插入 1 位起始位和 1 位停止位,构成 1 帧信息,发送完成后,TXD 依旧为高电平。在本机内发送移位脉冲的作用下,依次由 TXD 端发出。在 8 位数据发出完毕以后,在停止位开始发送前,软件自动将硬件置位 TI。数据发送时的工作时序如图 7-25(a)所示。

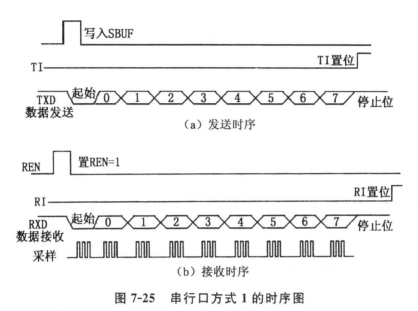

图 7-25　串行口方式 1 的时序图

（2）接收。数据能够接收的前提条件有 3 个:REN＝1、RI＝0 和工作方式为 1。接收时,数据由 RXD 输入,定时器 T1 来完成波特率的设置。当上述条件均满足时,MCS-51 单片机的 CPU 会自动对 RXD 引脚采样。采样频率为波特率的 16 倍,在接收移位脉冲的作用下,串行口把数据一位一位地移入接收移位寄存器中,直到 9 位数据全部收齐(包括一位停止位)。接收完一帧的信息后,在 RI＝0 并且 SM2＝0 的前提下,将接收移位寄存器中的 8 位数据送入接收缓冲寄存器 SBUF 中。接收到的停止位装入 SCON 中的 RB8,并将 RI 置 1。数据接收时的工作时序如图 7-25(b)所示。

7.4.3　工作方式 2 和工作方式 3

工作方式 2 和工作方式 3 是 11 位为一帧的串行通信方式,包括 1 个起始位、9 个数据位和 1 个停止位,其中第 9 位数据可当作奇偶校验位或控制位使用,工作方式 2 和工作方式 3 的通信过程完全一致,不同之处仅在于波特率。

工作方式 2 和工作方式 3 的工作过程如下所示。

（1）发送。数据由 TXD 端输出,只不过发送的一帧信息共 11 位,附加的第 9 位数据 D8 是 SCON 中的 TB8,数据发送完毕后,将中断标志位

TI 置 1。在发送下一帧信息之前，T1 必须清零。数据发送时的工作时序如图 7-26(a)所示。

（2）接收。数据由 RXD 端输入，接收过程与工作方式 1 类似，但工作方式 2 和工作方式 3 多出的 1 位有效数据，即第 9 位数据存在于 SCON 中的 RB8 中，工作方式 1 只是把停止位作为第 9 位处理。接收完毕后，将接收中断标志位 RI 置 1。数据接收时的工作时序如图 7-26(b)所示。

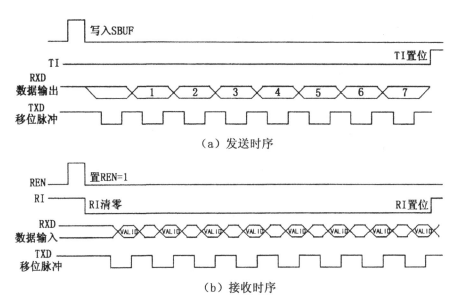

（a）发送时序

（b）接收时序

图 7-26　串行口工作方式 2 和工作方式 3 的时序图

7.5　串行通信波特率

7.5.1　方式 0 的波特率

串行口方式 0 的收发波特率是不变的，是由振荡器的频率所确定。串行口方式 0 波特率的生成结构图如图 7-27 所示，即

$$方式 0 波特率 = \frac{f_{osc}}{12}$$

如果振荡器频率 $f_{osc} = 12$ MHz，则波特率 $= \frac{f_{osc}}{12} = 12$ MHz/12 = 1 MHz/s，即 1 pts 移位一次。

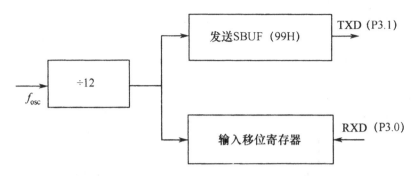

图 7-27　串行口方式 0 波特率的生成结构图

7.5.2　方式 2 的波特率

串行口方式 2 的波特率由振荡器的频率和 SMOD(PCON.7)所确定。因为串行口方式 2 将系统晶振进行了 2 分频,之后分为两条路径,路径选择与 PCON 中 SMOD 的状态有关,最后再进行 16 分频作为串口收发波特率。串行口方式 2 波特率的生成结构图如图 7-28 所示,即

$$方式 2 波特率 = \frac{2^{\text{SMOD}}}{64} \times f_{\text{osc}}$$

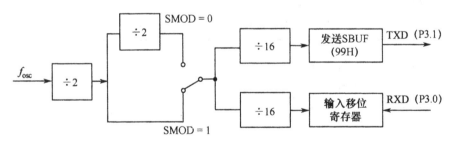

图 7-28　串行口方式 2 波特率的生成结构图

SMOD 为 0 时,波特率等于振荡器频率的 1/64;SMOD 为 1 时,波特率等于振荡器频率的 1/32。

7.5.3　方式 1 和方式 3 的波特率

串行口方式 1 和方式 3 的波特率由定时器 T1 或 T2(89C52 等单片机)的溢出率和 SMOD 所确定,生成结构图如图 7-29 所示。

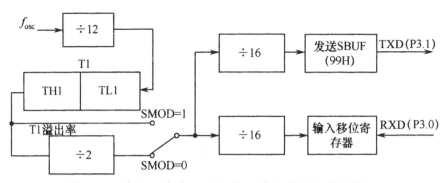

图 7-29　串行口方式 1 和方式 3 波特率的生成结构图

T1 和 T2 是可编程的,可以选的波特率范围比较大,因此串行口方式 1 和方式 3 是最常用的工作方式。当定时器 T1 作为串行口的波特率发生器时,串行口方式 1 和方式 3 的波特率由下式确定:

$$方式 1 和方式 3 波特率 = \frac{2^{SMOD}}{32} \times (T1 溢出率)$$

其中,溢出率取决于计数速率和定时器的预置值。计数速率与 TMOD 寄存器中 $C/\overline{T}$ 的状态有关。当 $C/\overline{T}=0$ 时,计数速率=振荡器频率/12;当 $C/\overline{T}=1$ 时,计数速率取决于外部输入时钟频率。

表 7-2 列出了最常用的波特率以及相应的振荡器频率、T1 工作方式和计数初值。

表 7-2　常用波特率与其他参数选取关系

串行口工作方式	波特率/(b/s)	f_{osc}/MHz	定时器 T1			
			SMOD	$C/\overline{T}$	模式	定时器初值
方式 0	1 M	12	—	—	—	
方式 2	375 K	12	1	—	—	
	187.5 K	12	0	—	—	
方式 1 和方式 3	62.5 K	12	1	0	2	FFH
	19.2 K	11.059	1	0	2	FDH
	9.6 K	11.059	0	0	2	FDH
	4.8 K	11.059	0	0	2	FAH
	2.4 K	11.059	0	0	2	F4H
	1.2 K	11.059	0	0	2	E8H
	137.5 K	11.059	0	0	2	1DH
	110	12	0	0	1	FEEBH

串行口工作方式	波特率/(b/s)	f_{osc}/MHz	定时器 T1			
			SMOD	C/$\overline{\text{T}}$	模式	定时器初值
方式 0	0.5 M	6	—	—	—	—
方式 2	187.5 K	6	1	—	—	—
方式 1 和方式 3	19.2 K	6	1	0	2	FEH
	9.6 K	6	1	0	2	FDH
	4.8 K	6	0	0	2	FDH
	2.4 K	6	0	0	2	FAH
	1.2 K	6	0	0	2	F3H
	0.6 K	6	0	0	2	E6H
	110	6	0	0	2	72H
	55	6	0	0	1	FEEBH

7.6　单片机与 PC 机串行通信

许多应用场合都需要利用 PC 与单片机组成多机系统,本节主要介绍 PC 与单片机之间的通信技术及应用编程。PC 内通常都装有一个 RS-232 异步通信适配器板,其主要器件为可编程的 UART 芯片,从而使 PC 有能力与其他具有标准 RS-232 串行通信接口的计算机设备进行通信。下面先简单介绍一下 RS-232 串行通信接口标准。

7.6.1　RS-232 的信号及引脚

RS-232 是目前最常用的串行接口标准,采取不平衡传输方式,即所谓的单端通信。它除了包括物理指标外,还包括按位串行传送的电气指标,图 7-30 所示的是按位串行传送数据的格式,最高速率为 20 Kb/s。目前在个人计算机上的 COM1、COM2 接口就是 RS-232 接口,RS-232C 是广泛应用的一个版本。

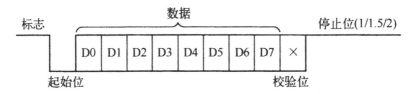

图 7-30　RS-232 串行传送数据的格式

RS-232C 有 25 针 D 型连接器和 9 针的 D 型连接器。25 针 D 型连接器的机械性能与信号线的排列如图 7-31 所示。

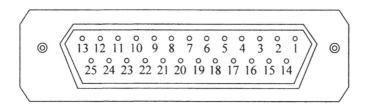

图 7-31　DB25 连接器结构图

目前,PC 机都是采用 9 针的 D 型连接器,其信号及引脚如图 7-32 所示。

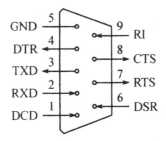

图 7-32　9 针的 D 型连接器的信号及引脚

(1) 联络控制信号线。联络控制信号线有两种设备信号。

① 数据发送准备好(Data Set Ready,DSR):输入信号,数据通信准备就绪。

② 数据终端准备好(Data Terminal Ready,DTR):输出信号,表明计算机已做好接收准备。

这两种信号一通电即有效,表示设备可用,但无法决定通信链路是否可用。

(2) 控制信号。控制信号控制通信链路的通信。

① 请求发送(Request To Send,RTS):用来请求 DCE 发送数据,用以控制 MODEM 是否要进入发送状态。

② 允许发送(CTS,Clear To Send):用来通知终端可以发送数据。

上述控制信号主要用于半双工通信系统中。

③ TXD(Transmitted Data):数据发送引脚。串行数据从该引脚发出。

④ RXD(Received Data):数据接收引脚。串行数据由此输入。

⑤ GND(Ground):信号地线。

在串行通信中最简单的通信只需连接这 3 根线。在 PC 机与 PC 机、PC 机与单片机、单片机与单片机之间,多采用这种连接方式,如图 7-33 所示。

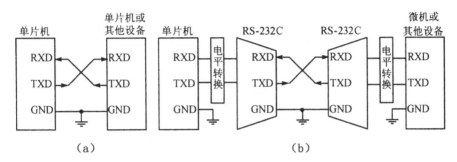

图 7-33　RS-232 通信线的连接

⑥ 接收线信号检出(Received Line Detection,RLD):用来表示 DCE 已接通通信链路,告知 DTE 准备接收数据。

⑦ 振铃指示(Ringing,RI):当 MODEM 收到交换台送来的振铃呼叫信号时,使该信号有效,通知终端,已被呼叫。

RS-232 并未定义连接器的物理特性,故连接器的引脚定义会有区别。RS-232 串行标准接口信号的定义以及信号分类如表 7-3 所示。

表 7-3　RS-232C 接口标准

引脚	信号名	功 能 说 明	信号方向	
			对 DTE	对 DCE
1*	GND	保护地	×	×
2*	TXD	发送数据	出	入
3*	RXD	接收数据	入	出
4*	RTS	请求发送	出	入
5*	CTS	允许发送	入	出
6*	DSR	数据设备(DCE)准备就绪	入	出
7*	SGND	信号地(公共回路)	×	×
8*	DCD	接收线路信号检测	入	出

续表

引脚	信号名	功能说明	信号方向	
			对 DTE	对 DCE
9,10		未用,为测试保留		
11		空		
12		辅信道接收线路信号检测		
13		辅信道允许发送		
14		辅信道发送数据		
15*		发送信号码元定时(DCE 为源)		
16		辅信道接收数据		
17*		接收信号码元定时		
18	DTR	空	出	入
19		辅信道请求发送		
20*		数据终端(DTE)准备就绪		
21*		信号质量检测		
22*		振铃指示		
23*		数据信号速率选择		
24*		发送信号码元定时(DTE 为源)		
25		空		

7.6.2 RS-232 的信号特性及电平转换

7.6.2.1 RS-232 的信号特性

RS-232 标准规定了数据和控制信号的电平。

(1) 数据线上的信号电平。

mark(逻辑 1)＝＋3～＋25 V

space(逻辑 0)＝－3～－25 V

(2) 控制和状态线上的信号电平。

ON(逻辑 0)＝＋3～＋25 V(接通)

OFF(逻辑 1)＝－3～－25 V(断开)

7.6.2.2 RS-232 的电平转换

单片机本身具有一个全双工的串行口,但单片机的串行口为 TTL 电平,需要外接一个 TTL-RS-232 电平转换器才能够与 PC 的 RS-232 串行口连接,组成一个简单可行的通信接口。常用的电平转换集成电路有 MC1488、MC1489 和 MAX232 等。

MC1488、75188 等芯片可实现 TTL→RS-232C 的电平转换,MC1489、75189 等芯片可实现 RS-232C→TTL 的电平转换。MC1488、MC1489 的电路结构与引脚排列如图 7-34 所示。

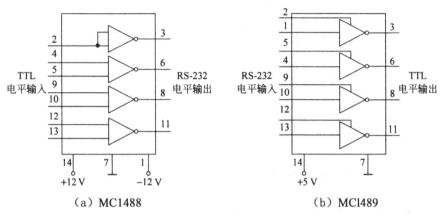

图 7-34　MC1488、MC1489 的电路结构与引脚排列

80C51 单片机的串行口通过电平转换芯片所组成的 RS-232 标准接口电路,如图 7-35 所示。

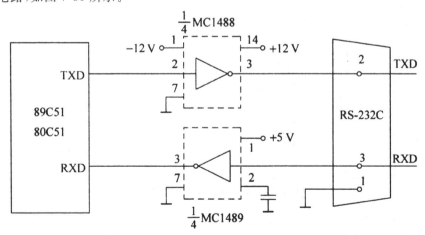

图 7-35　80C51 的 RS-232 标准接口电路

另一种常用的电平转换集成电路是 MAX232,其引脚图如图 7-36 所示,采用 MAX232 芯片的 PC 机和单片机的串行通信接口电路如图 7-37 所示。

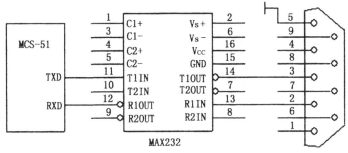

图 7-36 　 MAX232 的引脚图

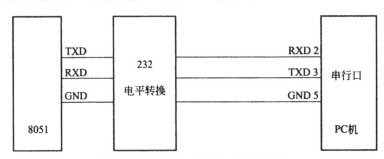

图 7-37 　 PC 机和单片机的串行通信接口电路

7.6.3 简单的单片机与 PC 的连接

对于 MCS-51 单片机,最简单的 PC 与单片机通信只要 3 根线连线:RXD 线、TXD 线和一根地线,单片机的 TXD、RXD 通过 232 电平转换电路,与 PC 机的 RXD、TXD 分别相连,地直接相连,就可以构成符合 RS-232接口标准的全双工串行通信口,如图 7-38 所示。

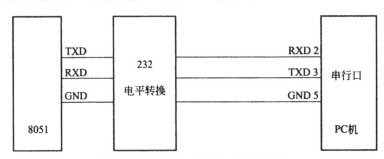

图 7-38 　 PC 与单片机的连接图

下面是一个 8051 单片机与 PC 进行串行通信的例子。将 PC 键盘输入的数据发送给单片机,单片机收到数据后以 ASCII 码形式从 P1 口显示接收数据,同时再回送给 PC,因此,只要 PC 虚拟终端上显示的字符与键盘输入的字符相同,即说明 PC 与单片机通信正常。80C51 单片机与 PC 的串行通信电路如图 7-39 所示。

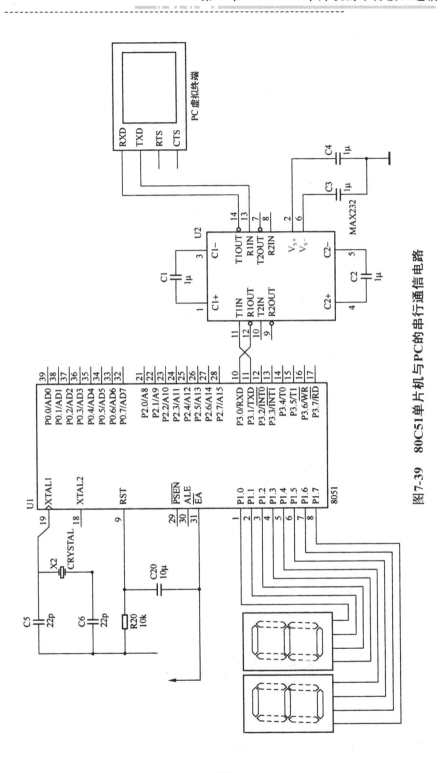

图7-39　80C51单片机与PC的串行通信电路

应用程序如下：

```
        ORG 0000H           ;复位入口
        LJMP START          ;串行中断入口
        ORG 0023H
        LJMP SERVE
        ORG 0030H           ;主程序入口
START： MOV SP,♯60H
        MOV SCON,♯50H       ;设定串行方式
        MOV TMOD,♯20H       ;设定定时器1为方式2
        ORL PCON,♯80H       ;波特率加倍
        MOV TH1,♯0F3H       ;设定波特率为4 800字符/s
        MOV TL1,♯0F3H
        SETB TR1            ;启动定时器1
        SETB EA             ;开中断
        SETB ES
        SJMP  $             ;等待串行口中断
SERVE： PUSH ACC            ;保护现场
        CLR EA              ;关中断
        CLR RI              ;清除接收中断标志
        MOV A,SBUF          ;接收PC发来的数据
        MOV PI,A            ;将数据从P1口显示
        MOV SBUF,A          ;同时回送给PC
WAIT：  JNB TI,WAIT
        CLR TI
        SETB EA             ;开中断
        POP ACC             ;恢复现场
        RETI
        END
```

7.7 单片机双机通信

单片机都是TTL电平,可以直接通信,不需要232电平转换,只要在软件设计上注意波特率设置统一,如图7-40所示。

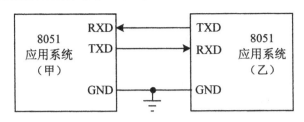

图 7-40　单片机之间的通信图

例 7.2　编程把图 7-40 所示的甲机片内 RAM 50H～5FH 单元中的数据块从串行口输出。定义在方式 3 下发送,TB8 作奇偶校验位。采用定时器 1 方式 2 作波特率发生器,波特率为 1 200 波特,f_{osc}=11.059 2 MHz,预置值 TH1=0E8H。

解:编程使乙机从甲机接收 16 个字节数据块,并存入片外 3000H～300FH 单元。接收过程中要求判奇偶校验标志 RB8。如果出错则置 F0 标志为 "1",如果正确则置 F0 标志为"0",然后返回。

编写发送子程序如下。

	MOV TMOD,♯20H	;设置定时器 1 为方式 2
	MOV TL1,♯0E8H	;设预置值
	MOV TH1,♯0E8H	
	SETB TR1	;启动定时器 1
	MOV SCON,♯0C0H	;设置串行口为方式 3
	MOV PCON,♯00H	;SMOD=0
	MOV R0,♯50H	;设数据块指针
	MOV R7,♯10H	;设数据长度 10H
TRS:	MOV A,@R0	;取数据送至 A
	MOV C,P	
	MOV TB8,C	;奇偶位 P 送至 TB8
	MOV SBUF,A	;数据送至 SBUF,启动发送
WAIT:	JNB TI,$	;判 1 帧是否发送完
	CLR TI	
	INC R0	;更新数据单元
	DJNZ R7,TRS	;循环发送至结束
	RET	;返回

在进行双机通信时,两机应用相同的工作方式和波特率,因而接收子程序的编程如下。

	MOV TMOD,♯20H	;设置定时器 1 为方式 2

```
              MOV TL1,＃0E8H          ;设预置值
              MOV TH1,＃0E8H
              SETB TR1               ;启动定时器 1
              MOV SCON,＃0C0H         ;设置串行口为方式 3
              MOV PCON,＃00H          ;SMOD＝0
              MOV R0,＃50H            ;设数据块指针
              MOV R7,＃10H            ;设数据长度 10H
              SETB REN               ;允许接收
WAIT：        JNB RI,$               ;判 1 帧是否接收完
              CLR RI
              MOV A,SBUF             ;读入 1 帧数据
              JNB PSW.0,PZ           ;奇偶位 P 为 0 则跳转
              JNB RB8,ERR            ;P＝1,RB8＝0 则出错
              SJMP YES               ;二者全为 1 则正确
PZ：          JB RB8,ERR             ;P＝0,RB8＝1 则出错
YES：         MOVX @DPTR,A           ;正确,存放数据
              INC DPTR               ;修改地址指针
              DJNZ R7,WAIT           ;判断数据块接收完否
              CLR PSW.5              ;接收正确且接收完清 F0 标志
              RET                    ;返回
ERR：         SETB PSW.5             ;出错则置 F0 标志为"1"
              RET                    ;返回
```

有时,需要把一个单片机设置成主控机器,而另外的单片机设置为从机。这种情况实际上是下面所要介绍的多机通信的一个简化。在这种情况下,两台机器之间只要设置相应的软件协议就可以了。例如,主机的任务就是向从机发出命令,并接收从机的状态信息,做出判断,再发命令;而从机实际上是一个等待主机命令的状态,在接收到主机命令后,做出相应动作,发出数据。

7.8 单片机多机通信

MCS-51 串行口的方式 2 和方式 3 具有一个专门的应用领域,即多机通信。

在多机通信时,TB8 可置 1 或者清 0,与 SM2 配合使用。当 SM2＝1时,实现多机通信功能。若接收到的 RB8＝1,接收内容进入 SBUF,RI 置1,向 CPU 发中断请求;若 RB8＝0,RI 不置 1,即不向 CPU 发中断请求。

当 SM2＝0 时，不判断 RB8 的状态，均向 CPU 发中断请求。因此，在 SM2＝1 时，TB8/RB8 可作为地址/数据标志位。根据这一配置方式，可构成主从式多机通信系统。所谓主从式，即在多台单片机中，有一台是主机，其余的为从机，其连接如图 7-41 所示，有一台主机，多台从机。

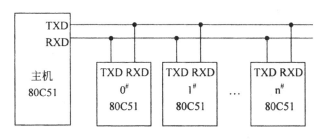

图 7-41　主从多机通信

（1）主机通信子程序。主机通信以子程序调用形式进行，因此主机通信程序为子程序。主机通信子程序的流程图如图 7-42 所示。

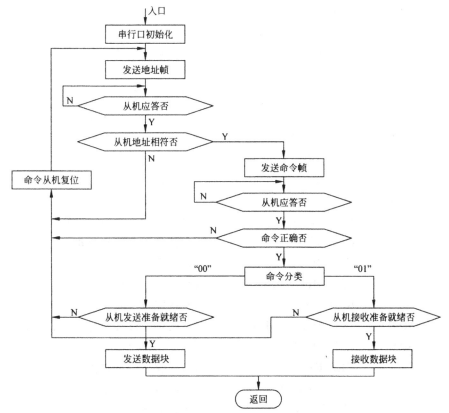

图 7-42　主机通信子程序的流程图

主机串行口设定为:工作方式 3,允许接收,置 TB8＝1。此时,控制字为 11011000B,即 0D8H。

主机通信子程序如下。

```
                MOV SCON ＃0D8H      ;串行口控制字
MSIO1：ch       MOV A,R2
                MOV SBUF,A          ;发出从机地址
                JNB RI,$            ;等待从机应答
                CLR RI              ;从机应答后清 RI
                MOV A,SBUF          ;取出从机应答地址
                XRL A,R2            ;核对应答地址
                JZ MSIO3            ;地址相符转 MSIO3
MSIO2：         MOV SBUF,＃0FFH      ;命令所有从机置 SM2＝1
                SETB TB8            ;置地址标志
                SJMP MSIO1          ;重发地址
MSIO3：         CLR TB8             ;置命令标志
                MOV SBUF,R3         ;发送命令
                JNB RI,$            ;等待从机应答
                CLR RI              ;清 RI
                MOV A,SBUF          ;取出应答信息
                JNB ACC.7,MSIO4     ;核对命令是否出错
                SJMP MSIO2          ;命令接收错,重发
MSIO4：         CJNE R3,＃00H,MSIO5  ;若为从机发送命令,转出
                JNB ACC.0,MSIO2     ;从机接收没准备好,重新联络
STX：           MOV SBUF,@R1        ;主机发送数据
                JNB TI,$            ;等待一个字符发送结束
                CLR TI              ;为接收下一字符做准备
                INC RI              ;指向下一字符
                DJNZ R4,STX         ;未发送完,继续
                RET                 ;发送完,返回
MSIO5：         JNB ACC.1,MSIO2     ;从机发送没准备好,重新联络
SRX：           JNB RI,$            ;等待主机接收完毕
                CLR RI              ;为接收下一字符做准备
                MOV A,SBUF          ;取出接收到的字符
                MOV @R0,A           ;送数据缓冲区
                INC R0              ;修改地址指针
```

DJNZ R5,SRX　　　　　　　　;未接收完,继续

RET　　　　　　　　　　　　;接收完,返回

（2）从机通信子程序。从机通信以中断方式进入,其主程序在收到主机发送来的地址后,即发出串行中断请求。中断请求被响应后,进 RU 中断服务程序,进行多机通信。为此,有关从机串行口的初始化、波特率设置和串行中断初始化等内容,都应在主程序中预先进行。

假定以 SLAVE 作为被寻址的从机地址,以 F0 和 PSW.1 作为本从机发送和接收准备就绪的状态位。

从机通信中断服务程序的流程图如图 7-43 所示。该通信中断服务程序中有关寄存器的内容如下。

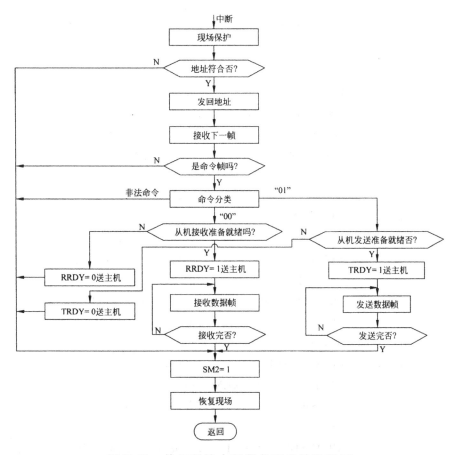

图 7-43　从机通信中断服务程序的流程图

① R0:从机发送的数据块首地址。

② R1:从机接收的数据块首地址。

③ R2:发送的数据块长度。

④ R3:接收的数据块长度。

从机通信子程序如下。

```
                    ORG 0023H
                    LJMP SSIO
                    ORG 3000H
SLAVE：         EQL 01H
SSIO：          CLR RI
                    PUSH ACC                 ;现场保护
                    PUSH PSW
                    SETB RS1                  ;选择 2 区工作寄存器
                    CLR RS0
                    MOV A,SBUF              ;取出接收到的地址
                    XRL A,♯SLAVE           ;核对是否为本机地址
                    JZ SSIO1                  ;是本机地址,则转
RETURN：POP PSW                   ;不是呼叫本机,恢复现场
                    POP ACC
                    RETI                        ;中断返回
SSIO1：         CLR SM2                  ;准备接收命令/数据
                    MOV SBUF,SLAVE       ;发送本机地址,供主机核对
                    JNB RI, $               ;等待主机发送命令/数据
                    CLR RI                     ;清 RI
                    JNB RB8,SSIO2          ;是命令/数据,继续
                    SETB SM2                 ;复位信号,返回
                    SJMP RETURN
SSIO2：         MOV A,SBUF              ;取出命令
                    CJNE A,♯02H,NEXT    ;检查命令是否合法
NEXT：          JC SSIO3                  ;合法命令,继续
                    CLR TI                     ;准备发送
                    MOV SBUF,♯80H        ;非法命令,发回 ERR＝1 状态字
                    SETB SM2
                    SJMP RETURN            ;返回
SSIO3：         JZ CMOD                   ;是接收命令,转接收
```

```
CMD1:     JB F0,SSIO4        ;发送准备就绪,继续
          MOV SBUF,♯00H      ;未准备好,发出 TRDY=0 状态字
          SETB SM2
          SJMP RETURN        ;返回
SSIO4:    MOV SBUF,♯02H      ;发出 TRDY=1 状态字
          JNB TI,$
          CLR TI
LOOP1:    MOV SBUF,@R0       ;发送一个字符
          JNB TI,$           ;等待发送完毕
          CLR TI             ;准备下次发送
          INC R0             ;修改数据指针
          DJNZ R2,LOOP1      ;未发送完,继续
          SETB SM2           ;发送完,置 SM2=1
          SJMP RETURN        ;返回
CMOD:     JB PSW.1,SSIO5     ;接收准备就绪,继续
          MOV SBUF,♯00H      ;未准备好,发出 RRDY=0 状态字
          SETB SM2
          SJMP RETURN        ;返回
SSIO5:    MOV SBUF,♯01H      ;发出 RRDY=1 状态字
LOOP2:    JNB RI,$           ;接收一个字符
          CLR RI             ;准备下次接收
          MOV @R1,SBUF       ;存接收数据
          INC R1             ;修改数据指针
          DJNZ R3,LOOP2      ;未完,继续
          SETB SM2
          SJMP RETURN        ;返回
          END
```

7.9　串行接口的应用

例 7.3　编写应用程序,执行使得 LED 指示灯轮流点亮。

解:在单片机的串行口外接一个串入并出 8 位移位寄存器 74LS164,实现串口到并口的转换。数据从 RXD 端输出,移位脉冲从 TXD 端输出,波特率固定为单片机工作频率的 1/12。利用串行口外接移位寄存器实现串/并口转换如图 7-44 所示。

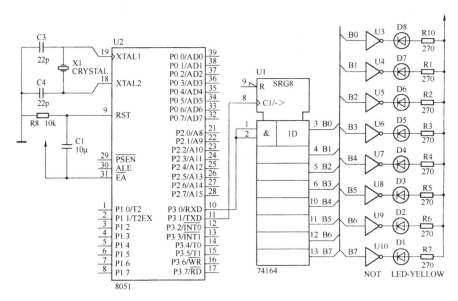

图 7-44　利用串行接口外接寄存器实现串/并接口转换

源程序清单如下。

```
            ORG 0000H              ;复位入口
            AJMP START
            ORG 0030H              ;主程序入口
START：     MOV SCON,#              ;设置串行口工作方式0
            MOV 30H,#01H           ;8字节待传输数据
            MOV 31H,#02H
            MOV 32H,#4H
            MOV 33H,#8H
            MOV 34H,#16
            MOV 35H,#32
            MOV 36H,#64
            MOV 37H,#128
            MOV R0,#30H            ;R0作数据指针
            MOV R2,#8              ;R2作计数器
LOOP：      MOV A,@R0
            MOV SBUF,A             ;开始发送数据
LO：        JNB TI,LO              ;检查发送完标志位
            CLR TI
```

```
            ACALL DELAY              ;延时
            INC R0                   ;发送下一字节
            DJNZ R2,LOOP
            SJMP START
DELAY：MOV R7,#3                      ;延时子程序
DD1：       MOV R6,#0FFH
DD2：       MOV R5,#0FFH
            DJNZ R5,$
            DJNZ R6,DD2
            DJNZ R7,DD1
            RET
            END
```

习题

1. 8051 单片机与串行口相关的特殊功能寄存器有哪几个？说明它们各个位的功能意义。

2. 8051 单片机的串行口有哪几种工作方式？各有什么特点和功能？

3. 什么叫波特率？它反映的是什么？它与时钟频率是相同的吗？

4. 试设计一个发送程序，将片内 RAM 20H～2FH 中的数据从串行口输出,要求将串行口定义为工作方式 2,TB8 作为奇偶校验位。

5. 设 8051 单片机的串行口工作于方式 1,现要求用定时器 T1 以方式 2 作波特率发生器,产生 9 600 的波特率,若已知 SMOD＝1,TH1＝FDH,TL1＝FDH,试计算此时的晶振频率为多少？

第8章　MCS-51单片机系统的扩展

8.1　基于三总线的系统扩展

8.1.1　片外三总线结构

按照功能,通常把系统总线(所谓总线,就是连接系统中各扩展部件的一组公共信号线)分为 3 组,即地址总线、数据总线和控制总线。

MCS-51 系列单片机的片外引脚可构成如图 8-1 所示的三总线结构,所有的外围芯片都将通过这 3 种总线进行扩展。

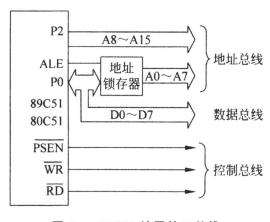

图 8-1　80C51 扩展的三总线

8.1.1.1　地址总线

MCS-51 单片机的地址总线(Address Bus,AB)共有 16 根,由 P0 和 P2 口送出。P0 口提供低 8 位地址 A0～A7,P2 口提供高 8 位地址 A8～A15。

由于芯片引脚数量有限,P0 被设计成分时复用方式,即 P0 口作为总线使用时除了提供低 8 位地址之外,它还承担着数据总线的作用。为了避免地址和数据的冲突,P0 口先给出地址信息,之后才是数据信息。P0 口和 P2 口作为地址总线使用后不能再作为普通的 I/O 口使用,否则数据会发生冲突。

8.1.1.2　数据总线

数据总线(Data Bus,DB)用于单片机与存储器之间或单片机与 I/O 端口之间传送数据。数据总线的位数与单片机处理数据的字长一致。例如,MCS-51 单片机是 8 位字长,所以,数据总线的位数也是 8 位。数据总线是双向的,可以进行两个方向的数据传送。

8.1.1.3　控制总线

用于存储器和 I/O 接口扩展的控制总线(Control Bus,CB)一共有 5 根,这些信号在 CPU 和扩展设备交换信息时有严格的时序关系。

控制总线包括以下几种信号:

(1) 读控制信号 $\overline{\text{RD}}$ 。

(2) 写控制信号 $\overline{\text{WR}}$ 。

(3) 外部程序存储器选择信号 $\overline{\text{PSEN}}$ 。

(4) 地址锁存信号 $\overline{\text{ALE}}$ 。

8.1.2　P0 口地址信息的锁存

由于 P0 口输出的低 8 位地址信息在数据信息到来之前只保持几个时钟周期,所以必须外加一个锁存器将 P0 口瞬时出现的地址信息进行锁存,使低 8 位地址信息在整个 CPU 寻址期间一直保持有效。这个锁存器称为地址锁存器。地址锁存常使用 373 或 573 锁存器完成,其引脚图如图 8-2 所示。

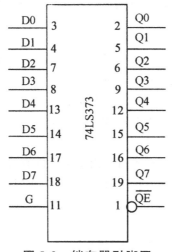

图 8-2　锁存器引脚图

高 8 位地址信息由 P2 口送出,该信息在 CPU 寻址期间一直保持有效,如果不考虑功率驱动问题,则无须外加锁存器。三总线及锁存器的接线图如图 8-3 所示。

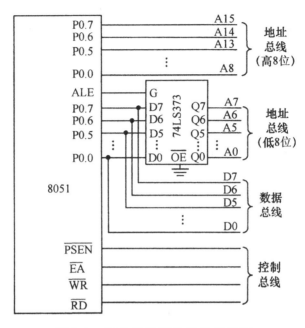

图 8-3　三总线及锁存器的接线图

8.2　外部存储器的扩展

当单片机内部的存储器不够用时,必须进行存储器的扩展。目前使用的半导体存储器的分类如图 8-4 所示。

系统扩展一般有以下两项主要任务:

(1) 把系统所需的外设和单片机连接起来,使单片机系统能与外界进行信息交换。

(2) 扩大单片机的存储容量。由于单片机的结构、集成工艺等关系,单片机内的 ROM、RAM 等容量不可能很大,在使用中有时不够,需要在芯片外进行扩展。

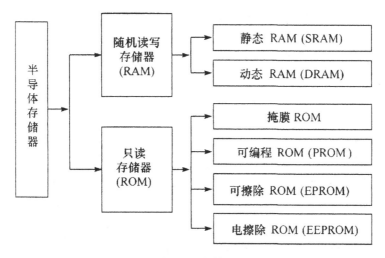

图 8-4　半导体存储器的分类

8.2.1　数据存储器的扩展

8.2.1.1　常用的数据存储器

单片机应用系统中常用的数据存储器 RAM 芯片型号为 6264、62128、62256 等。这几款芯片都是 8 位芯片,容量分别为 8 KB、16 KB 和 32 KB。图 8-5 所示给出了上述 RAM 芯片的引脚图。

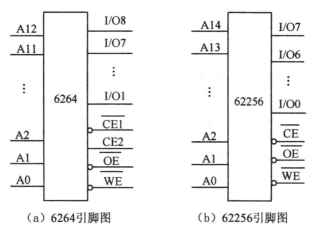

（a）6264引脚图　　　　（b）62256引脚图

图 8-5　存储器引脚功能图

8.2.1.2　用 6264 构成外部数据存储器

用 6264 构成外部数据存储器的硬件连接如图 8-6 所示。

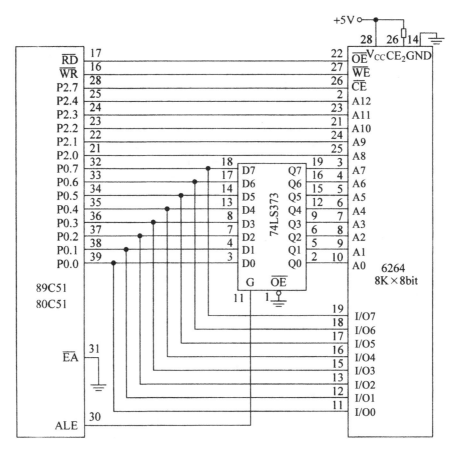

图 8-6　用 6264 构成外部数据存储器的硬件连接

8.2.1.3　用 62256 构成外部数据存储器

用 62256 构成外部数据存储器的硬件连接如图 8-7 所示，选用 8282 作为低 8 位地址锁存器，片选信号由 P2.7 提供。两块 62256 构成 64 K 的外部数据存储器。

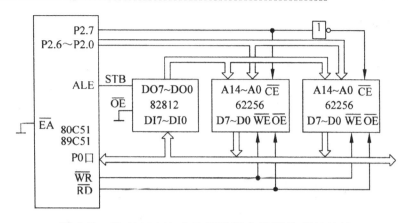

图 8-7　用 62256 构成外部数据存储器的硬件连接

例 8.1　试用 2 片 6264 存储器芯片采用线选法实现 8051 系统的 16 KB 内存扩展。

解:各芯片的地址范围为:

RAM1 芯片　4000H~5FFFH;

RAM2 芯片　2000H~3FFFH。

图 8-8 所示的是线选法扩展数据存储器。

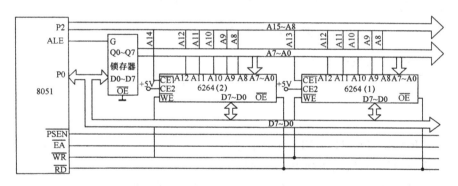

图 8-8　线选法扩展数据存储器

由于 A15 没有被使用,所以其状态和存储器芯片没有关系,上述地址中取 A15 为 0。

如果 A15 取 1,仍可对芯片进行读写,此时的地址范围为:

RAM1 芯片　C000H~DFFFH;

RAM2 芯片　A000H~BFFFH。

每个芯片对应两套地址,这就是所谓的地址重叠。两套地址都可以使用,一般只选第一套。

例 8.2　试用 4 片 6264 存储器芯片采用译码法实现 8051 系统的 32 KB 外部存储器扩展。

解:本题选用译码器。该译码器为 2-4 译码器,芯片内有两个完全相同且相互独立的 2-4 译码器。每个译码器有两个输入端、4 个输出端和一个片选端。片选端为低电平有效。系统接线如图 8-9 所示,图中将译码输入端接 CPU 数据总线的 A14、A13,74LS139 的片选接 A15。

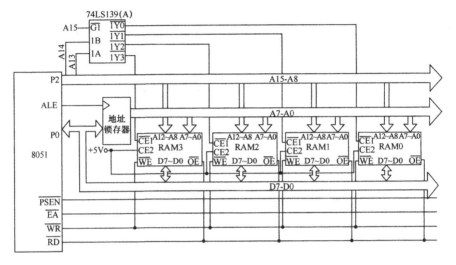

图 8-9　译码方式扩展存储器

各芯片的地址范围为:

RAM0　0000H~1FFFH;

RAM1　2000H~3FFFH;

RAM2　4000H~5FFFH。

RAM0:6000H~7FFFH 寻址过程中 A15 必须为 0。由于所有地址线全部参与译码,所以系统中没有地址重叠。

例 8.3　利用线选法进行一片 6264 SRAM 扩展电路,如图 8-10 所示。

解:在扩展连接中,$\overline{RD}$以信号接 6264 的$\overline{OE}$端,$\overline{WR}$信号接$\overline{WE}$端,以进行 RAM 芯片的读写控制。6264 是 8 KB×8 位程序存储器,芯片的地址引脚线有 13 条,顺次和单片机的地址线 A0~A12 相接。由于采用线选法,只用一片 6264,其片选信号 CE 可直接使 P2.7(A15)=0 有效,而高 2 位地址线 A13、A14 不接,故有 2^2=4 个重叠的 8 KB 地址空间。其连接电路如图 8-10 所示,连接电路的 4 个重叠的地址范围为:

0000000000000000B~0001111111111111B,即 0000H~1FFFH;

0010000000000000B~0011111111111111B,即 2000H~3FFFH;

0100000000000000B～0101111111111111B，即 4000H～5FFFH；

0110000000000000B～0111111111111111B，即 6000H～7FFFH。

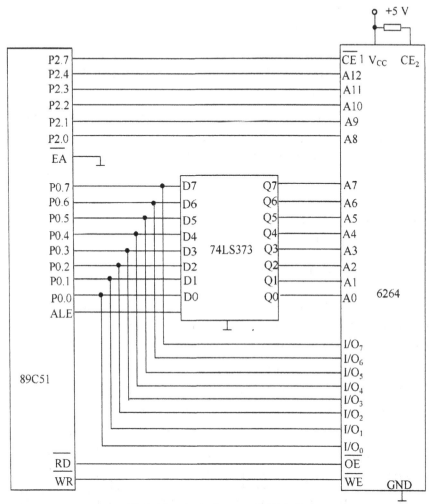

图 8-10　6264 SRAM 扩展电路

8.2.2　程序存储器扩展

8.2.2.1　只读存储器 ROM

根据编程方式的不同，ROM 可分为如下 4 类。

（1）掩膜只读存储器 ROM(Mask Programmable ROM)。ROM 中的信息在芯片制造掩膜工艺时写入。8051 片内含有 4 KB 的掩膜型程序存储器，只适合程序不需要修改的大批量生产。一般情况下，等于片内的程序存储器无用。

（2）可编程只读存储器 PROM(Programmable ROM)。出厂时无存储任何信息。可以通过特殊的方式一次性地写入信息,克服了掩膜型的缺点。但是,程序一旦被写入就无法更改。

（3）可擦除编程只读存储器 EPROM(Erasable PROM)。可进行反复擦除和反复编程,克服了 PROM 只能一次性写入的缺点。根据擦除方式的不同,可分为 UVEPROM(紫外线擦除 PROM;Ultraviolet EPROM)和 E^2PROM(电擦除 PROM;Electrically EPROM)。前者通过紫外线照射芯片背部的窗口来实现。因为阳光中有紫外线,因此信息写入之后切忌阳光暴晒。E^2PROM通过电信号进行字节或片擦除,即分别擦除一个字节或芯片上所有信息。

（4）闪速存储器 FEPROM(Flash EPROM)。兼有 EPROM 优点的非易失性大容量存储器,可快速地在线修改存储单元的数据。Atmel 公司的AT89 单片机内部集成了 Flash 存储器,故又称为 Flash 单片机。如AT89C51 和 AT89S51 片内有 4 KB 的 FEPROM,AT89C52 和 AT89S52片内有 8 KB 的 FEPROM。

8.2.2.2 常用 EPROM 芯片

可擦除编程只读存储器 EPROM 可作为 MCS-51 单片机的外部程序存储器,其典型产品是 Intel 公司的系列芯片:2716(2 K×8 bit)、2732(4 K×8 bit)、2764(8 K×8 bit)、27128(16 K×8 bit)、27256(32 K×8 bit)和27512(64 K×8 bit)等。这些芯片上均有一个玻璃窗口,在紫外光下照射20 min 左右,存储器中的各位信息均变为 1,此时,可以通过编程器将工作程序固化到这些芯片中。6 种 EPROM 芯片管脚图如图 8-11 所示。

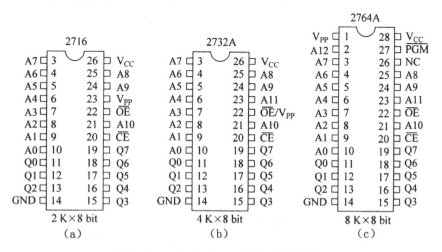

图 8-11 常用 EPROM 芯片管脚图

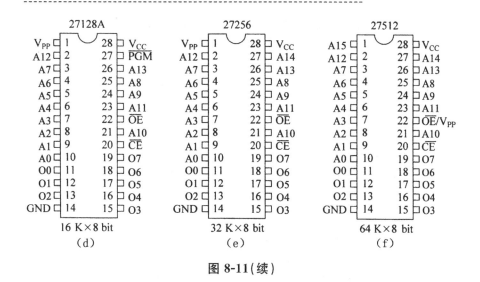

图 8-11（续）

8.2.2.3　E^2 PROM 2864A 简介

E^2 PROM 2864A 为 8 KB 电可擦除只读存储器，图 8-12 所示给出了 2864A 的引脚图，引脚功能如下。

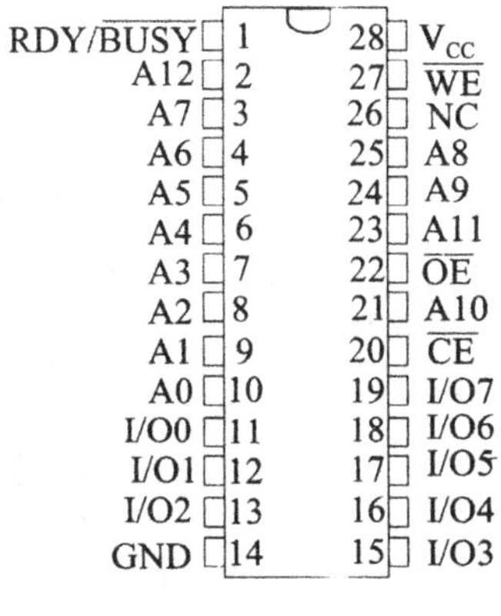

图 8-12　2864A 的引脚图

下面对图中符号进行简单解释。

（1）A12～A0：地址输入线。

（2）D7～D0：双向三态数据线。

（3）$\overline{CE}$：片选信号输入线，低电平有效。

（4）$\overline{OE}$：输出选通信号输入线，低电平有效。

（5）$\overline{WE}$：写选通信号输入线，低电平有效。

（6）RDY/$\overline{\text{BUSY}}$：状态输出线，在写操作时，低电平表示"忙"，写入完毕后该线为高电平，表示"准备好"。

（7）V_{CC}、GND：5 V 电源和地。

例 8.4　试用 2864A 扩展 8 KB 外部程序存储器，使其具有在线写入功能。系统接线图如图 8-13 所示。

```
SOURCE  DATA 40H          ;源数据区首地址
OBJECT  DATA 0000H        ;E²PROM 首地址
LENGTH  DATA 16           ;一页数据长度
        MOV R0,♯SOURCE    ;取源地址
        MOV R1,♯LENGTH    ;取数据块长度
        MOV DPTR,♯OBJECT  ;取目的地址
LOOP：  MOV A,@R0         ;取源数据
        MOVX @DPTR,A      ;写入 E²PROM 中
        INC R0            ;源地址指针指向下一单元
        INC DPTR          ;目的地址指针指向下一单元
        JNB P1.0 $
        DJNZ R1,LOOP      ;字节数未满,转移
        SJMP $
```

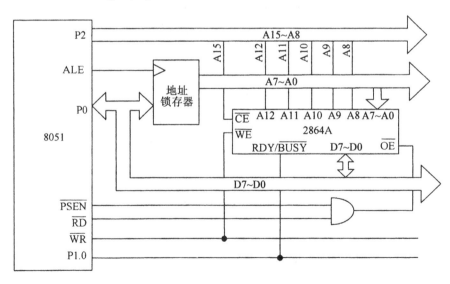

图 8-13　程序存储器 E²PROM 的扩展

例 8.5　使用两片 2764 扩展 16 KB 的程序存储器，采用线选法选中芯片。扩展连接图如图 8-14 所示。

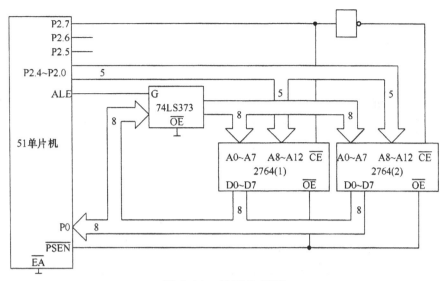

图 8-14　扩展连接图

解：在图 8-14 中，以 P2.7 作为片选，当 P2.7＝0 时，选中 2764(1)；当 P2.7＝1 时，选中 2764(2)。因两根线（A13、A14）未用，故两个芯片各有 $2^2＝4$ 个重叠的地址空间。它们分别为

2764(1)：

0000000000000000B～0001111111111111B，即 0000H～1FFFH；

0010000000000000B～0011111111111111B，即 2000H～3FFFH；

0100000000000000B～0101111111111111B，即 4000H～5FFFH；

0110000000000000B～0111111111111111B，即 6000H～7FFFH。

2764(2)：

1000000000000000B～1001111111111111B，即 8000H～9FFFH；

1010000000000000B～1011111111111111B，即 A000H～BFFFH；

1100000000000000B～1101111111111111B，即 C000H～DFFFH；

1110000000000000B～1111111111111111B，即 E000H～FFFFH。

例 8.6　用 27128 芯片设计一个 32 KB 外部程序存储器的 8031 系统，并为每个 27128 芯片分配地址。

解：32 KB 外部程序存储器空间没有达到 51 机的最大程序存储器的寻址范围。因此，采用部分译码法为 27128 分配地址。即用部分地址线参与译码的方法。部分译码为每个存储器分配的地址范围可以不止一个，因此有地址范围重复的情况，究其原因，是因为部分译码有空出不用的地址线。部分译码的方法，只能用于小于 64 KB 存储器空间的系统。

（1）扩展 32 KB 外部程序存储器正好需要 2 片 27128。

（2）确定每个 27128 芯片的地址范围。

本例译码方法可称为线选法。电路采用反相器 7404，电路设计如图 8-15 所示。确定地址范围的过程如表 8-1 所示。

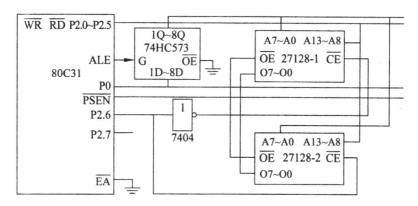

图 8-15　由 2 片 27128 组成的 32 KB 程序存储器 51 机应用系统

表 8-1　2 个 27128 芯片的地址范围

译码 芯片	片外译码		片内译码 A12～A0 （×××××××××××××） 最低地址编码　　　　最高地址编码		地址范围	容量
	A15	A14	最低地址编码	最高地址编码		
27128-2	0	0	00 0000 0000 0000	11 1111 1111 1111	0000～3FFFH	16 KB
27128-2	1	0	00 0000 0000 0000	11 1111 1111 1111	8000～BFFFH	16 KB
27128-1	0	1	00 0000 0000 0000	11 1111 1111 1111	4000～7FFFH	16 KB
27128-1	1	1	00 0000 0000 0000	11 1111 1111 1111	C000～FFFFH	16 KB

例 8.7　用多片 2764 构成 64 KB 程序存储器的 8031 系统，设计其接口电路。

解：64 KB 外部程序存储器空间正好是 51 机的最大程序存储器的寻址范围。因此，本例必须采用完全译码的方法，即所有地址线全部用于地址译码的方法。这种译码方式，分配给每个存储器单元只有 1 个唯一的地址。

（1）扩展 64 KB 外部程序存储器正好需要 8 片 2764。本例采用译码器芯片的设计方法，采用 3-8 译码器 74LS138。系统设计如图 8-16 所示。图中的片外译码电路中，利用多余的 3 根地址线（P2.7、P2.6、P2.5），分别接至 3～8 译码器的 C、B、A 输入端，形成 8 个等量的地址空间。3-8 译码器的控制端 G1、$\overline{G_{1A}}$、$\overline{G_{2B}}$ 设成常有效。

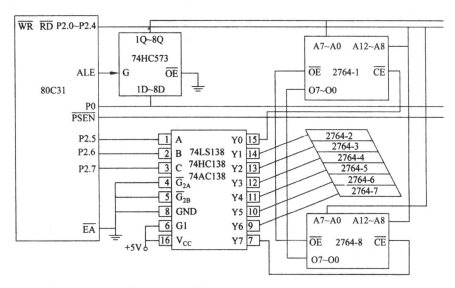

图 8-16　由 8 片 2764 组成的 64 KB 程序存储器 51 机应用系统

（2）确定每个 2764 芯片的地址范围。片内译码地址范围的确定方法：每一条地址线可有 0、1 两种状态，用×表示。地址线的状态均为 0 时所形成的地址码，是该芯片的最低地址，最高地址码对应所有地址线均为 1 形成的编码。每个芯片的地址号在最低和最高地址编码之间连续变化。

片外译码由译码电路决定，分析入手点是考察芯片的选片线是否有效。

（3）各个芯片的地址范围的确定。综合分析，确定地址范围过程，图 8-16 中 8 个 2764 芯片的地址范围如表 8-2 所示。

表 8-2　8 个 2764 芯片的地址范围

译码 芯片	片外译码			片内译码 A12～A0 (×××××××××××××)		地址范围	容量
	A15	A14	A13	最低地址编码	最高地址编码		
2764-1	0	0	0	00 0000 0000 0000	11 1111 1111 1111	0000～1FFFH	8 KB
2764-2	0	0	1	00 0000 0000 0000	11 1111 1111 1111	2000～3FFFH	8 KB
2764-3	0	1	0	00 0000 0000 0000	11 1111 1111 1111	4000～5FFFH	8 KB
2764-4	0	1	1	00 0000 0000 0000	11 1111 1111 1111	6000～7FFFH	8 KB
2764-5	1	0	0	00 0000 0000 0000	11 1111 1111 1111	8000～9FFFH	8 KB

译码 芯片	片外译码			片内译码 A12~A0 （×××××××××××××）		地址范围	容量
	A15	A14	A13	最低地址编码	最高地址编码		
2764-6	1	0	1	00 0000 0000 0000	11 1111 1111 1111	A000~BFFFH	8 KB
2764-7	1	1	0	00 0000 0000 0000	11 1111 1111 1111	C000~DFFFH	8 KB
2764-8	1	1	1	00 0000 0000 0000	11 1111 1111 1111	E000~FFFFH	8 KB

例 8.8 试用 EPROM 2764 构成 80C31 的最小系统。

解：2764 是 8 KB×8 位程序存储器，芯片的地址引脚线有 13 条，顺次和单片机的地址线 A0～A12 相接。由于采用线选法，因此高 3 位地址线 A13、A14、A15 不接，故有 $2^3 = 8$ 个重叠的 8 KB 地址空间。因只用一片 2764，故其片选信号$\overline{CE}$可直接接地（常有效）。连接电路如图 8-17 所示。

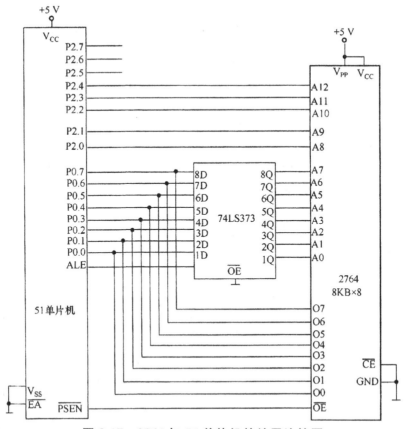

图 8-17 2764 与 51 单片机的扩展连接图

（1）地址线、数据线和控制信号线的连接。地址线的连接与存储芯片的容量有直接关系。2764 的存储容量为 8 KB，需 13 位地址（A0～A12）进行存储单元的选择，为此先把芯片的 A0～A7 引脚与地址锁存器的 8 位地址输出对应连接，剩下的高位地址（A8～A12）引脚与 P2 口的 P2.0～P2.4 相连。这样，2764 芯片内存储单元的选择问题即可解决。此外，因为这是一个小规模存储器扩展系统，系统只有一片 2764，采用线选法编址比较方便，由于没有使用片选信号，而把芯片选择信号 CS 端直接接地。

数据线的连接则比较简单，把存储芯片的 8 位数据输出引脚与单片机 P0 口线对应连接即可解决。

程序存储器的扩展只涉及 PSEN（外部程序存储器读选通）信号，该信号接 2764 的 $\overline{OE}$ 端，以便进行存储单元的读出选通。

（2）存储映像分析。分析存储器在存储空间中占据的地址范围，实际上是根据地址线连接情况确定其最低地址和最高地址。图 8-17 所示连接电路 8 个重叠的地址范围为：

0000000000000000B～0001111111111111B，即 0000H～1FFFH；

0010000000000000B～0011111111111111B，即 2000H～3FFFH；

0100000000000000B～0101111111111111B，即 4000H～5FFFH；

0110000000000000B～0111111111111111B，即 6000H～7FFFH；

1000000000000000B～1001111111111111B，即 8000H～9FFFH；

1010000000000000B～1011111111111111B，即 A000H～BFFFH；

1100000000000000B～1101111111111111B，即 C000H～DFFFH；

1110000000000000B～1111111111111111B，即 E000H～FFFFH。

以上这些地址范围都能访问这片 2764 芯片。这种多映像区的重叠现象由线选法本身造成，因此映像区的非唯一性是线选法编址的一大缺点。

8.2.2.4　典型的程序存储器扩展电路

（1）扩展 8 KB EPROM。图 8-18 所示是用 80C51 地址线直接外扩 8 KB EPROM 的系统连接图。

（2）扩展 16 KB EPROM。如果系统的程序比较长，一片 2764 容量不够时，可直接选用大容量的芯片来解决，如采用 27128（16 KB）、27256（32 KB）和 27512（64 KB）等。

图 8-19 中，27128 是 6 K×8 位 EPROM 芯片，14 根地址线 A_{13}～A_0，可选中片内 16 KB 程序存储器空间中任一单元。

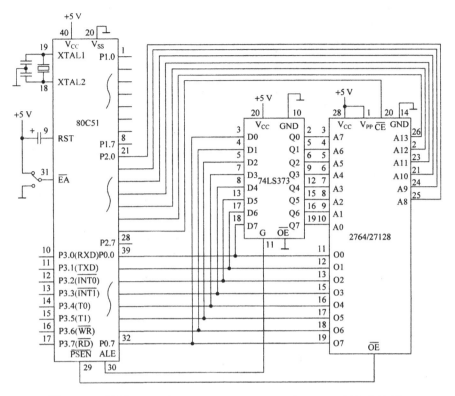

图 8-18　扩展 8 KB/16 KB EPROM 2764/27128 系统连接图

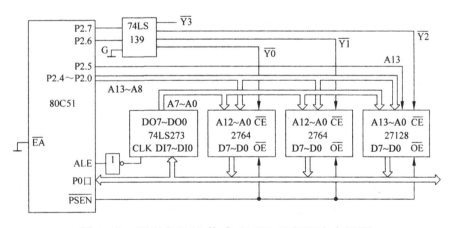

图 8-19　2764/27128 构成 32 KB 外部程序存储器

（3）用 EPROM 27128/27256 构成 48 KB 外部程序存储器。用 27128/27256 构成外部程序存储器的硬件连接如图 8-20 所示，低 8 位地址锁存器由 8212 构成,片选信号由 P2.7 提供。

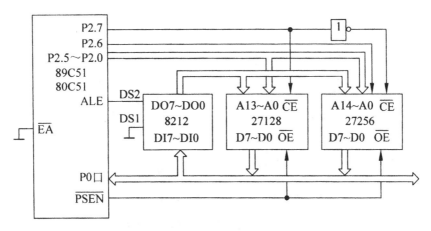

图 8-20　27128/27256 构成 48 KB 外部程序存储器

(4) 用 E^2PROM 2864A 构成外部程序存储器。2864A 与 2764 引脚相同,硬件连接也基本一样,如图 8-21 所示,区别仅在于引入了写命令,可电擦除,然后写入。

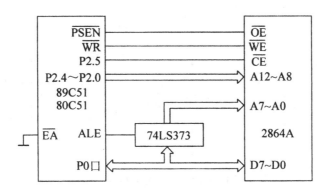

图 8-21　2864A 构成外部程序存储器

8.3　并行 I/O 接口的扩展

8.3.1　并行 I/O 接口的简单扩展

本节以 8D 锁存器 273 和 8 三态门 244 为例进行输入/输出端口的扩展。

芯片引脚图如图 8-22 所示。

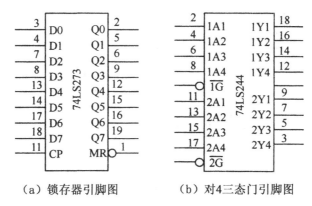

（a）锁存器引脚图　　　（b）对4三态门引脚图

图 8-22　锁存器和三态门引脚图

图 8-23 给出了利用 244 和 273 扩展的输入/输出接口系统图。

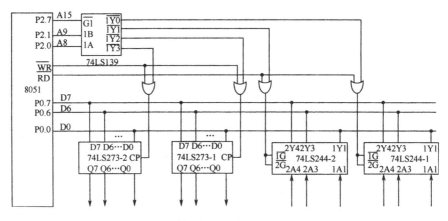

图 8-23　简单方式的 I/O 接口扩展

8.3.2　I/O 口的直接输入/输出

由于 80C51 的 P0～P3 口输入数据时可以缓冲，输出时能够锁存，并且有一定的带负载能力，所以，在有些场合 I/O 口可直接与外部设备相接，如开关、LED 发光二极管、BCD 码拨盘和打印机等。

图 8-24 所示是 80C51 单片机与开关、LED 发光二极管的接口电路。

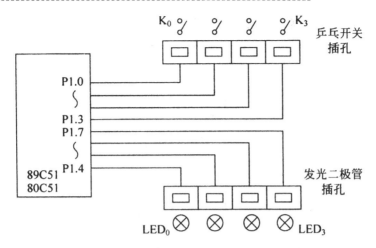

图 8-24　80C51 单片机与开关、LED 发光二级管的接口电路

8.3.3　常用的 TTL 芯片

8.3.3.1　74LS244 芯片和 74LS245 芯片

总线驱动器 74LS244 和 74LS245 经常用作三态数据缓冲器，74LS244 为单向三态数据缓冲器，而 74LS245 为双向三态数据缓冲器。

74LS244 和 74LS245 的引脚排列如图 8-25 所示。

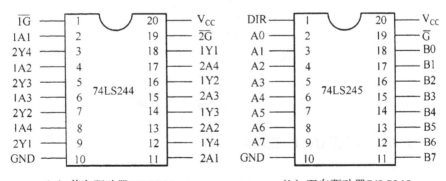

（a）单向驱动器74LS244　　　　（b）双向驱动器74LS245

图 8-25　74LS244 和 74LS245 的引脚排列

8.3.3.2　74LS377 芯片

简单输出口扩展通常使用 74LS377 芯片。该芯片是一个具有"使能"

控制端的 8D 锁存器,信号引脚排列如图 8-26 所示。

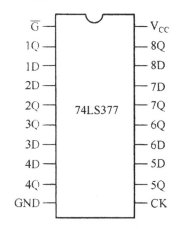

图 8-26　74LS377 的引脚排列

74LS377 的逻辑电路如图 8-27 所示。

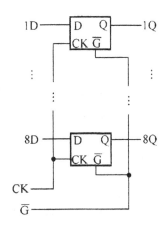

图 8-27　74LS377 的逻辑电路

8.3.4　扩展 I/O 口的功能

在单片机应用系统中,I/O 口的扩展不是目的,而是为外部通道及设备提供一个输入、输出通道。因此,I/O 口的扩展总是为了实现某一测控及管理功能而进行的。

扩展 I/O 接口电路主要有以下几个功能:

（1）速度协调。

（2）数据锁存。

（3）三态缓冲。

（4）数据转换。

8.3.5　用 74 系列器件扩展并行 I/O 口

由于 TTL 或 MOS 型 74 系列器件的品种多、价格低,故选用 74 系列器件作为 MCS-51 的并行 I/O 口也是常用的方法。

在图 8-28 中,采用 74LS244 作扩展输入。

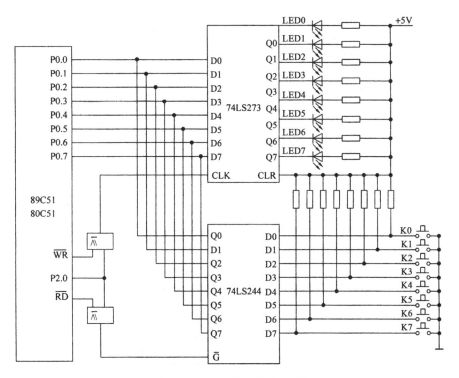

图 8-28　74 系列芯片扩展

图 8-28 所示的电路可实现的功能是:按下任意键,对应的 LED 发光。其程序如下。

```
LOOP:   MOV DPTR,＃FEFFH    ;数据指针指向扩展 I/O 口地址
        MOVX A,@DPTR       ;向 244 读入数据,检测按钮
        MOVX @DPTR,A       ;向 273 输出数据,驱动 LED
        SJMP LOOP          ;循环
```

8.3.6　单片机 I/O 口的控制方式

8.3.6.1　无条件传送方式

无条件传送也称为同步程序传送。只有那些能一直为数据 I/O 传送做好准备的设备,才能使用无条件传送方式。因为在进行 I/O 操作时,不需要测试设备的状态,可以根据需要随时进行数据传送操作。无条件传送适用于以下两类设备的数据输入/输出:

(1) 具有常驻的或变化缓慢的数据信号的设备。

(2) 工作速度非常快,足以和单片机同步工作的设备。

8.3.6.2　查询方式

查询方式又称为有条件传送方式,即数据的传送是有条件的。

查询的流程如图 8-29 所示。

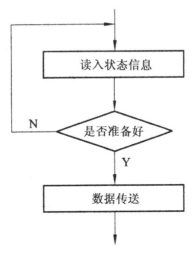

图 8-29　查询的流程

8.3.6.3　中断方式

中断方式又称为程序中断方式,它与查询方式的主要区别在于如何知道设备是否为数据传送做好了准备,查询方式是单片机的主动形式,而中断方式则是单片机等待通知(中断请求)的被动形式。

使用程序中断方式进行 I/O 数据传送的过程可用图 8-30 来说明。

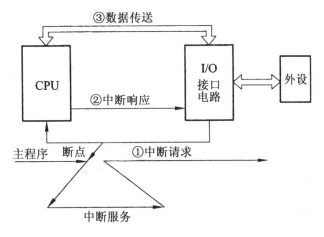

图 8-30 中断方式数据传送的示意图

8.3.6.4 直接存储器存取方式

直接存储器存取(Direct Memory Access,DMA)是指从一个外围设备中传输数据,例如,一个硬盘驱动,到内存中而不需要数据通过中央处理器。DMA 高速传输数据到内存中而不需要经过处理器。

习题

1. 8051 单片机、外部程序存储器和数据存储器共用 16 位地址线与 8 位数据线,为什么不会发生冲突?

2. 试用一片 EPROM 2764 和一片 RAM 6264 组成一个既有程序存储器又有数据存储器的存储器扩展系统,画出硬件逻辑连接图,并说明各芯片的地址范围。

3. 用 8255 芯片扩展单片机的 I/O 口,8255 的 A 口作为输入,A 口的每一位接一个开关,用 B 口作为输出,输出口的每一位接一个发光二极管。现要求某个开关接 1 时,相应位上的发光二极管就亮(输出低电平 0)。设 8255 的 A 口地址为 7FFCH,B 口地址为 7FFDH,C 口地址为 7FFEH,控制口地址为 7FFFH,画出硬件原理电路图,写出相应的程序。

第9章 MCS-51单片机接口技术

9.1 A/D转换接口技术

9.1.1 概述

在计算机实时测控和智能化仪表等应用系统中，常常会遇到从时间到数值都连续变化的物理量，这种连续变化的物理量称为模拟量，比如温度、压力、速度等，与此相对应的电信号称为模拟电信号，显然，模拟电信号需要转换成离散的数字信号，才能送给计算机进行处理。实现模拟量变换成数字量的器件称为A/D(Analog to Digit)转换器，简称A/D。

A/D转换器形式很多，如图9-1所示。

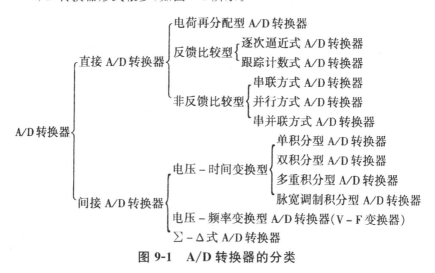

图 9-1 A/D转换器的分类

尽管A/D转换器的种类很多，但目前应用较广泛的主要有以下几种类型：逐次逼近式A/D转换器、双积分型A/D转换器、Σ-Δ式A/D转换器和V-F变换器。

逐次逼近式A/D转换器，在精度、速度和价格上都适中，是最常用的

A/D 转换器件。双积分型 A/D 转换器,具有精度高、抗干扰性好、价格低廉等优点,不足之处是转换速度慢,近年来在单片机应用领域中也得到广泛应用。∑-Δ 式 A/D 转换器具有积分型与逐次逼近式 A/D 转换器的双重优点。它对工业现场的串模干扰具有较强的抑制能力,不亚于双积分型 A/D 转换器,它比双积分型 A/D 转换器有较高的转换速度。与逐次逼近式 A/D 转换器相比,有较高的信噪比,分辨率高,线性度好,不需要采样保持电路。由于上述优点,∑-Δ 式 A/D 转换器得到了重视,目前已有多种 ∑-Δ 式 A/D 芯片投向市场。而 V-F 变换器适用于转换速度要求不高,需进行远距离信号传输的 A/D 转换过程。

9.1.2　A/D 转换器的工作原理

以逐次逼近式 A/D 转换器说明 A/D 转换器的工作原理。逐次逼近式 A/D 转换器的工作原理如图 9-2 所示。它由逐次逼近寄存器、D/A 转换器、比较器和缓冲寄存器等组成。当启动信号由高电平变为低电平时,逐次逼近寄存器清 0,这时 D/A 转换器输出电压 V_0 也为 0,当启动信号变为高电平时,转换开始,同时,逐次逼近寄存器进行计数。

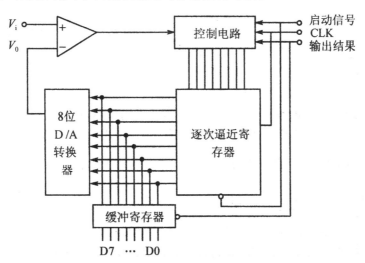

图 9-2　逐次逼近式 A/D 转换器的工作原理

逐次逼近寄存器工作方式与普通计数器相比有所不同,它并非是从低位往高位逐一进行计数和进位,而是从最高位开始,通过设置试探值来进行计数。具体来说,在第一个时钟脉冲到来时,控制电路把最高位送到逐次逼近寄存器,使它的输出为 10000000,这个输出数字一出现,D/A 转

换器的输出电压 V_0 就成为满量程值的 128/255。这时,如果 $V_0 > V_i$,则作为比较器的运算放大器的输出就成为低电平,控制电路据此清除逐次逼近寄存器中的最高位;如果 $V_0 \leqslant V_i$,则比较器输出高电平,控制电路使最高位的 1 保留下来。

如果最高位被保留下来,则逐次逼近寄存器的内容为 10000000,下一个时钟脉冲使次低位 D_6 为 1。于是,逐次逼近寄存器的值为 11000000,D/A 转换器的输出电压 V_0 到达满量程值的 192/255。此后,如果 $V_0 > V_i$,则比较器输出为低电平,从而使次高位域复位;如果 $V_0 < V_i$,则比较器输出为高电平,从而保留次高位为 1。重复上述过程,经过 N 次比较以后,逐次逼近寄存器中得到的值便是转换后的数值。

转换结束后,控制电路将送出一个低电平作为结束信号,此信号的下降沿将逐次逼近寄存器中的数字量送入缓冲寄存器,从而得到数字量输出。

目前,绝大多数 A/D 转换器都采用逐次逼近的方法。

9.1.3　A/D 转换器的主要技术指标

9.1.3.1　量程

量程是指所能转换的电压范围,如 5 V、10 V 等。用户在使用时要通过调理电路将输入信号调制到量程范围内。

9.1.3.2　分辨率

A/D 转换器的分辨率习惯上用输出二进制位数或 BCD 码位数表示。例如,AD574 A/D 转换器,可输出二进制 12 位即用 2^{12}。个数进行量化,其分辨率为 1 LSB,用百分数表示 $\frac{1}{2^{12}} \times 100\% = 0.024\ 4\%$。又如,双积分型输出 BCD 码的 A/D 转换器 MC14433,其分辨率为 $3\frac{1}{2}$ 位,三位半。如果满字位为 1 999,用百分数表示其分辨率为 $1/1\ 999 \times 100\% = 0.05\%$。量化过程引起的误差为量化误差。量化误差是由于有限位数字量对模拟量进行量化而引起的误差。量化误差理论上规定为一个单位分辨率的 $\pm\frac{1}{2}$ LSB,提高分辨率可减少量化误差。

9.1.3.3　转换时间和转换速率

转换时间是 A/D 转换器完成一次转换所需要的时间。转换时间的倒数

为转换速率。并行方式 A/D 转换器,转换时间最短约为 $20\sim50$ ns,速率为
$(50\sim20)\times10^6$ 次;双极性逐次逼近式转换时间约为 $0.4~\mu s$,速率为 2.5 M。

9.1.3.4　转换精度

A/D 转换器的转换精度定义为一个实际 A/D 转换器与一个理想 A/D
转换器在量化值上的差值。可用绝对误差或相对误差表示。

9.1.3.5　工作温度范围

较好的 A/D 转换器的工作温度为 $-40\sim85℃$,较差的为 $0\sim70℃$。具
体的型号应该根据具体应用要求通过器件手册查得。若超过工作温度,将
不能保证达到额定精度。

9.1.4　ADC0809

ADC0809 是 8 位转换器,供电电压为 $+5$ V,为 28 引脚、双列直插芯
片,其引脚如图 9-3 所示。

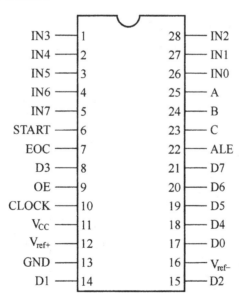

图 9-3　ADC0809 的引脚图

各引脚功能如下:

(1) IN0~IN7:8 路模拟量输入端。

(2) D0~D7:8 位数字量输出端。

(3) START:启动输入控制端口。

（4）ALE：地址锁存控制信号端口。

（5）EOC：转换结束信号，高电平表示转换结束。

（6）CLOCK：时钟信号输入端。

（7）OE：输出允许控制信号，高电平有效。

（8）A、B、C：转换通道地址选择。

（9）V_{ref+}：参考电压的正端。

（10）V_{ref-}：参考电压的负端。

（11）V_{CC}：电源的正极。

9.1.4.1　ADC0809 的主要特性

ADC0809 的主要特性如下：

（1）分辨率为 8 位。

（2）最大不可调误差小于±1 LSB。

（3）当 CLK＝500 kHz 时，对应的转换时间为 128 μs。

（4）不必进行零点和满刻度调整。

（5）功耗为 15 mV。

（6）单一＋5 V 供电，模拟输入范围为 0～5 V。

ADC0809 转换器的内部结构框图如图 9-4 所示。ADC0809 由 8 路模拟开关、地址锁存与译码器、8 路 A/D 转换器和三态输出锁存缓冲器组成。

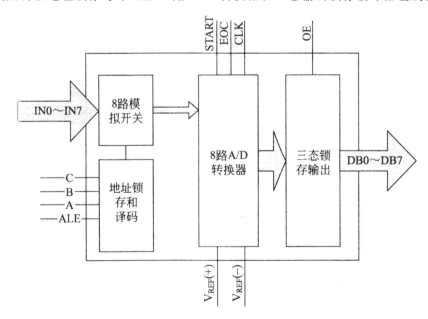

图 9-4　ADC0809 转换器的内部结构框图

9.1.4.2　ADC0809 的时序图

ADC0809 的时序图如图 9-5 所示。

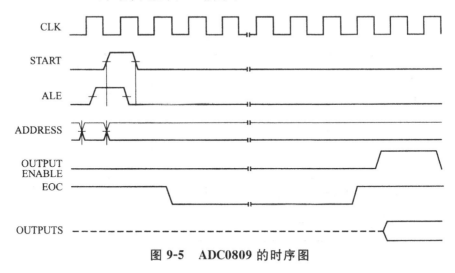

图 9-5　ADC0809 的时序图

9.1.4.3　比较式 ADC0809 与 8051 单片机的接口方法

图 9-6(a)所示的是阶梯波比较式 ADC 的工作原理。转换开始时,计数器复 0,DAC 的输出为 $V_d=0$。若输入电压 V_i 为正,则比较器输出 V_c 为正,与门打开,计数器对时钟脉冲进行计数,DAC 输出随计数脉冲的增加而增加,如图 9-6(b)所示。当 $V_d>V_i$ 时,比较器输出变负,与门关闭,停止计数。计数器的计数值正比于输入电压,完成了从输入模拟量——电压到计数器的计数值——数字量的转换。

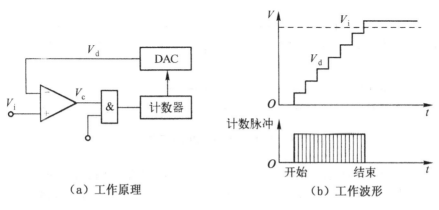

（a）工作原理　　　　　　　　　（b）工作波形

图 9-6　阶梯波比较式 ADC 的工作原理及工作波形

ADC0808/0809 是一种较为常用的 8 路模拟量输入,8 位数字量输出的逐次比较式 ADC 芯片。图 9-7 所示的是 ADC0808/0809 的原理结构框图。

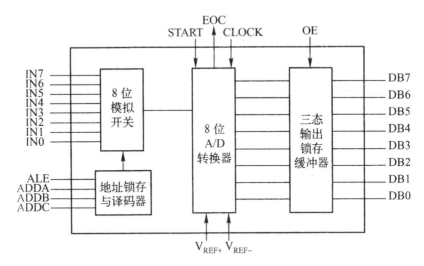

图 9-7 ADC0808/0809 的原理结构框图

图 9-8 所示的是 ADC0808/0809 的工作时序。

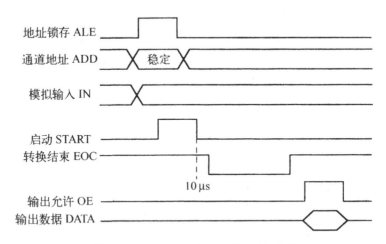

图 9-8 ADC0808/0809 的工作时序

图 9-9 所示的是 ADC0808 与单片机 8051 的中断方式接口电路。

图 9-10 所示的是 ADC0808 与单片机 8051 的查询方式接口电路。

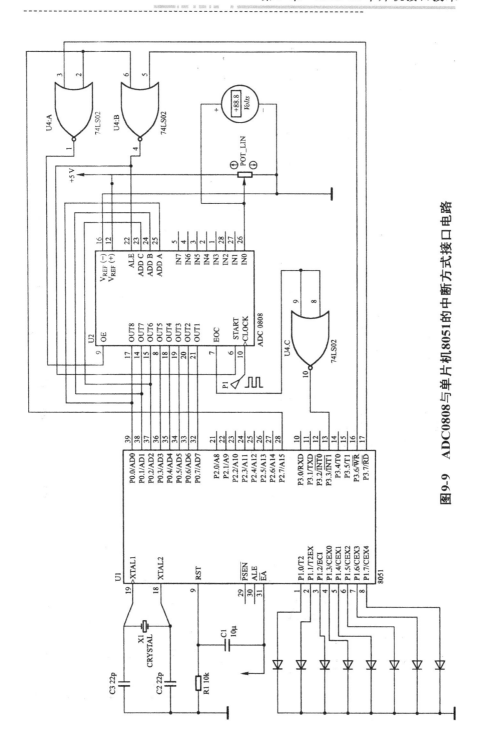

图 9-9　ADC0808 与单片机 8051 的中断方式接口电路

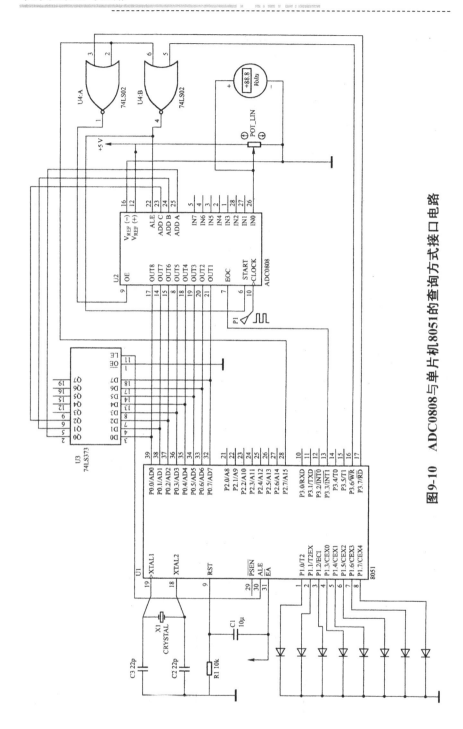

图9-10 ADC0808与单片机8051的查询方式接口电路

9.1.4.4　ADC0809 的扩展实例

ADC0809 的扩展步骤如下：

(1) 数据总线、地址总线扩展。

(2) 确定 A/D 地址。

(3) A/D 采样子程序的编写。

例 9.1　采用 8051 和 ADC0809 构成一个 8 通道数据采集系统。该系统能够顺序采集各个通道的信号。8 个通道的转换结果依次放入 30H～37H 存储单元中，采集信号的动态范围为 0～5 V。每个通道的采样速率为 100 SPS。8051 系统采用 6 M 晶振，查询方式扩展。试设计硬件电路，并编写 A/D 采样程序。

图 9-11 所示的是 ADC0809 的扩展电路。

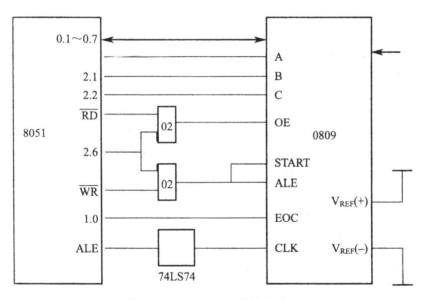

图 9-11　ADC0809 的扩展电路

程序如下。

```
ORG 0030H
MOV R1,#30H          ;存储单元起始地址
MOV R2,#8H           ;通道号
MOV TL0,#0H
MOV TH0,#088H
MOV TMOD,#1H
```

```
        CLR ET0
        SETB TR0
        MOV SCON,♯40H
        MOV DPTR,♯0C0FFH
LOOP：  MOV A,R2
        SUBB A,R1
        JNZ LOOP2
        MOV R1,♯0H
        MOV DPTR,♯0C0FFH
        MOV R1,♯0H
        MOV DPTR,♯0C0FFH
LOOP1： JNB TF0,LOOP1
        CLR TF0
        MOV TL0,♯0H
        MOV TH0,♯088H
LOOP2： MOVX @DPTR,A          ;启动 A/D
LOOP3： JB P1.0,LOOP3
LOOP4： JNB P1.0,LOOP4        ;检查 EOC
        MOVX A,@DPTR          ;读结果
        MOV @R1,A             ;存结果
        INC DPH              ;下一通道
        INC R1
        LJMP LOOP
        END
```

9.1.4.5 ADC0809 与单片机的接口电路

ADC0809 与单片机的接口电路有 3 种形式:查询方式、中断方式和等待延时方式。这 3 种方式各有千秋,用户可以根据实际需要来选择。

(1)查询方式。ADC0809 与单片机接口的查询方式接口电路如图 9-12 所示。

(2)中断方式。ADC0809 的中断方式的接口电路同查询方式相同,只是程序通过中断方式来读取结果,节约了 CPU 的资源。

(3)等待延时方式。ADC0809 的等待延时方式和查询方式差不多,都是在一直占用 CPU 的资源,接口电路如图 9-13 所示。

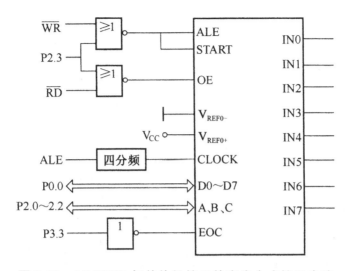

图 9-12　ADC0809 与单片机接口的查询方式接口电路

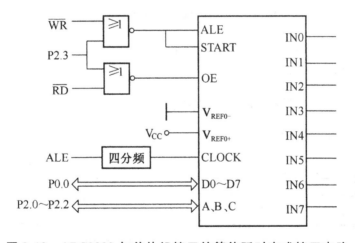

图 9-13　ADC0809 与单片机接口的等待延时方式接口电路

9.1.5　12 位 A/D 转换器芯片 AD574A

9.1.5.1　AD574A 的内部结构

AD574A 的内部结构框图如图 9-14 所示。

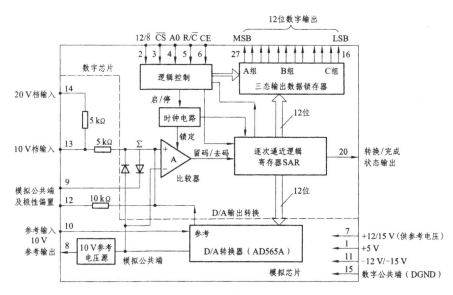

图 9-14 AD574A 的内部结构框图

从图 9-14 中可以看出，AD574A 由两部分组成：一部分是模拟芯片，另一部分是数字芯片。

9.1.5.2 AD574A 的工作时序

AD574A 的工作时序如图 9-15 所示。

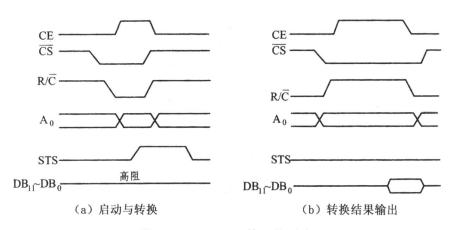

（a）启动与转换　　　　　　　　　　（b）转换结果输出

图 9-15 AD574A 的工作时序

9.1.5.3　AD574A 的输入特性

AD574A 有两个模拟电压输入引脚 10 V_{in} 和 20 V_{in}，具有 10 V 和 20 V 的量程范围。这两个引脚的输入电压可以是单极性的，也可以是双极性的。由用户通过改变输入电路的连接形式，可使 AD574A 进行单极性和双极性模拟信号的转换。图 9-16(a)所示的是单极性输入情况，图中模拟量从 0～10 V(或 0～20 V)端口输入(根据量程决定)。图 9-16(b)所示的是双极性输入情况。双极性输入与单极性输入的区别就是双极性输入偏差端 BIP OFF 的连接。另一个差别则是模拟输入端分别接±5 V 或±10 V。

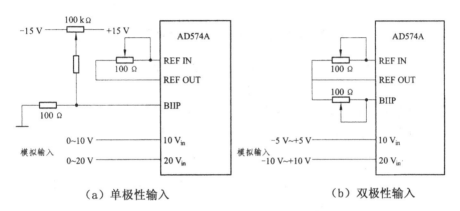

（a）单极性输入　　　　　　　　（b）双极性输入

图 9-16　AD574A 的模拟输入电路

9.2　D/A 转换接口技术

在微型计算机控制系统中，常常将检测到的物理量转换成数字量，经计算机进行数据处理后，再将结果的数字量转换成模拟量输出，以实现对被控对象的过程控制，经数字量到模拟量的变换称为数/模转换，简称 D/A (Digit to Analog)转换。

9.2.1　D/A 转换器的工作原理

D/A 转换器是将输入的数字量转换为与输入量成比例的模拟信号的器件，为了了解其工作原理，先分析一下 R-2R 梯形电阻解码网络的原理电路，如图 9-17 所示。

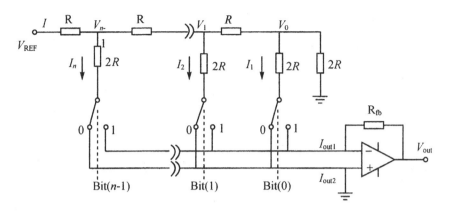

图 9-17   R-2R 梯形电阻解码网络的原理电路

在图 9-17 中,整个电路有若干个相同的支电路组成,每个支电路有一个开关和两个电阻,开关 S-i 按二进制位进行控制。当该位为"1"时,开关将加权电阻与 I_{out1} 输出端接通;当该位为"0"时,开关与 I_{out2} 接通。

由于 I_{out2} 接地,I_{out1} 为虚地,所以电路中的总电流为

$$I = V_{REF} \Big/ \sum R$$

式中,I 为电路总电流;$\sum R$ 为整个 R-2R 梯形电阻网络的等效电阻。

根据克希荷夫定律,图 9-17 中流过每个加权电阻的电流依次为

$$I_1 = \left(V_{REF} \Big/ \sum R\right) \times \left(1/2^n\right)$$

$$I_2 = \left(V_{REF} \Big/ \sum R\right) \times \left(1/2^{n-1}\right)$$

$$\vdots$$

$$I_n = \left(V_{REF} \Big/ \sum R\right) \times \left(1/2^1\right)$$

由于 I_{out1} 端输出的总电流是置"1"各位加权电流总和,I_{out2} 端输出的总电流是置"0"各位加权电流的总和,所以当 D/A 转换器输入全为"1"时,I_{out1} 和 I_{out2} 分别为

$$I_{out1} = \left(V_{REF} \Big/ \sum R\right) \times \left(1/2 + 1/2^2 + \cdots + 1/2^n\right)$$

$$I_{out2} = 0$$

当运算放大器的反馈电阻 R_{fb} 等于反相端输入电阻 $\sum R$ 时,其输出模拟电压为

$$U_{out1} = -I_{out} \times R_{fb}$$
$$= -V_{REF}\left(1/2^1 + 1/2^2 + \cdots + 1/2^n\right)$$

对任意二进制码,其输出模拟电压为

$$U_{out1} = -V_{REF}(a_n/2^1 + a_{n-1}/2^2 + \cdots + a_1/2^n)$$

式中,$a_i=1$ 或 $a_i=0$,代表第 i 位的数字量,由上式便可得到相应的模拟量输出。

9.2.2　D/A 转换器的主要技术指标

在设计 D/A 转换器与单片机接口之前,一般要根据 D/A 转换器的技术指标选择 D/A 转换器芯片。因此,这里先介绍一下 D/A 转换器的主要技术指标。

9.2.2.1　分辨率

分辨率是指 D/A 转换器所能产生的最小模拟量的增量,是数字量最低有效位(LSB)所对应的模拟值。这个参数反映 D/A 转换器对模拟量的分辨能力。分辨率的表示方法有多种,一般用最小模拟值变化量与满量程信号值之比来表示。例如,8 位的 D/A 转换器的分辨率为满量程信号值的 1/256,12 位的 D/A 转换器的分辨率为满量程信号值的 1/4 096。

9.2.2.2　精度

精度用于衡量 D/A 转换器在将数字量转换成模拟量时,所得模拟量的精确程度。它表明了模拟输出实际值与理论值之间的偏差。精度可分为绝对精度和相对精度。绝对精度是指在输入端加入给定数字量时,在输出端实测的模拟量与理论值之间的偏差。相对精度是指当满量程信号值校准后,任何输入数字量的模拟输出值与理论值的误差,实际上是 D/A 转换器的线性度。

9.2.2.3　稳定时间

稳定时间是指 D/A 转换器中代码有满刻度值的变化时,其输出达到稳定所需要的时间,通常稳定到与 ±1/2 最低位值相当的模拟量范围内。通常为几十纳秒到几微秒。它是描述 D/A 转换器转换速率快慢的一个参数。

9.2.2.4　线性度

线性度是指 D/A 转换器的实际转换特性与理想转换特性之间的误差。一般来说,D/A 转换器的线性误差应小于 ±1/2LSB。

9.2.2.5　温度灵敏度

这个参数表明 D/A 转换器具有受温度变化影响的特性。

9.2.2.6　偏移误差

偏移误差是指输入数字量为 0 时,输出模拟量对 0 的偏移值。这种误差一般可以在 D/A 转换器外部用电位器调节到最小。

9.2.3　常用的 D/A 转换芯片

D/A 转换器种类繁多、性能各异。按输入数字量的位数可以分为 8 位、10 位、12 位和 16 位等;按输入的数码可以分为二进制方式和 BCD 码方式;按传送数字量的方式有并行和串行之分;按输出形式又能分为电流输出型和电压输出型,电压输出型又有单极性和双极性之分;按与单片机的接口可以分为带输入锁存的和不带输入锁存的。下面介绍几种常用的 D/A 转换芯片。

9.2.3.1　DAC0830 系列

DAC0830 系列是美国国家半导体(National Semiconductor)公司生产的具有两个数据寄存器的 8 位 D/A 转换芯片。该系列产品包括 DAC0830、DAC0831、DAC0832,管脚完全兼容,20 脚,采用双列直插式封装。

9.2.3.2　DAC82 系列

DAC82 是 B-B 公司生产的 8 位能完全与微处理器兼容的 D/A 转换器芯片,无须外接器件及微调即可与单片机 8 位数据线相连,片内带有基准电压和调节电阻。芯片工作电压为 ±15 V,可以直接输出单极性或双极性的电压(0～+10 V, ±10 V)和电流(0～1.6 mA, ±0.8 mA)。

9.2.3.3　DAC1220/AD7521 系列

DAC1220/AD7521 系列为 12 位分辨率的 D/A 转换集成芯片。DAC1220 系列包括 DAC1220、DAC1221、DAC1222 产品,与 AD7521 及其后继产品 AD7531 管脚完全兼容,为 18 线双列直插式封装。

9.2.3.4　DAC1020/AD7520 系列

DAC1020/AD7520 为 10 位分辨率的 D/A 转换集成系列芯片。DAC1020 系列同样是美国国家半导体（National Semiconductor）公司的产品，包括 DAC1020、DAC1021、DAC1022 产品，与美国 Analog Devices 公司的 AD7520 及其后继产品 AD7530、AD7533 完全兼容。单电源工作，电源电压为+5～+15 V，电流建立时间为 500 ns，为 16 线双列直插式封装。

9.2.3.5　DAC708/709 系列

DAC708/709 系列是 B-B 公式生产的 16 位微机完全兼容的 D/A 转换芯片，片内有基准电源及电压输出放大器，具有双缓冲输入寄存器。数字量可以并行输入也可以串行输入，模拟量可以以电压或者电流形式输出。

9.2.4　DAC0832

9.2.4.1　DAC0832 与单片机的接口电路

常用 DAC0832 与单片机有 3 种基本的接口方法：直通方式、单级缓冲器连接方式和双级缓冲器连接方式。

（1）直通方式。DAC0832 的直通方式，也就是两个缓冲器控制端直接接地，输入数据直接进行 D/A 转换。直通方式接口电路如图 9-18 所示。

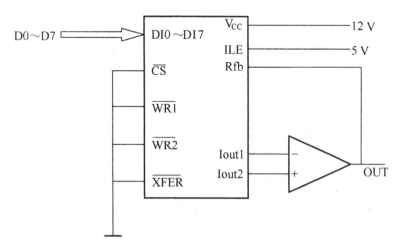

图 9-18　直通方式接口电路

（2）单级缓冲器连接方式。单级缓冲器连接方式是指 DAC0832 内部的两个数据缓冲器中有一个处于直通方式,另一个受单片机控制。单级缓冲连接方式接口电路如图 9-19 所示。

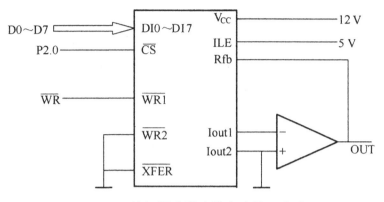

图 9-19　单级缓冲器连接方式接口电路

（3）双级缓冲器连接方式。DAC0832 的双级缓冲器连接方式即用两个缓冲器分别锁存数据后再做 D/A 输出,具体接口电路如图 9-20 所示。

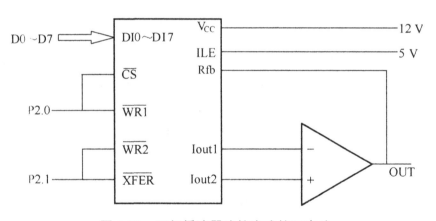

图 9-20　双级缓冲器连接方式接口电路

9.2.4.2　DAC0832 与 8051 单片机的接口方法

DAC0832 是典型的带内部双缓数据缓冲器的 8 位 D/A 芯片,其逻辑结构如图 9-21 所示。

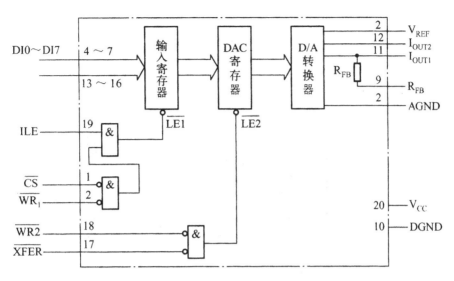

图 9-21　DAC0832 的逻辑结构框图

图 9-22 所示的是 DAC0832 与 8051 单片机组成的 D/A 转换接口 Proteus 仿真电路,其中 DAC0832 工作于单缓冲器方式,它的 ILE 接 +5 V, $\overline{CS}$ 和 $\overline{XFER}$ 相连后由 8051 的 P2.7 控制, $\overline{WR1}$ 和 $\overline{WR2}$ 相连后由 8051 的 P3.6 $\overline{WR}$ 控制。

图 9-23 所示的是具有两路模拟量输出的 DAC0832 与 8051 的接口。两片 DAC0832 工作于双缓冲器方式,以实现两路同步输出。

如果要设计具有多路模拟量输出的 DAC 接口,可以仿照图 9-23 所示的方法,采用多个 DAC 与单片机接口,也可以采用多路输出复用一个 DAC 芯片的设计方法。图 9-24 所示的是一种 4 通道模拟量输出共享一个 DAC0832 芯片的接口电路。

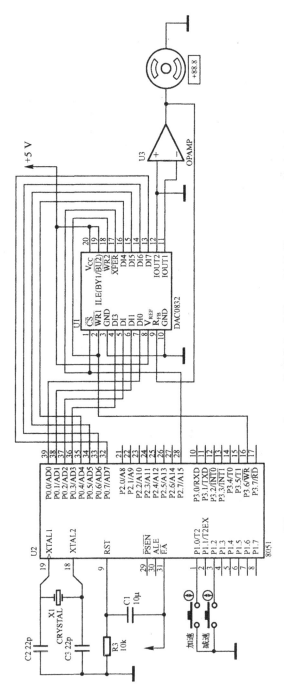

图9-22　DAC0832与8051单片机组成的D/A转换接口Proteus仿真电路

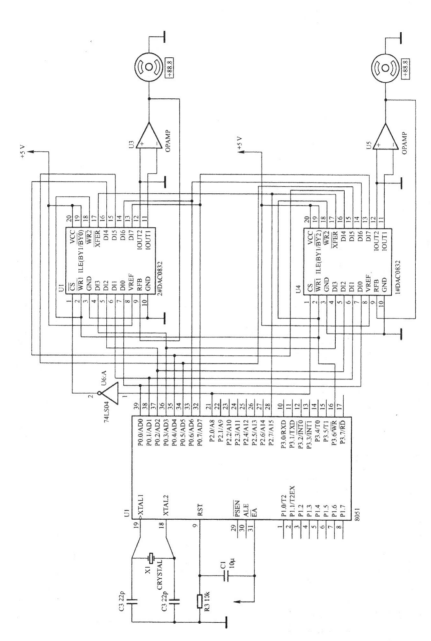

图 9-23　具有两路模拟量输出的 DAC0832 与 8051 的接口

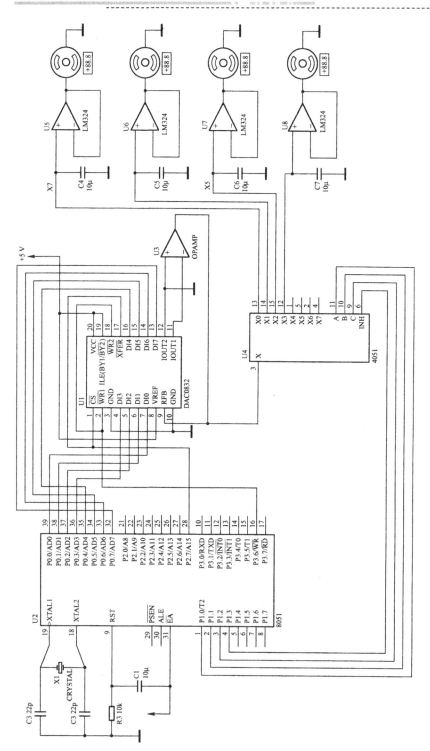

图9-24 多通道模拟量输出接口电路

9.2.5 12 位并行 D/A 转换器芯片 DAC1208/1209/1210

9.2.5.1 内部结构

DAC1208 系列的内部结构图如图 9-25 所示。从图中可以看到，DAC1208 系列是一种带有双输入缓冲器的 D/A 转换器，第一级缓冲器由高 8 位输入寄存器和低 4 位输入寄存器构成；第二级缓冲器即 12 位 DAC 缓冲器，也即 12 位 DAC 寄存器。此外，还有一个 12 位 D/A 转换器。数据输入后立即送 D/A 转换器，转换结束输出模拟电流信号。

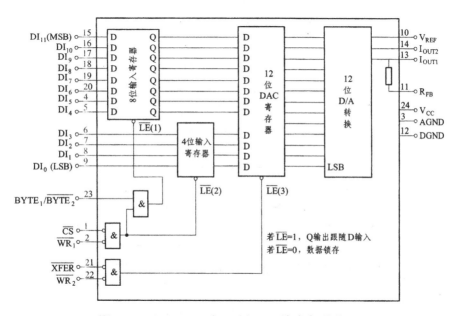

图 9-25 DAC1208/1209/1210 的内部结构图

在图 9-25 中，$\overline{LE}$ 为寄存命令。当 $\overline{LE}=1$ 时，寄存器的输出随输入变化；$\overline{LE}=0$ 时，数据锁存在寄存器中，不随输入数据变化。其逻辑表达式为

$$\overline{LE(1)}=BY_1/\overline{BY_2} \cdot \overline{CS} \cdot \overline{WR_1}$$

$$\overline{LE(2)}=\overline{CS} \cdot \overline{WR_1}$$

$$\overline{LE(3)}=\overline{XFER} \cdot \overline{WR_2}$$

9.2.5.2 工作方式

DAC1210/1209/1208 有两种工作方式：单缓冲工作方式和双缓冲工作

方式。

（1）单缓冲工作方式。单缓冲连接方式如图 9-26 时选通输入锁存器和 DAC 寄存器。于是,数据可直接送入 DAC 寄存器。工作时序如图 9-27 所示。

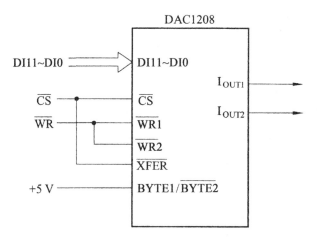

图 9-26   单缓冲连接方式

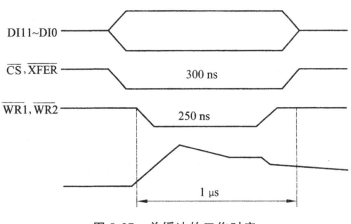

图 9-27   单缓冲的工作时序

（2）双缓冲工作方式。双缓冲工作方式是将输入数据经两级锁存器传送给 D/A 转换器。也就是将输入锁存器和 DAC 寄存器看作两个端口分别予以控制。图 9-28 所示的是与 8 位数据总线的连接方式,12 位数据分两步送入高 8 位锁存器和低 4 位锁存器,然后 $\overline{\text{XFER}}$ 控制,一起送 DAC 寄存器,其工作时序如图 9-29 所示。

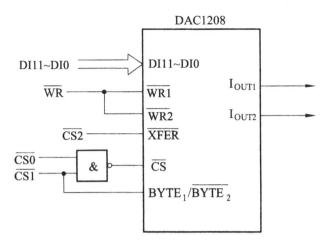

图 9-28 双缓冲连接方式

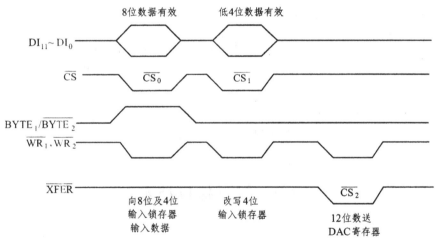

图 9-29 双缓冲的工作时序

9.2.5.3 输出方式

DAC1210/1209/1208 属于电流输出型 D/A 转换器,需用运算放大器将电流输出转换为电压输出。一般电压输出可分为单极性和双极性两种,其中单极性输出如图 9-30 所示,双极性输出如图 9-31 所示。

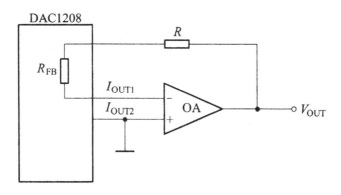

图 9-30　单极性输出方式

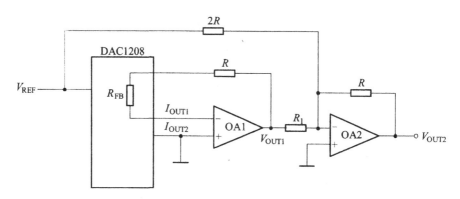

图 9-31　双极性输出方式

9.3　键盘接口技术

9.3.1　概述

键盘由一组常开的按键开关组成。每个按键都被赋予一个代码,称为键码。常用的键盘按译码方法分为两种类型:编码式键盘和非编码式键盘。

目前常用的键盘按连接方式可以分为以下几种。

(1) USB 键盘。USB 键盘出现时间最晚,所有新式的计算机包括 Macintosh 和 IBM/PC 及其兼容机均支持。

(2) IBM 机器兼容键盘。IBM 机器兼容键盘也叫作 AT 键盘或 PS/2 键盘,所有现代的 PC 都支持,是目前使用最多的键盘。

目前使用的键盘按键盘布局可以分为以下几种。

（1）美国的 101 键盘。布局如图 9-32 所示。

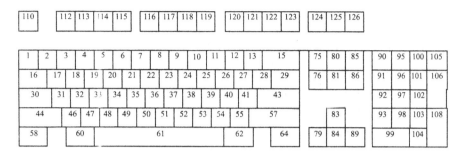

图 9-32　美国 101 键盘

（2）欧洲的 102 键盘。布局如图 9-33 所示。

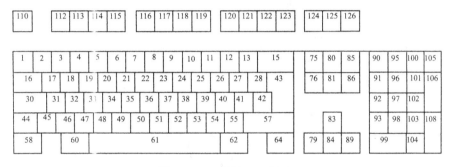

图 9-33　欧洲 102 键盘

（3）美国的 104 键盘。布局如图 9-34 所示。

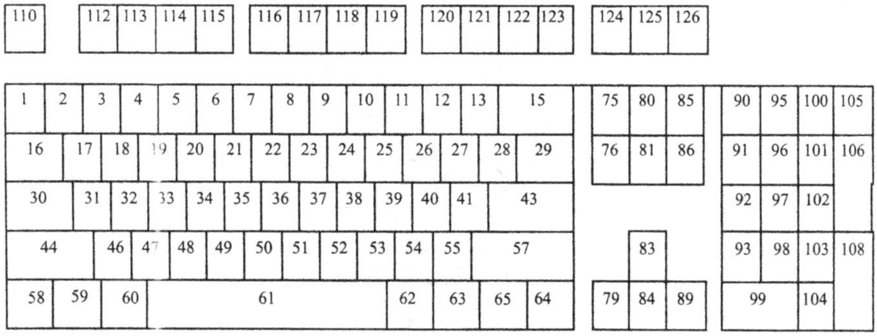

图 9-34　美国 104 键盘

任何键盘接口均要解决以下几个主要问题。

（1）按键识别。决定是否有键被按下，如有则识别键盘中与被按键对应的编码。

（2）反弹跳。当按键开关的触点闭合或断开到其稳定，会产生一个短暂的抖动和弹跳，如图 9-35（a）所示，这是机械式开关的一个共同性问题。消除由于键抖动和弹跳产生的干扰可采用硬件方法，也可采用软件延迟的方法。通常在键数较少时采用硬件方法，如可采用图 9-35（b）所示的R-S 触发器。当键数较多时（16 个以上）则经常用软件延时的方法来反弹跳，如图 9-36 所示。

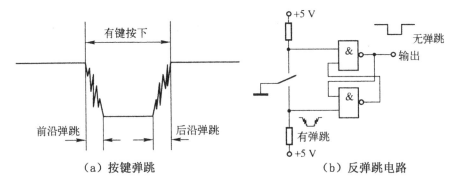

图 9-35　按键弹跳及反弹跳电路

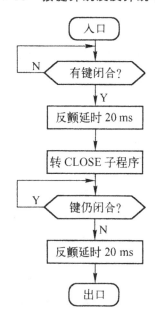

图 9-36　软件反弹及单次键入判断流程图

（3）串键保护。由于操作不慎，可能会造成同时有几个键被按下，这种情况称为串键。有 3 种处理串键的技术：两键同时按下、n 键同时按下和 n 键锁定。

9.3.2　键盘的工作原理和扫描控制方式

在单片机应用系统中，一般都有人机对话功能，能随时发出各种控制命令和数据输入等。键盘是单片机应用系统常用的输入设备，能实现数据录入、命令传送等功能。常用的键盘有两种：编码键盘和非编码键盘，它们之间的主要区别在于识别键符及给出相应键码的方法不同。编码键盘主要用硬件来实现键的识别，非编码键盘主要由用户用软件来实现键盘的定义和识别。单片机中一般使用非编码键盘，这将在定义键盘的具体功能方面具有灵活性。

9.3.2.1　键盘的工作原理

（1）按键的电路原理。键盘实际上是一组按键开关的集合，按键的电路结构如图 9-37 所示。

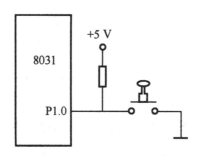

图 9-37　按键的电路结构

通常情况下，按键开关总是处于断开状态，当键被按下键时开关闭合。通常按键开关为机械开关，由于机械触电的弹性作用，因而在按键开关在闭合和释放的瞬间会伴随着一串的抖动，不会马上稳定地接通或断开，其抖动现象的持续时间大约在 5～10 ms。图 9-38 所示的是按键电路产生的波形。

按键的抖动人眼是察觉不到的，但会对高速运行的 CPU 产生干扰，进而产生误处理。为了保证按键闭合一次，仅做一次键输入处理，必须采取措施消除抖动。

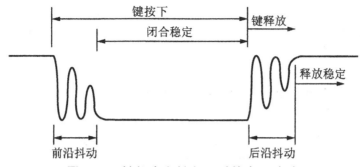

图 9-38 键闭合和键断开时的电压波动

（2）抖动的消除。消除抖动的方法有两种：硬件消抖法和软件消抖法。硬件消除抖动的方法是，用简单的基本 R-S 触发器或单稳态电路或 RC 积分滤波电路构成去抖动按键电路，基本 R-S 触发器构成的硬件去抖动按键电路如图 9-39 所示。

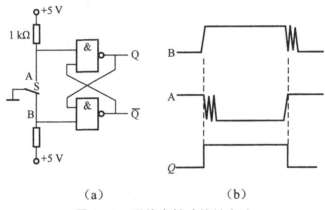

图 9-39 硬件去抖动按键电路

分析图 9-39(a)可知，当按键 S 按下，即接 B 时，输出 Q 为 0，无论按键是否有弹跳，输出仍为 0；当按键 S 释放，即接 A 时，输出为 1，无论按键是否有弹跳，输出仍为 1，如图 9-39(b)所示。

图 9-40 所示的是一个利用 RC 积分电路构成的去抖动电路。RC 积分电路具有吸收干扰脉冲的滤波作用，只要适当选择 RC 电路的时间常数，就可消除抖动的不良后果。当按键未按下时，电容 C 两端的电压为零，经非门后输出的信号为高电平。当按键按下后，电容 C 两端的电压不能突变，信号不会立即被 CPU 接受，电源经 R_1 向 C 充电，若此时按键按下的过程中出现抖动，只要 C 两端的电压波动不超过门的开启电压（TTL 为 0.8 V），非门的输出就不会改变。一般 R_1C 应大于 10 ms，且 $\dfrac{V_{cc}R_2}{(R_1+R_2)}$ 的值应大于门

的高电平阈值,R_2C 应大于抖动波形周期。图 9-40 电路简单,若要求不严,可取消非门直接与 CPU 相连。

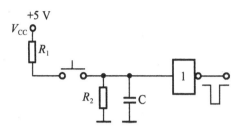

图 9-40　滤波消抖电路

软件去抖动是在第一次检测到按键按下后,执行一段延时 10 ms 的子程序,避开抖动,待电平稳定后再读入按键的状态信息,确认该键是否确实按下,以消除抖动影响。

9.3.2.2　键盘扫描控制方式

(1)程序控制扫描方式。键处理程序固定在主程序的某个程序段。

程序控制扫描方式的特点:对 CPU 工作影响小,但应考虑键盘处理程序的运行间隔周期不能太长,否则会影响对键输入响应的及时性。

(2)定时控制扫描方式。利用定时器/计数器每隔一段时间产生定时中断,CPU 响应中断后对键盘进行扫描。例如,利用单片机内部的定时器产生 10 ms 定时,当定时时间一到就产生定时器溢出中断,CPU 响应中断后对键盘进行扫描,并在有键被按下时识别出该键执行响应的键功能程序。

定时控制扫描方式的特点:与程序控制扫描方式的区别是,在扫描间隔时间内,前者用 CPU 工作程序填充,后者用定时器/计数器定时控制。定时控制扫描方式也应考虑定时时间不能太长,否则会影响对键输入响应的及时性。

(3)中断控制方式。中断控制方式是利用外部中断源,响应键输入信号。

中断控制方式的特点:克服了前两种控制方式可能产生的空扫描和不能及时响应键输入的缺点,既能及时处理键输入,又能提高 CPU 运行效率,但要占用一个宝贵的中断资源。

9.3.3　编码键盘接口技术

最简单的编码键盘接口采用普通的编码器。图 9-41(a)所示的是采用 8-3 编码器(74148)作键盘编码器的静态编码键盘接口电路。每按一个键,在 A2、A1、A0 端输出相应的按键读数,真值表列于图 9-41(b)。这种编码键盘不进行扫描,因而称为静态式编码器。缺点是:一个按键需用一条引线,因而当按键增多时,引线将很复杂。

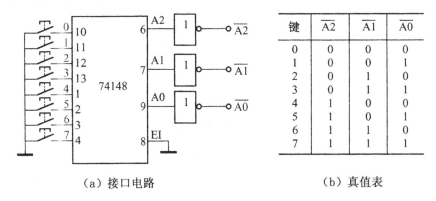

键	$\overline{A2}$	$\overline{A1}$	$\overline{A0}$
0	0	0	0
1	0	0	1
2	0	1	0
3	0	1	1
4	1	0	0
5	1	0	1
6	1	1	0
7	1	1	1

（a）接口电路　　　　　　　　　（b）真值表

图 9-41　静态式编码键盘接口

图 9-42 所示的是利用 8051 单片机 I/O 端口实现的独立式键盘接口,这是一种最简单的编码键盘结构,当有键按下时,从单片机相应端口引脚可以输入固定的电平值。采用查询方式工作,要判断是否有键按下,用位处理指令十分方便。

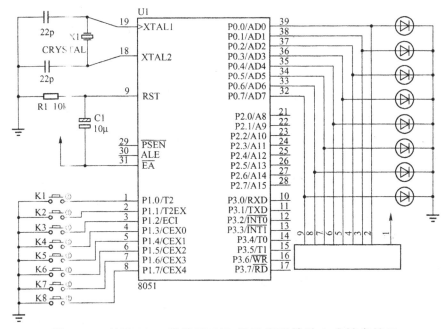

图 9-42　利用 8051 单片机 I/O 端口实现的独立式键盘接口

9.3.4　非编码键盘接口技术

非编码键盘大都采用按行、列排列的矩阵开关结构,这种结构可以减少硬件和连线。图 9-43 所示的是 4×4 非编码矩阵键盘的基本结构。

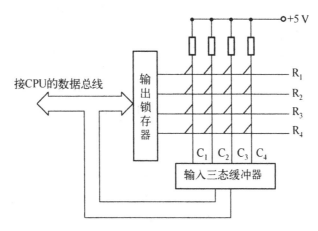

图 9-43　4×4 非编码矩阵键盘的基本结构

图 9-44 所示的是 4×4 矩阵键盘的行扫描按键识别原理图。

当采用行扫描法进行按键识别时,常用软件编程来提供串键保护。图 9-45 所示的是串键保护的流程图。具体步骤如下:

(1) CPU 通过输出锁存器在行线上送"0",通过输入缓存器检查列线是否有"0"状态,进行按键识别。

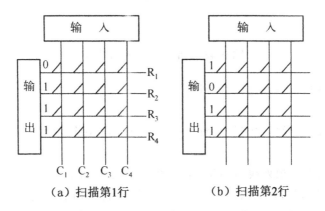

（a）扫描第1行　　　　　（b）扫描第2行

图 9-44　4×4 矩阵键盘的行扫描按键识别原理图

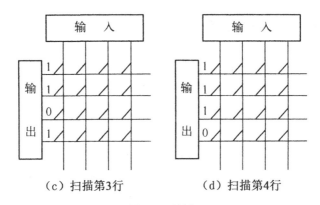

（c）扫描第3行　　　　　（d）扫描第4行

图 9-44（续）

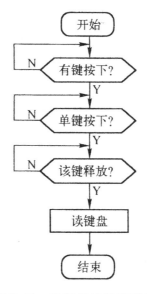

图 9-45　串键保护的流程图

（2）如果检出有键压下,则转入逐行扫描(逐行送"0"),同时检测列线状态。

（3）如果列线上"0"的个数多于 1 时,说明有串键,程序返回第(2)步,扫描等待。

（4）仅有一根列线为"0"时,产生相应的按键代码。

线反转法是借助程控并行接口实现的,比行扫描法的速度快。图 9-46 所示的是一个 4×4 键盘与并行接口实现的线反转法连接电路。

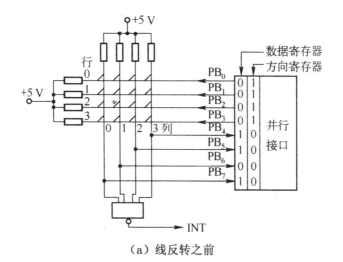

（a）线反转之前

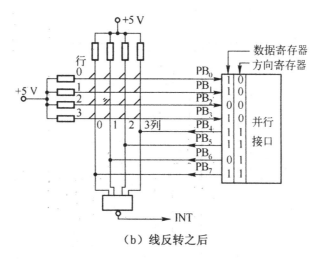

（b）线反转之后

图 9-46　4×4 键盘与并行接口实现的线反转法连接电路

实际应用中经常采用可编程并行接口芯片实现矩阵扫描键盘及七段 LED 数码管与单片机的接口功能,Intel 8155 是使用较多的一种芯片。图 9-47 所示的是采用 8155 芯片与 8051 单片机实现的一种矩阵键盘及 7 段 LED 数码管接口电路,接口电路中采用 8051 单片机的 P2.7(A15)作为 8155 的片选线,P2.0(A8)作为 8155 的 I/O 端口和片内 RAM 选择线,因此 8155 的命令寄存器地址为 7F00H,PA～PC 口地址为 7F01H～7F03H。

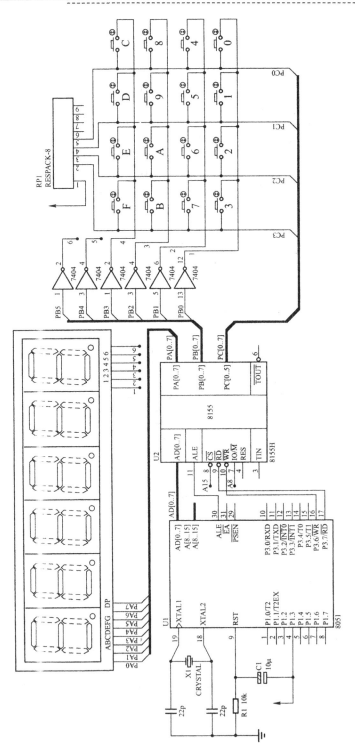

图9-47 采用8155芯片与8051单片机实现的键盘显示接口电路

9.4　显示器接口技术

9.4.1　概述

目前常用的显示器有 LED、CRT、LCD 等。LED(Light Emitting Diode)即发光二极管,是一种半导体固体发光器件,它是利用固体半导体芯片作为发光材料,当两端加上正向电压,半导体中的载流子发生复合引起光子发射而产生光,LED 可以直接发出红、橙、黄、绿、蓝、青、紫、白色光。LED 显示器最常见的有两种:七段数码管和点阵数码管。七段数码管主要用于显示 ASCII 码,显示信息量小;点阵数码管除了显示 ASCII 码外,还可显示各种图形、字符。数码管按驱动电流分,可分为普通亮度、高亮、超高亮等,是单片机应用产品中最常用的廉价输出设备。

CRT(Cathode Ray Tube)即阴极射线管,R(红)、G(绿)B(蓝)三基色信号,在高压作用下会聚在屏幕上,显示出彩色图像,应用十分广泛。其优点是显示的图像色彩丰富,还原性好;缺点是亮度较低、操作复杂、辐射大、体积大,对安装环境要求较高,因而在单片机应用系统中很少采用。

LCD(Liquid Crystal Display)即液晶显示器,通过液晶和彩色过滤器过滤光源,在平面面板上产生图像,是一种被动发光器件,在黑暗的环境下必须加入背光才能清晰显示。LCD 显示器通常可以分为 3 种类型:字段、字符和点阵,其中字段式 LCD 只能显示 ASCII 字符,字符式 LCD 可显示 ASCII 字符和少量自定义的字符,显示效果比字段式好;而点阵式 LCD 不仅可以显示字符、数字,还可显示各种图形、曲线及汉字,应用范围极广。LCD 具有体积小、低功耗、低辐射、无闪烁等特点,得到了广泛应用。

9.4.2　LED 数码管和 LED 点阵

近年来,随着计算机技术和集成电路技术的飞速发展,LED 显示系统得到了广泛应用。LED 显示的基本原理就是利用发光二极管发光来显示信息,LED 数码管和 LED 点阵的核心部件都是 LED,只是排列不同。LED 数码管是用 LED 排为数码管,显示固定信息。

8×8 单色点阵 LED 显示模块结构原理及引脚图如图 9-48 所示。

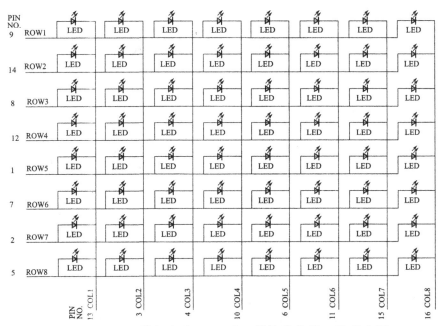

图 9-48　8×8 单色点阵 LED 显示模块结构原理及引脚图

9.4.3　七段 LED 数码管显示器

常用的七段 LED 数码管显示器的结构如图 9-49 所示,由 8 个发光二极管组成,其中 7 个发光二极管 a～g 控制 7 个笔画段的亮或暗,另一个二极管控制一个小数点的亮或暗。阴极连在一起的称为共阴极显示器,阳极连在一起的称为共阳极显示器。笔画式七段显示器能显示 0～9 数字和少量的字符,操作简单、方便,应用范围广。

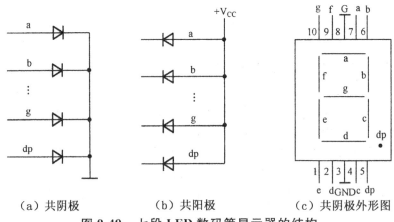

（a）共阴极　　　　　（b）共阳极　　　　　（c）共阴极外形图

图 9-49　七段 LED 数码管显示器的结构

9.4.3.1 七段 LED 数码管显示器字形编码

七段 LED 数码管显示器字形编码与硬件电路连接形式有关,如果段数据口的 D0～D7 分别与显示器的控制端 a～dp 相连,即 LED 字形码数据编码格式如下。

D7	D6	D5	D4	D3	D2	D1	D0
dp	g	f	e	d	c	b	a

假若要显示数字"3",则共阴极 LED 字形编码为 4FH(dp、f、e 为 0,其余为 1),共阳极 LED 字形编码为 B0H(dp、f、e 为 1,其余为 0)。表 9-1 所示的是七段 LED 显示字形编码。

表 9-1 七段 LED 显示字形编码

显示字符	共阳极	共阴极	显示字符	共阳极	共阴极
0	C0H	3FH	C	C6H	39H
1	F9H	06H	D	A1H	5EH
2	A4H	5BH	E	86H	79H
3	B0H	4FH	F	8EH	71H
4	99H	66H	P	8CH	73H
5	92H	6DH	U	C1H	3EH
6	82H	7DH	R	CEH	31H
7	F8H	07H	Y	91H	6EH
8	80H	7FH	亮	00H	FFH
9	90H	6FH	灭	FFH	00H
A	88H	77H	H	89H	76H
B	83H	7CH	L	C7H	38H

9.4.3.2 七段 LED 数码管显示器的工作方式

在控制系统中,一般利用 n 块 LED 显示器件构成 n 位显示。n 位 LED 显示器件的工作方式分为两种,即静态显示和动态显示。

所谓静态显示,就是当显示器显示某一个字符时,相应的发光二极管恒定地导通或截止。这种显示方式要求每一个七段 LED 数码管显示器的控制端与一个并行接口相连,LED 显示器共阳极端接电源正,共阴极端接地。

图 9-50 所示的是采用带锁存功能的串行输入、串行和并行输出的移位寄存器 74LS595 和 74HC541 驱动的两位静态显示电路。74LS595 内部含有 1 个带三态输出的触发器,1 个通用的 8 位的串行输入、串行和并行输出移位寄存器。时钟 SRCLK 的上升沿将 SER 端输入的串行数据通过内部的移位寄存器由 Q0 逐步移到 Q7,8 个脉冲后由 Q7 串行输出,Q7 为级联端,可接到下一片的 SER 端;RCLK 的上升沿将移位寄存器中的数据锁存到 D 触发器,$\overline{G}$ 为"0"时,打开八 D 触发器输出的三态门,允许输出,否则 00～07 呈高阻态。采用 74LS595 锁存显示字符,只占用单片机三根 I/O 口线。若实际情况需要驱动更多的 LED 时,只需级联多片 74LS595 即可。

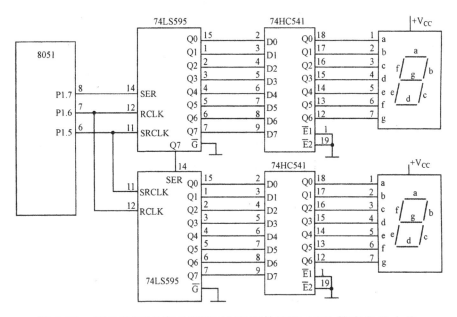

图 9-50   用 74LS595 和 74HC541 实现的两位 LED 静态显示电路

图 9-51 所示的是多位七段 LED 数码管与 8051 单片机的接口电路,它采用了软件译码和动态扫描显示技术。

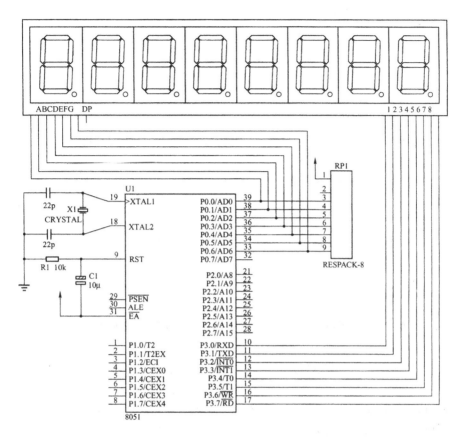

图 9-51　多位七段 LED 数码管与 8051 单片机的接口电路

例 9.2　多位数码管动态扫描汇编语言驱动程序。

```
        ORG 0000H
START： MOV DPTR,＃TABLE      ;DPTR 指向段码表首地址
        MOV R7,＃07FH         ;设置动态显示扫描初值
S1：    MOV A,＃00H
        MOV C A,@A+DPTR       ;查表取得段码
        CJNE A,＃01H,S2       ;判断段码是否为结束符
        SJMP START
S2：    MOV B,A               ;段码送 B 保存
        MOV A,R7
        RL A                  ;显示位扫描值左移 1 位
        MOV P3,A              ;显示位扫描值送 P3H
```

```
            MOV R7,A
            MOV P0,B                    ;显示段码送 P0 显示
            LCALL DELAY                 ;延时
            INC DPTR
            SJMP S1
DELAY：     MOV R5,#20                  ;延时子程序
D2：        MOV R6,#20
D1：        NOP
            DJNZ R6,D1
            DJNZ R5,D2
            RET
TABLE：     DB 3FH,06H,5BH,4FH,66H,6DH,7DH,07H   ;段码表
            DB 01H                      ;结束符
            END
```

9.4.4　串行接口 8 位共阴极 LED 驱动器 MAX7219

MAX7219 是 MAXIM 公司生产的一种串行接口方式七段共阴极 LED 显示驱动器,其片内 258 包含有一个 BCD 码到 B 码的:译码器、多路复用扫描电路、字段和字位驱动器,以及存储每个数字的 8×8 RAM,每位数字都可以被寻址和更新,允许对每一位数字选择 B 码译码或不译码。

MAX7219 的引脚排列如图 9-52 所示。

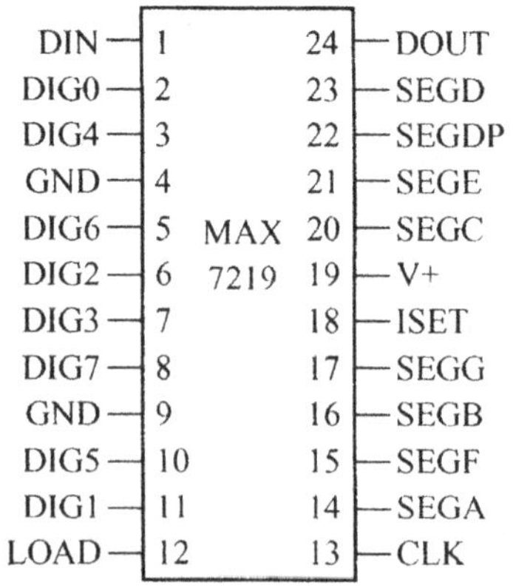

```
     DIN  —| 1      24 |—  DOUT
     DIG0 —| 2      23 |—  SEGD
     DIG4 —| 3      22 |—  SEGDP
     GND  —| 4      21 |—  SEGE
     DIG6 —| 5  MAX 20 |—  SEGC
     DIG2 —| 6  7219 19 |—  V+
     DIG3 —| 7      18 |—  ISET
     DIG7 —| 8      17 |—  SEGG
     GND  —| 9      16 |—  SEGB
     DIG5 —| 10     15 |—  SEGF
     DIG1 —| 11     14 |—  SEGA
     LOAD —| 12     13 |—  CLK
```

图 9-52　MAX7219 的引脚排列

MAX7219 的数据传输时序如图 9-53 所示。

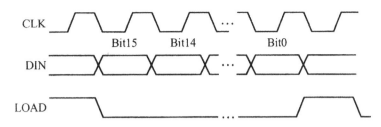

图 9-53　MAX7219 的数据传输时序

图 9-54 所示的是 MAX7219 与 8031 单片机的一种接口,8051 的 P3.5 连到 MAX7219 的 DIN 端,P3.6 连到 LOAD 端,P3.7 连到 CLK 端,采用软件模拟方式产生 MAX7219 所需的工作时序。

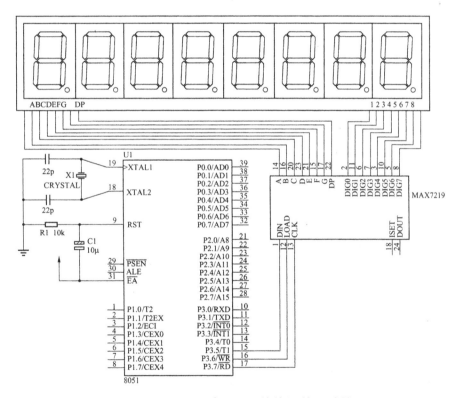

图 9-54　MAX7219 与 8031 单片机的一种接口

习题

1. A/D 和 D/A 的主要技术指标有哪些？

2. 在 8051 单片机外部扩展一片数模转换器 DAC0832，利用 DAC0832 的输出控制 4 台直流电动机运转，要求每台电动机的转速各不相同，画出硬件原理电路图，写出相应的程序。

3. 编码键盘和非编码键盘各有什么特点？

4. 键盘接口需要解决哪几个主要问题？

5. 分别画出共阴极和共阳极的七段 LED 电路连接图，并列出段码表。

6. 采用 8051 单片机 P1 口驱动 1 个共阴极七段 LED 数码管，循环显示数字"0"～"9"，画出原理电路图，并编写驱动程序。

第10章　单片机应用系统的设计

10.1　单片机应用系统的结构

10.1.1　前向通道

10.1.1.1　前向通道概述

前向通道是单片机对被控对象进行数据采集的通道。由于被控参数通常是温度、湿度、压力、流量、流速等非电量,单片机前向通道中经常需要各类传感器,以便将非电量转换成电量,再由 A/D 转换器变换成数字量送入单片机中。单片机应用系统的前向通道体现了被测对象与系统相关的信号输入通道、原始参数输入通道。前向通道并不是所有的应用系统都需要。

在被控对象现场进行信息采集时,采集的信息可能是数字量、开关量,也可能是模拟量。数字量和开关量输入较为简单,数字量信息可直接输入,开关量信息使用电器隔离器件即可输入。例如,AD202 是美国 AD 公司的一种通用隔离放大器,它通过变压器隔离开信号和电源,原理图如图 10-1 所示。

该放大器的非线性为 $\pm 0.05\%$,最大功耗为 75 mW,使得 AD202 可应用于有多输入通道和对电源要求比较小的场合。内部输出电源电压 V_{ISO} 为 7.5 V,可输出 0.4 mA 电流。

芯片电源为 15 V 接入 31、32 两个引脚。被放大的信号通过 1、2 两个引脚输入,35、37 两个引脚为输出。外接反馈电阻由 3、4 引脚接入,当将 3、4 引脚间短路时,就是一个增益为 1 的隔离放大电路。

模拟量信息输入较为复杂,需要加入多种结构器件进行转化,其信息采集通道结构如图 10-2 所示。

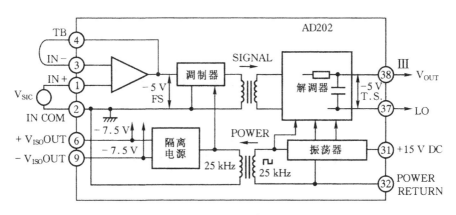

图 10-1　AD202 的原理图

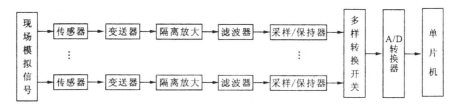

图 10-2　模拟信号的信息采集通道结构

10.1.1.2　前向通道的结构

前向通道是被测对象信号输出到单片机数据总线的输入通道,因此其结构形式取决于被测对象的环境,输出信号的类型、数量、大小等。

根据传感器输出信号的大小、类型,前向通道的结构如图 10-3 所示。

10.1.1.3　前向通道的特点

前向通道具有以下特点:

(1)前向通道与信号拾取对象要非常接近,有时将通道与对象现场放置在一起,即使这样做会使通道与计算机系统分开。

(2)前向通道的环境由客观决定,前向通道的方案设计受检测对象的现场环境影响,故须采取一定的抗干扰措施。

(3)前向通道电路设计的难易、繁简程度受前向通道传感器输出信号与计算机逻辑电平的相近程度的影响。

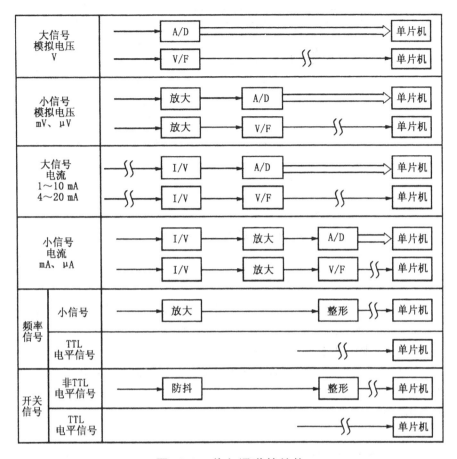

图 10-3　前向通道的结构

10. 1. 2　后向通道

10. 1. 2. 1　后向通道概述

后向通道应用系统的伺服驱动通道。后向通道驱动对象的控制信号可能是开关量,也可能是模拟量,开关量信号使用隔离器件即可控制,模拟量信号稍微复杂一些,需要经过 D/A 转换、隔离放大、功率驱动等过程。

10. 1. 2. 2　后向通道的结构

根据单片机的输出信号形式和控制对象的特点,后向通道的结构如图 10-4 所示。

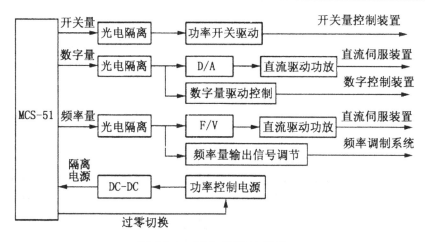

图 10-4　后向通道的结构

10.1.2.3　常用后向通道器件

后向通道与前向通道中都具备光耦合器件用作信号的隔离,如隔离驱动、信号隔离、远距离传送等,主要起防干扰的作用。

(1) 光电隔离与接口驱动器件。

① 隔离驱动用光耦合器件。光偶合器件起到隔离驱动作用时,一般有两种输出形式:一种是可控硅输出,如图 10-5(a)所示;另一种是达林顿输出,如图 10-5(b)所示。

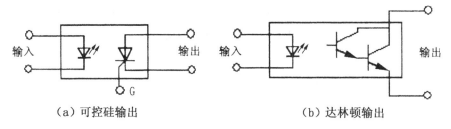

(a) 可控硅输出　　　　　　　　　　(b) 达林顿输出

图 10-5　隔离驱动用光耦合器件

可控硅输出光耦合器件的输出部分为光控晶闸管,光控晶闸管具有单向、双向两种形式,在大功率交流的隔离驱动中使用较为频繁。

达林顿输出光耦合器件的输出部分的主要器件是光敏感三极管和放大三极管,一般用于驱动较低频率的负载。

② 信号隔离用光耦合器件。光偶合器件具有信号隔离的作用,一般也分为两种形式:一种是最简单的信号隔离光耦合器件,如图 10-6(a)所示;另一种是高速信号隔离光耦合器件,如图 10-6(b)所示。

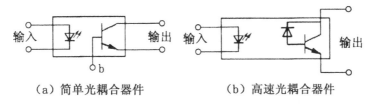

（a）简单光耦合器件　　　　（b）高速光耦合器件

图 10-6　信号隔离用光耦合器件

二者相比,高速光耦合器件的响应速度较高,简单光耦合器件一般用于 100 kHz 以下的频率信号。

③ 远距离的光电隔离传送。光耦合器件在远距离工业现场中应用较为广泛,其输入部分为双绞线,传输电流为 20 mA,输出部分采用 TTL 对电平进行调整,可用于远距离传送,结构如图 10-7 所示。

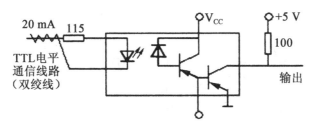

图 10-7　远距离的光电隔离传送

（2）大功率 I/O 口接口器件。单片机应用系统在实际应用过程中,一些小型功率开关 I/O 口的驱动能力有限,常常不足以驱动一些功率开关（如继电器、电动机、电磁开关等）。但是单纯提高 I/O 口的驱动能力是有限的,故须增加一些大功率开关电路以及器件来增强 I/O 口的驱动能力。常见的开关器件如下所示。

① 机械继电器。机械继电器在数字逻辑电路中较为常用,机械继电器的开关响应时间比一般器件要长一些,故使用时,必须要对开关响应的时间影响加以考虑。此类继电器应用于单片机应用系统较多的是簧式继电器,其由两个弹簧片组成,可通断较大的电流,接口电路示意图如图 10-8 所示。

② 闸流晶体管（可控硅整流器）。闸流晶体管又称为可控硅整流器（SCR）,可以作为一类开关元件来使用,因为它只有导通和截止两种工作状态,因此,广泛应用于交流功率开关电路中。

在实际应用中,SRC 用来控制交流大电压开关负载,不宜直接与数字逻辑电路相连,故还应采取光电隔离等隔离措施,电路如图 10-9 所示。

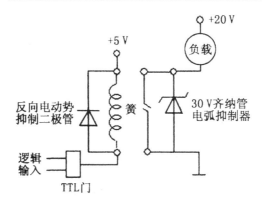

图 10-8　簧式继电器

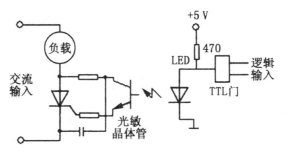

图 10-9　光电隔离驱动器

③ 达林顿驱动器。达林顿驱动器是一类具有高阻抗、高增益的器件，通常由两个晶体管构成，如图 10-10 所示。达林顿驱动器能够起到多级放大和调高晶体管增益的作用，从而增强驱动。

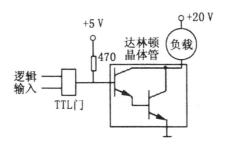

图 10-10　达林顿驱动器

④ 功率场效应管。功率场效应管（VMOS）器件出现使得中、大功率场效应管的应用成为可能。使用 VMOS 器件组成的功率开关驱动器具有很大的优势：高频工作、小电流输入、任意截止等。场效应管（FET）是一类只需很小输入电流（微安级）和输出很大电流的一类电荷控制器件。功率场效应管的电路如图 10-11 所示。

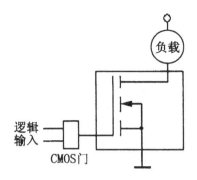

图 10-11　MOSFET 驱动器

10.1.3　人机通道

10.1.3.1　配置类型

人机通道主要是为了方便用户与应用系统进行交互,用户可以通过该通道对应用系统进行一定的控制,并对系统运行的状态有所了解。人机通道主要有键盘、显示器、打印机等通道,配置的形式如图 10-12 所示。

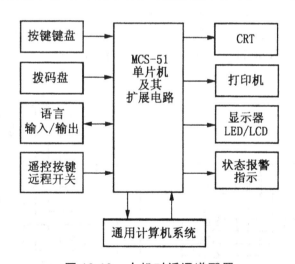

图 10-12　人机对话通道配置

10.1.3.2　常用人机通道

(1) 键盘。键盘是单片机应用系统人机交互设备最为常见的一种,一般可以用来控制系统的工作状态、输入数据。MCS-51 单片机应用系统的键输入软件框图如图 10-13 所示。

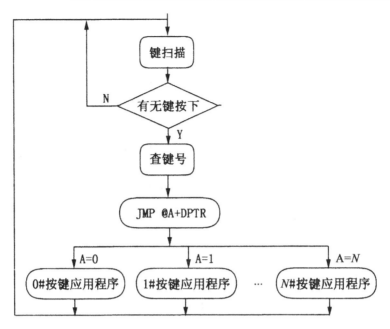

图 10-13　MCS-51 单片机应用系统的键输入软件框图

键盘一般分为两种:独立式按键和矩阵式键盘。

①独立式按键。独立式按键指的是每个按键单独使用一位 I/O 口线的按键电路,判断键是否按下的方式有两类:查询方式和中断方式,如图 10-14 所示。

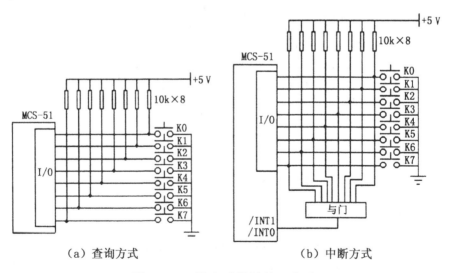

（a）查询方式　　　　　　　　（b）中断方式

图 10-14　独立式按键接口电路

② 矩阵式键盘。矩阵式键盘指的是由 I/O 线组成行、列,按键位于行、列交叉处,如图 10-15 所示。矩阵式键盘判断键是否按下的方式有很多,使用较为频繁的有扫描法和反转法,如图 10-16 和图 10-17 所示。

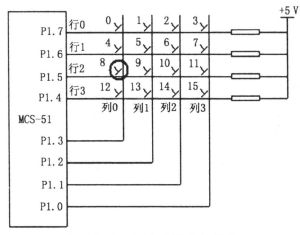

图 10-15 矩阵式键盘的结构

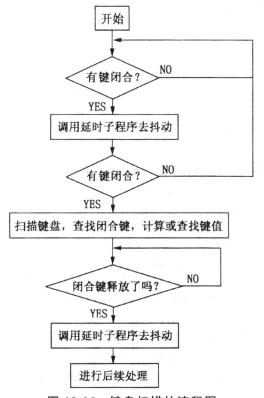

图 10-16 键盘扫描的流程图

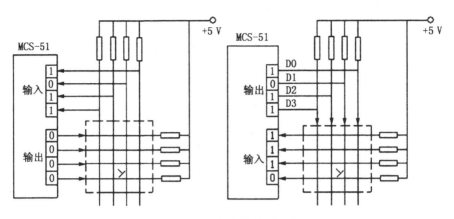

图 10-17　反转法的原理图

（2）显示器。

① LED 显示器结构。LED 数码管显示器的内部结构有两种不同形式：共阳极显示器和共阴极显示器。共阳极显示器是由 8 个发光二极管的阳极全部连接在一起组成公共端，它们的阴极则单独引出；共阴极显示器则恰好与之相反，见本书第 9 章图 9-49。二者排列成"日"字形的各笔画段的名称、安排位置顺序都是相同的，如图 10-18 所示的"a、b、c、d、e、f、g、h"。

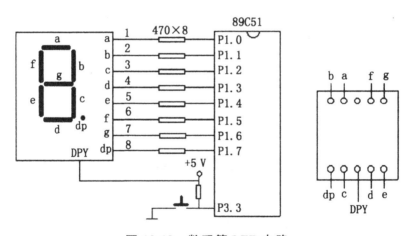

图 10-18　数码管 LED 电路

② LED 显示器接口。在单片机应用系统中，LED 数码管显示器的显示方法有静态显示法和动态扫描显示法两种。

a. 静态显示法。在静态显示法中，每一个 LED 的 a、b、c、d、e、f、g 都与一个 I/O 口单独相连。假若需要显示较多位数据，则不适合采用此方法，缺点是成本高。图 10-19 所示的是 LED 静态显示的示意图。

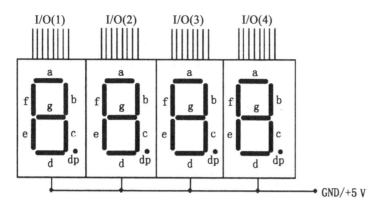

图 10-19　LED 静态显示的示意图

b. 动态扫描显示法。在动态扫描显示法中，为达到降低成本，简化电路的目标，采用段码控制显示的字形，位码选择第几个显示器工作这样的方式来控制 LED 数码管显示器的显示。该方式是单片机应用系统中最常用的显示方式之一，如图 10-20 所示。

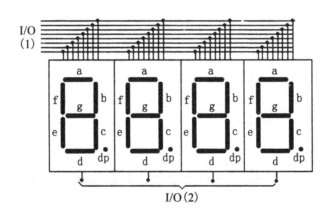

图 10-20　4 位 LED 动态显示的示意图

（3）打印机。在单片机应用系统中，打印机是主要的硬拷贝输出系统，常见的有迅普 SP 系列、GP16、PP40 等。下面以迅普系列微型打印机为例进行介绍。

迅普 SP 系列打印机采用与 CENTRONICS 标准兼容的并行接口，接口插座为 26 针形扁平电缆插座，插座的引脚编号如图 10-21 所示，并行接口控制脉冲的时序图如图 10-22 所示。

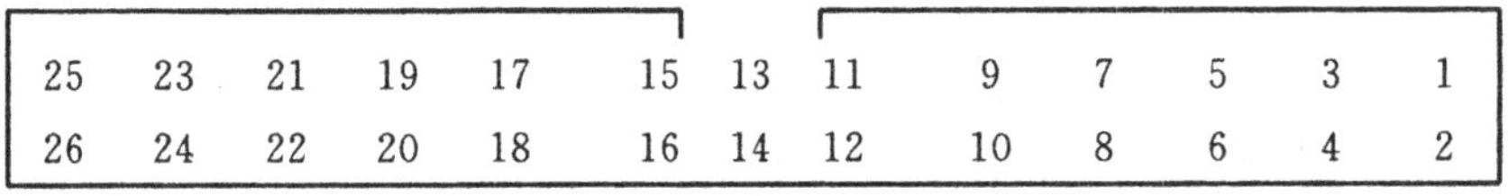

25 23 21 19 17 15 13 11 9 7 5 3 1
26 24 22 20 18 16 14 12 10 8 6 4 2

图 10-21　插座的引脚编号

DATA
STB
BUSY
ACK
T1
T2
T3
T4
T5
T1＞20 μs
T2＞30 μs
T3＜40 μs
T4＜5 μs
T5 约 4 μs

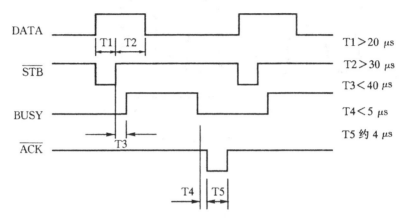

图 10-22　并行接口控制脉冲的时序图

① BUSY：打印机“忙”信号，BUSY 为高电平时，打印机处在工作状态，打印机这个时候不接收任何数据。

② $\overline{\mathrm{STB}}$：数据选通，主机发送给打印机，信号有效时，打印机在 STB 的上升沿锁存数据，并开始打印。

③ $\overline{\mathrm{ACK}}$：应答信号，由打印机发送给主机，信号有效时，表示主机可以输送下一个打印字符数据了。

10.2　单片机应用系统的设计要求和步骤

10.2.1　单片机应用系统的设计要求

10.2.1.1　应具有优良的操作性能

优良的操作性能以满足用户使用和维修方便为准则，主要分为 3 个方面：

（1）为了满足用户使用，操作人员必须能够操作系统，且操作过程简单、不繁杂，更为重要的是人机对话能力较强。

（2）一旦操作系统发生故障，要能够快速地排除故障，因此，应用系统中应添加故障查询和诊断程序。

（3）系统控制开关数量应有一定的规模，尽量避免太多或太复杂的开关，力求简单操作，安装时应尽量安置在操作人员容易维修的地方。

10.2.1.2 通用性好，便于扩充

应用系统在使用过程中，可能因为各种因素需要对设备进行更新，控制的对象可能有增加或减少，因此，在设计时需要考虑系统的通用性，应能便于扩充。

设计时必须尽可能靠近标准化，采用通用的系统总线结构，并使 CPU 的工作速度、存储器 RAM 和 EPROM 容量、I/O 接口通道数留有一定余量。在系统工作速度允许的情况下，尽可能用软件实现硬件接口部分的操作功能，这样可简化硬件结构，提高系统整体的可靠性。

10.2.1.3 系统可靠性高

可靠性是产品在规定条件下和规定时间内，完成规定功能的能力。可靠性设计必须与单片机应用系统的功能设计同步进行。在控制系统设计时，通常应考虑后援手段，如通常采用双机主、从式或备份式工作方式。在工作时，主机一旦发生故障，从机或备份机自动投入工作。另外，在设计思路上，采用集中管理、分散控制的方案可使局部故障对整个系统的影响降至最低，大大提高系统运行的整体可靠性。

减少系统的错误或故障，提高系统可靠性的措施如下。

（1）采用抗干扰措施，提高系统对环境的适应能力。在单片机应用系统的工作过程中，经常会受到各种因素的干扰，导致其工作不稳定。下面简单地指出常见的干扰源和相应的一些抗干扰措施。

① 输入/输出通道的干扰及其抑制方法。输入/输出通道是进行信息交换的通道，通道会受到来自静电噪声、公共地线、电磁波的干扰，其中，公共地线影响最大，静电噪声和电磁波次之，可采取一定的措施予以防治。

a. 使用光隔离电路。光电隔离器作为数字量、开关量的输入/输出隔离电路，能够有效降低噪声电平对输入/输出通道的影响，效果较好。如图 10-23 所示的是常用的光隔离耦合器的连接电路。

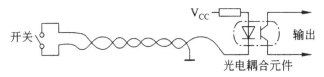

（a）开关控制的耦合输出

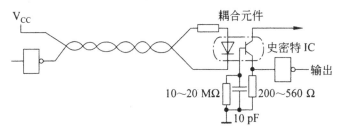

（b）集电极开路控制的光电耦合史密特整形输出

（c）集电极开路控制的光电耦合输出

图 10-23　光隔离耦合器的连接电路

b. 使用双绞线。双绞线抗共模干扰的能力较强，可以作为接口连接线。图 10-24 所示的是双绞线用于接口连接线的示意图。

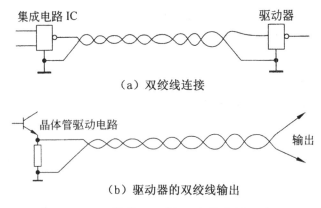

（a）双绞线连接

（b）驱动器的双绞线输出

图 10-24　双绞线用于接口连接线的示意图

c. 终端阻抗匹配。数字信号进行远距离传送时，会因为阻抗不匹配问题，导致传送的信号质量下降，使用驱动器和接收器对线路进行平衡，可以有效地解决此类问题。图 10-25 所示的是平衡输入/输出的参考电路。

图 10-25　平衡输入/输出的参考电路

② 电源噪声及其抑制方法。电源噪声主要是从供电系统引入系统的,常规抑制电源噪声干扰措施包括:安装电源低通滤波器(参考线路如图 10-26 所示),使用尽可能短的交流电引入线,采用性能优良的直流稳压线路,尽量分开逻辑电路和模拟电路的布线,系统中逻辑地、模拟地应有一点相连,外壳地线和公共地线应分开走线。

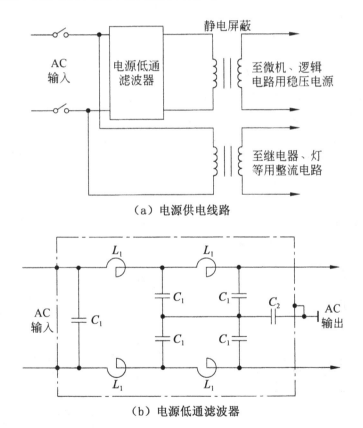

（a）电源供电线路

（b）电源低通滤波器

$(L_1 = 100\ \mu\mathrm{H}, C_1 = 0.1 \sim 0.5\ \mu\mathrm{F}, C_2 = 0.01 \sim 0.05\ \mu\mathrm{F})$

图 10-26　电源供电线路及低通滤波器

③ 电磁场干扰及其抑制方法。假若出现电磁场干扰的情况,可采用对干扰源进行屏蔽或对整个系统进行电磁屏蔽的方法来解决。

（2）采用容错技术。适当地采用一定的容错技术,可以提高系统可靠性,及时使系统恢复或报警,降低问题出现的可能性。

① 采用集散式系统。集散式单片机系统是一种分布式多机系统。在这种系统中有多个单片机,它们协调工作,分别完成系统的某部分功能。采用集散式系统能够将故障对系统的影响减到最小。集散式系统中一般采用主从式结构,假若系统中的主机发生故障,从机可以继续完成主机工作;假若是某一从机发生故障,其他的主从机可以接替工作,因此,可提高系统的容错的能力。

② 信息冗余。单片机中常用的信息冗余技术如下。

a. 奇偶校验。该方法是在由几个信息位组成的字符代码上加上一位奇偶校验位,若使组成的新字符代码中"1"的位数为奇数,则称为奇校验;若为偶数,则称为偶校验。接收方通过对所传输代码的奇偶性进行校验,可以及时地发现错误。

b. 累加和校验。在传输一组信息后,再附加传送这一组信息的累加和,接收方对累加和进行校验,可以发现数据传送中的错误。

c. 循环码校验。在发送数据时按一定的规则产生循环冗余码,并附加在数据后面一起发送。接收方按同样的规则根据接收到的数据产生循环冗余码,并和接收到的循环冗余码进行符合比较,检验数据传送是否错误。循环码校验的检错能力高于累加和校验。

③ 系统监视器。采用系统监视器可以检测到系统发生的错误或故障,并自动报警或使系统自动恢复正常工作状态,图 10-27 所示的是一种 MCS-51 系列单片机外接的系统监视器电路。

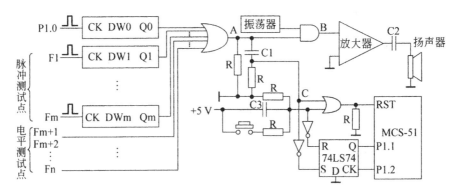

图 10-27　MCS-51 系列单片机外接的系统监视器电路

10.2.1.4　保密性

单片机应用系统凝结着设计人员的巨大劳动付出,一旦编制成功,复制或翻版极为容易。为了增强知识产权自我保护功能,应在应用系统中加入加密功能,一般可以对硬件和程序进行加密。

(1) 硬件保密。

① 使用专用电路。为达到硬件保密的目的,元件厂商可以将系统电路中的某些特殊电路(如放大器、软件控制的 A/D 电路等)制成专用电路。

② 使用可编程逻辑器件。可编程逻辑器件的保密性非常好,具有功能强、灵活性好等优点,可以被编程为各种组合逻辑和时序控制电路,电路的局部性修改可以不影响印版的布线。将系统中的某些重要或关键电路固化到可编程逻辑器件中,其内部逻辑结构就无法被读出,从而达到加密目的。

(2) 程序保密。

① 使用带 EPROM 的 CMOS 单片机。有很多单片机的内部带有电可擦写编程只读储存器 EPROM。可以将系统中需要加密的程序固化到 EPROM,加密后就禁止从外部读取内部的程序或读出结果是经编码后的杂乱信息,这样便实现了程序保密。

② 外部 EPROM 内程序加密。外部 EPROM 中的程序无法进行加密操作,为达到加密目的,须先将目标程序编码后再固化到 EPROM。

10.2.2　单片机应用系统的设计步骤

完整的单片机应用系统的设计流程如图 10-28 所示。

10.2.2.1　需求分析与方案论证

需求分析与方案论证是单片机测控系统设计工作的开端与基础,只有经过深入细致地需求分析,周密而科学地方案论证才能使系统设计工作顺利完成。

需求分析的主要内容如下:

(1) 被测控参数的范围。

(2) 被测控参数的形式(开关量、模拟量、数字量、电量、非电量等)。

(3) 性能指标。

(4) 系统功能。

(5) 工作环境。

(6) 显示、报警、打印要求。

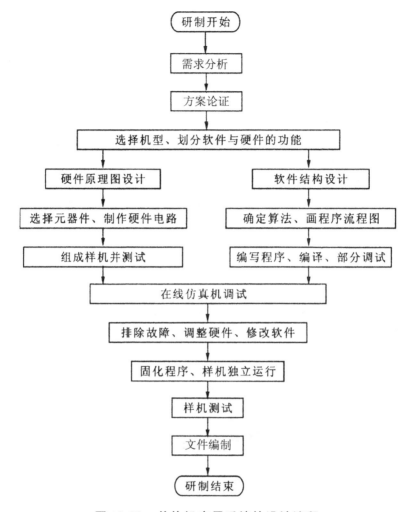

图 10-28　单片机应用系统的设计流程

　　方案论证主要是在用户要求的基础之上，以现场条件为依据，设计出符合要求的系统方案，力求使系统简单、经济、可靠且符合用户要求。

10.2.2.2　总体设计阶段

　　（1）可行性分析。在进行总体设计时，首先需要对应用系统进行可行性分析，确定能否使用单片机系统达到需要的设计目标，达到目标需要的经济成本是否超出可接受的范围。

　　可行性分析时，首先必须分析和了解项目的总体要求、输入信号的类型和数量、输出控制的对象及数量、辅助外设的种类及要求、使用的环境及工作电源要求、产品的成本、可靠性要求和可维护性及经济效益等因素。若是拥有同类产品的技术资料,必要时也可进行参考,将可行的一系列性能制定出来。

　　(2)单片机的选型。单片机的选型非常重要,在应用系统中处于核心地位,其不仅关系到应用系统本身对数据处理能力的要求,更涉及其他方面的特殊需要(低功耗、工作温度、接口电路)。此外,选择类型时还应考虑其功能是否全部满足规定的要求、数量是否足够、是否可以进行批量生产等。

　　(3)系统功能的划分。系统软硬件功能需要提前进行确定。这是因为在应用系统中,有一部分功能可以用软件和硬件两种方式同时来实现。使用硬件实现的优点是研发速度快、周期短,缺点是增加单位成本;使用软件实现的优点是降低成本、可靠性高、技术性好、不易模仿,缺点是研发速度慢、周期长、影响系统运行速度。因此,在进行系统设计时,须根据具体情况,选择合适的方式。

　　(4)确定软件开发工具。不同类型的单片机所使用的开发工具不一定相同,一般选择开发工具时以最少的开发投资满足某一项目的研制过程为原则,最好使用现有的开发工具或增加少量的辅助器材就可以达到目的。需要注意的是,开发工具是一次性投资,而形成产品是长远的效益,需要平衡产品和开发工具的经济性和效益性,确定适宜的软件开发工具。

　　总体设计阶段过后,系统设计的框架已经形成,已经对系统软硬件分工有较明确的方案。此时,可以开始进行系统的硬件设计工作。

10.2.2.3　系统硬件设计

　　系统硬件设计主要分为 3 个部分:扩展部分、各个功能模块和工艺部分,各部分具体内容如下。

　　(1)扩展部分设计。系统扩展设计包括存储器扩展设计和接口扩展设计。存储器的扩展是指 EPROM、E^2 PROM 和 RAM 的扩展,接口扩展是指 8255、8155、8279 及其他功能器件的扩展。它们都属于单片机系统扩展的内容。

　　(2)各个功能模块的设计。常见功能模块包括信号测量功能模块、信号控制功能模块、人机对话功能模块、通信功能模块等,根据系统功能的要求需要配置相应的 A/D、D/A、键盘、显示器、打印机等外围设备。

　　为使硬件设计尽可能合理,需重点考虑以下几点:

　　① 采用功能强大的芯片,以简化电路。

　　② 留有余地。在设计硬件电路时,要方便将来修改、扩展。

　　③ ROM 空间。目前 EPROM 容量越来越大,一般选用 2764 以上的 EPROM,它们都是 28 脚的,升级很方便。

　　④ RAM 空间。8031 内部 RAM 不多,当需要增强软件数据处理功能

时，往往觉得不足。这就要求系统配置外部 RAM，如 6264、62256 等。

⑤ I/O 端口。当样机进行现场试用时，往往会发现原来一些被忽略的问题，而这些问题不能单靠软件措施就可以解决。如有新的信号需要采集，就必须增加输入检测端，有些物理量需要控制，就必须增加输出端口段。如果硬件设计之初就多设计出一些 I/O 端口，这些问题就会迎刃而解。

⑥ A/D 和 D/A 通道。与 I/O 端口同样的原因，预留出一些 A/D 和 D/A 通道将来可能会解决大问题。

（3）工艺部分设计。工艺设计包括机箱、面板、配线、接插件的设计等。必须考虑到安装、调试、维修的方便。另外，在硬件设计时抗干扰也必须一并考虑进去。

10.2.2.4 系统软件设计

在进行系统软件设计时，应充分考虑软件功能的要求，可靠地实现系统的功能。设计人员在设计时应注意以下内容。

（1）资源的合理分配。软件的正确编写需要合理分配软件来配合。一个单片机应用系统的资源主要分为片内资源和片外资源。片内资源是指单片机内部的中央处理器、程序存储器、数据存储器、定时/计数器、中断、串行口、并行口等。根据确定的单片机的机型，充分利用内部资源，若内部资源无法满足要求时，就需要有片外扩展。下面简单介绍程序存储器和数据存储器的分配。

① 程序存储器 ROM/EPROM 资源的分配。程序存储器 ROM/EPROM 的主要作用是用来存放程序和数据表格。一般的常数、表格集中设置在表格区。二次开发、扩展部分尽可能放在高位地址区。若出现存放的功能程序及子程序数量较多的情况，则尽量为它们设置入口地址表。

② 数据存储器 RAM 资源的分配。数据存储器 RAM 一般分为两类：片内 RAM 和片外 RAM。

a. 片内 RAM 容量较少，应尽量重叠使用，如数据暂存区与显示、打印缓冲区重叠。

b. 片外 RAM 的容量较大，一般用于存放批量大的数据，如采样结果数据。

（2）软件结构设计。软件结构设计对单片机应用系统的性能有着十分重要的作用，应予以重视。一般在设计应用系统时，经常采用顺序设计的方法，主要由中断服务程序和主程序组成。

① 中断服务程序。中断服务程序主要是为了使系统能够实时执行各个操作，它会对实时时间请求作必要的处理，包括现场保护、中断服务、现场恢复、中断返回 4 个部分，如图 10-29 所示，并且各个中断的优先级不同的，需要提前进行指定。

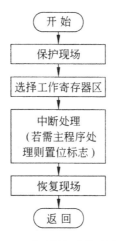

图 10-29　中断处理程序的结构

② 主程序。主程序是一个顺序执行的无限循环程序,不停地顺序查询各种软件标志,以完成对日常事务的处理。主程序的结构如图 10-30 所示。

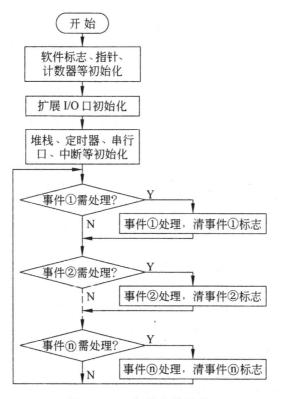

图 10-30　主程序的结构

10.2.2.5 系统调试

系统调试包括硬件调试和软件调试,如图 10-31 所示。

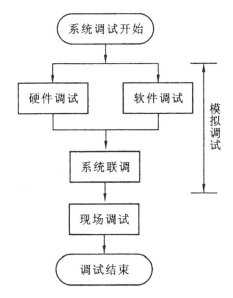

图 **10-31** 系统调试的一般过程

(1) 硬件调试。

① 硬件故障。硬件故障主要有逻辑错误和元器件失效。

a. 逻辑错误。一般逻辑错误是指由于设计和加工工艺错误导致出现的错线、开路、短路、接触不良等错误。

b. 元器件失效。元器件失效一般包括 3 种情况:器件本身性能不符合要求、器件本身已损坏和组装错误导致器件失效。

此外,还有电源不符合要求及各种硬件因素导致的系统不可靠等也属于硬件故障。

② 硬件的调试方法。硬件的调试方法一般分为两类:静态调试和动态调试。

a. 静态调试。静态调试是在用户系统未投入工作时的一种硬件检查。主要对线路、器件型号、系统总线以及电源系统进行检查。

b. 动态调试。动态调试是在用户系统工作的情况下发现和排除用户系统硬件中存在的器件内部故障、器件之间连接逻辑错误等的一种硬件检查,连接的示意图如图 10-32 所示。

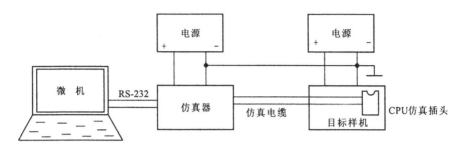

图 10-32　调试连接的示意图

（2）软件调试。

① 软件故障。软件故障主要有中断不响应和程序失控。

a. 中断不响应。系统初始化程序不完全或有错误，造成不响应中断，输入/输出不正常现象。

b. 程序失控。程序失控主要包括堆栈溢出、工作单元和存储器分配有冲突、补码运算溢出或误差大、软件和硬件没有配合好。

软件的错误只有在运行中才会完全暴露出来，因此要用开发系统提供的各种运行程序命令，分段进行调试。

② 软件的调试方法。软件调试是通过对用户系统程序的汇编、连接、执行来发现程序中存在的语法与逻辑错误并加以排除纠正的过程。软件调试的方法与所采用的软件结构有关，不同的程序设计技术采用不同的方法步骤进行调试。

a. 计算程序的调试方法。此类型主要采用单拍或断点运行方式进行调试。

b. 串行口通信程序调试。串行口通信程序的特点是实时处理，不能采用单拍方式进行调试，只能采用全速断点或连续全速运行方式进行调试。

c. I/O 处理程序的调试。对于 A/D 转换一类的 I/O 处理程序也是实时处理程序，因此也必须用全速断点方式或连续运行方式运行调试。

另外，有些用户系统的调试是在模拟设备代替实际监测、控制对象的情况下进行的，这就更有必要进行现场调试，以验证用户系统在实际工作环境中运行的正确性。

10.2.2.6　文件编制阶段

单片机应用系统设计的文件是后续进行维修以及再设计的依据，故要求设计文件的数据信息资料正确完整地保留。

10.3　单片机应用系统的设计实例

在实际生活以及工业日常生产中,经常见到温度的检测与控制,下面就以一温度巡检系统的设计为实例进行单片机应用系统的设计。

10.3.1　设计方案

温度巡检系统设计时,可采用 89C51 作为控制单元,其可以采集 8 路温度数据并进行实时显示。为简便起见,程序设计时,只模拟现场 3 个点温度数据的巡回检测,温度范围是 0～85℃,1℃使用 03H 进行表示,每一路检测 4 次,平均 15 s 检测一次,求出 4 次检测的平均值并转换成 BCD 码送至 LED 进行循环显示,显示时间为 2 s。4 位 LED 的显示方式如下:

通道号	温度十位	温度个位	小数位

第一位 LED 的显示数据为采集当前数据的通道号,后 3 位 LED 的显示数据为在当前通道采集的数据,即温度的大小。

在该显示方式中,小数点的位置是固定的。

10.3.2　硬件设计

图 10-33 所示的是温度巡回检测线路。系统的 A/D 转换器件采用 8 位 8 通道 ADC0809,温度的检测应当由温度传感器转换成电信号,再经过放大到合适的幅度发送到 A/D 转换器转换成数字信号,调试时,可以采用电位器改变电压来模拟输入量。

ADC0809 的通道地址线 A、B、C 与地址低 3 位相连。CLK 由 ALE 经二分频电路提供。P2.7 与 $\overline{WR}$、$\overline{RD}$ 经或非逻辑后连 ADC0809 的 ALE、START 和 OE,即其地址只有一个(IN0～IN7 的地址对应为 7FF8H～7FFFH)。当 CPU 进行读写时,能启动 A/D 转换和读取 A/D 转换结果。转换结束信号连 $\overline{INT1}$,可以采用查询或中断方式读取转换结果。

系统还扩展了一片 8255,通过驱动器(74LS06、74LS07)连接 4 位共阴极 LED 数码管提供数码显示。8255 的片选端 $\overline{CS}$ 与单片机的 P2.6 相连,故 8255 的 A 口地址为 BFFCH,B 口地址为 BFFDH,控制口地址为 BFFFH。

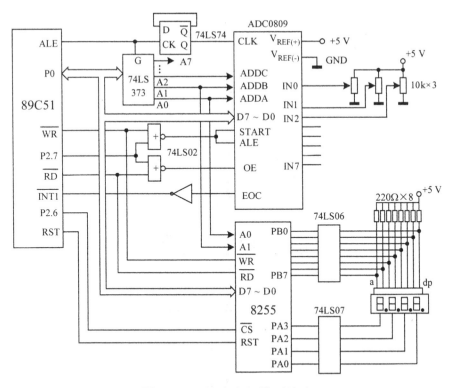

图 10-33　温度巡回检测线路

10.3.3　软件设计

软件的设计可以分为以下模块:

(1) 主程序:完成定时器 T0、T1 和 8255 的初始化;开放 CPU、T0、T1 中断;循环调用显示子程序,等待定时中断。

(2) 定时中断 0 服务程序:计数,每隔 15 s 调用温度检测子程序。

(3) 定时中断 1 服务程序:计数,每隔 2 s 更换显示缓冲区地址指针。

(4) 温度检测子程序:选择通道,进行 A/D 转换,三路循环检测一遍,将转换结果处理后,送显示缓冲区。

(5) 显示子程序:显示通道号和温度。

温度巡检系统主程序的流程图如图 10-34 所示。

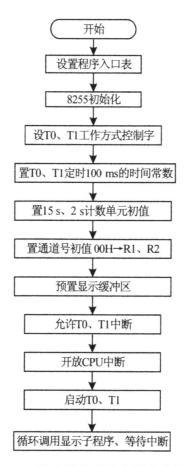

图 10-34   温度巡检系统主程序的流程图

主程序如下。

```
IN0 EQU 7FF8H
IN1 EQU 7FF9H
IN2 EQU 7FFAH
8255A EQU BFFCH
8255B EQU BFFDH
8255K EQU BFFFH
ORG 0000H
LJMP MAIN
ORG 000BH
LJMP T0
```

```
            ORG 001BH
            LJMP T1
            ORG 0100H
    MAIN：  CLR EA
            MOV DPTR,♯8255K        ;8255 初始化,基本输入/输出
方式
            MOV A,♯80H
            MOV @DPTR,A
            MOV TMOD,♯11H          ;T0、T4 初始化,工作方式 1
            MOV TH0,♯34CH          ;置时间常数,T0 和 T1 定时
100 ms
            MOV TL0,♯0B0H
            MOV TH1,♯3CH
            MOV TL1,♯0B0H
            MOV 70H,♯96H           ;T0 中断次数计数单元
            MOV 70H,♯14H           ;T1 中断次数计数单元
            MOV R1,♯00H
            MOV R2,♯00H
            MOV R0,♯60H            ;显示缓冲单元起始地址
    INIDISP：MOV @R0,♯00H           ;显示缓冲单元清零
            INC R0
            CJNE R0,♯6CH,INIDISP
            MOV 64H,♯01H           ;通道号的显示缓冲单元
            MOV 68H,♯02H
            MOV SP,♯40H
            MOV R7,♯60H
            SETB ET0
            SETB ET1
            SETB EA                ;开中断
            SETB TR0               ;启动定时器
            SETB TR1
    MC：    MOV R7,73H
            ACALL DISP             ;调显示子程序
            AJMP MC
```

定时器 0 中断服务程序的流程图如图 10-35 所示。

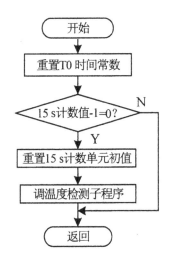

图 10-35 定时器 0 中断服务程序的流程图

定时器 0 中断服务程序如下。

```
T0:    MOV TH0,＃3CH       ;重置时间常数
       MOV TL0,＃0B0H
       DJNZ 70H,FH0        ;定时 15 s
       MOV 70H,＃96H       ;重装计数值
       PUSH 0E0H
       PUSH 03H
       ACALL DTCT
       POP 03H
       POP 0E0H
FH0:   RETI
```

定时器 1 中断服务程序的流程图如图 10-36 所示。

定时器 1 中断服务程序如下。

```
T1:    MOV TH1,＃3CH       ;重置时间常数
       MOV TL1,＃0B0H
       DJNZ 71H,FH1        ;定时 2 s
       MOV 71H,＃14H       ;重装计数值
       INC R2,＃03H,CAL
       MOV R1,＃00H
CAL:   CJNE R2,＃00H,CNL1  ;修改显示缓冲区首地址
       MOV 73H,＃60H
```

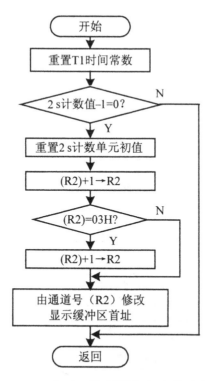

图 10-36　定时 1 中断服务程序的流程图

```
        SJMP FH1
CNL1：  CJNE R2,＃01H,CNL2
        MOV 73H,＃64H
        SJMP FH1
CNL2：  MOV 73H,＃68H
FH1：   RETI                    ;返回
```

显示子程序的流程图如图 10-37 所示。

显示子程序如下。

```
DISP：  MOV R3,＃08H
DISP1： MOV A,R3
        MOV 20H,A
        MOV DPTR,＃8255A    ;指向 A 口
        MOVX @DPTR,A
        INC DPTR            ;指向 B 口
        MOV A,R7
```

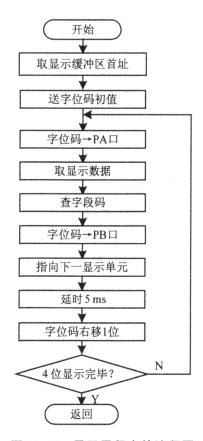

图 10-37　显示子程序的流程图

```
        MOV R0,A
        MOV A,@R0            ;取待显示数据
        MOV A,♯14H           ;查表偏移量
        MOVC A,@A+PC         ;查表求段选码
        JB 01H,LKDP
        SJMP OUT
LKDP：  ADD A,♯80H
OUT：   MOVX @DPTR,A
        ACALL D5MS           ;调延时子程序
        INC R7
        MOV A,R3
        JB ACC.0,DISP2
```

```
              RR A
              MOV R3,A
              AJMP DISP1
DISP2：       RET
TAB：         DB 3FH,06H,5BH,4FH,66H          ;段选码表
              DB 6DH,7DH,07H,7FH,6FH
D5MS：        PUSH 07H                        ;延时 5 ms(晶振 6 MHz)
              PUSH 06H
              MOV R6,♯32H
AA：          MOV R7,♯19H
              DJNZ R7,DJNZ R6,AA
              POP 06H
              POP 07H
              RET
```

温度巡回检测子程序的流程图如图 10-38 所示。

温度巡回检测子程序如下。

```
DTCT：        MOV A,R                         ;读入检测的通道号
              RL A
              RL A
              ADD A,♯60H
              MOV R0,A
              MOV A,R1
              MOV @R0,A
              INC R0
              MOV R5,♯00H
              MOV R6,♯04H
START：       CJNE R1,♯00H,AD01               ;根据 R1 的内容选择通道
              MOV DPTR,♯IN0
              SJMP TRAN
AD01：        CJNE R1,♯01H,AD02
              MOV DPTR,♯IN1
              SJMP TRAN
AD02：        MOV DPTR,♯IN2
TRAN：        MOVX @DPTR,A                     ;启动 A/D 转换
              NOP                             ;延时
```

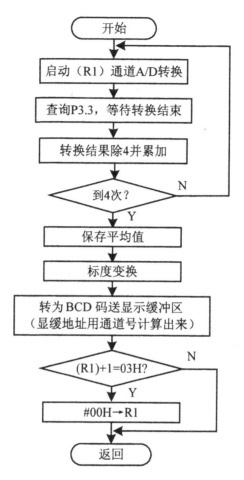

图 10-38　温度巡回检测子程序的流程图

```
NOP
JNB P3.3, $              ;检测 EOC 信号,等待转换完毕
MOVX A,@DPTR            ;读取转换结果
CLR C
RRC A
CLR C
RRC A                   ;转换结果除以 4
ADD A,R5                ;累加
MOV R5,A
DJNZ R6,TRAN           ;是否采集 4 次
```

```
MOV A,R5              ;保存平均值
MOV B,♯03H           ;标度变换
DIV AB
MOV R3,B
MOV B,♯0AH           ;变换结果的整数部分进行 BCD
                      码变换
DIV AB
MOV @R0,A            ;送显示缓冲单元(十位、个位)
INC R0
MOV @R0,B
INC R0
MOV A,R3             ;标度变换结果的余数部分处理
RL A
MOV B,♯0AH
DIV AB
MOV @R0,B            ;送显示缓冲单元(小数位)
INC R1               ;指向下一通道
CJNE R1,♯03H,DTCT
MOV R1,♯00H          ;指向通道 0
RET
```

10.3.4　频率检测

频率检测是对单位时间 1 s 内的频率脉冲进行计数,因此,频率检测需要用到两个计数器,一个用来进行定时,一个用来计数。如用 89C51 进行频率测量,可以采用 T0、T1 两个定时器,二者均应工作在中断方式,一个中断用于 1 s 时间的中断处理,一个中断用于对频率脉冲的计数溢出处理(对另一计数单元加 1)。设晶振频率为 12 MHz,则频率测量的范围为 0～1 MHz。

频率测量主程序的流程图如图 10-39 所示,T0 中断服务子程序的流程图如图 10-40 所示。

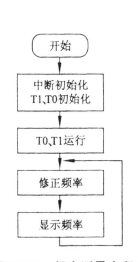

图 10-39　频率测量主程序
的流程图

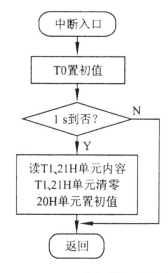

图 10-40　T0 中断服务子程序
的流程图

程序如下：

```
        ORG 0000H
        AJMP START
        ORG 000BH              ;T0 中断入口
        AJMP T0INT
        ORG 001BH              ;T1 中断入口
        AJMP T1INT
        ORG 0100H
START： MOV SP,♯50H            ;主程序
        MOV IE,♯BAH            ;开放 T0,T1 中断
        MOV IP,♯0AH            ;设置中断优先级
        MOV TMOD,♯51H          ;设置定时器工作方式,在调试
                                时可将 T1 也设为定时方式
        MOV 21H,♯0             ;将计数单元清 0
        MOV 20H,♯100           ;设置 1 s 的初值
        MOV TL0,♯0F0H
        MOV TH0,♯0D8H
        SETB TR0               ;T0 运行
        SETB TR1               ;T1 运行
```

```
LOOP1： LCALL CORRECT          ;软件修正测量值
        MOV R0,♯22H
        LCALL DISP             ;LED 显示 22H、23H、24H 的值
        SJMP LOOP1
        includekell.lib        ;包含显示和修正程序文件,此
                                 处省略
```

Timer0 中断服务子程序如下：

```
T0INT： MOV TL0,♯0F0H          ;T0 赋初值
        MOV TH0,♯0D8H
        DJNZ 20H,EXIT          ;判断 1 s 到否
LOOP2： MOV 24H,21H            ;1 s 到读 T1 的值
        PUSH ACC               ;保护 ACC
        MOV A,TH1
        MOV 22H,TL1
        CJNE A,TH1,LOOP2       ;判断在读数期间定时器高字节
                                 是否发生变化
        MOV 23H,A
        POP ACC                ;恢复 ACC
        MOV TL1,♯0             ;清 T1 和 21H 单元
        MOV TH1,♯0
        MOV 21H,♯0
        MOV 20H,♯100           ;20H 赋初值
EXIT：  RETI
```

Timer1 中断服务子程序如下。

```
T1INT： INC 21H
        RETI
        END
```

习题

1. 采用双积分 A/D 转换器 7135 设计一台数字电压表,画出原理电路图,并编写汇编语言程序。

2. 采用时钟芯片 DS1302 和 8051 单片机设计一台电子万年历,画出原理电路图,并编写汇编语言程序。

附　录

附表1　MCS-51汇编指令-机器码对照表

助　记　符	说　明	字节	周期	代码
1. 数据传送指令（30条）				
MOV A,Rn	寄存器送 A	1	1	E8～EF
MOV A,data	直接字节送 A	2	1	E5
MOV A,@Ri	间接 RAM 送 A	1	1	E6～E7
MOV A,♯data	立即数送 A	2	1	74
MOV Rn,A	A 送寄存器	1	1	F8～FF
MOV Rn,data	直接数送寄存器	2	2	A8～AF
MOV Rn,♯data	立即数送寄存器	2	1	78～7F
MOV data,A	A 送直接字节	2	1	F5
MOV data,Rn	寄存器送直接字节	2	1	88～8F
MOV data,data	直接字节送直接字节	3	2	85
MOV data,@Ri	间接 Rn 送直接字节	2	2	86;87
MOV data,♯data	立即数送直接字节	3	2	75
MOV @Ri,A	A 送间接 Rn	1	2	F6;F7
MOV @Ri,data	直接字节送间接 Rn	1	1	A6;A7
MOV @Ri,♯data	立即数送间接 Rn	2	2	76;77
MOV DPTR,♯data16	16 位常数送数据指针	3	1	90
MOV C,bit	直接位送进位位	2	1	A2
MOV bit,C	进位位送直接位	2	2	92
MOVC A,@A+DPTR	A+DPTR 寻址程序存贮字节送 A	3	2	93
MOVC A,@A+PC	A+PC 寻址程序存贮字节送 A	1	2	83
MOVX A,@Ri	外部数据送 A（8 位地址）	1	2	E2;E3
MOVX A,@DPTR	外部数据送 A（16 位地址）	1	2	E0

助　记　符	说　　明	字节	周期	代码
MOVX @Ri,A	A 送外部数据(8 位地址)	1	2	F2;F3
MOVX @DPTR,A	A 送外部数据(16 位地址)	1	2	F0
PUSH data	直接字节进栈道,SP 加 1	2	2	C0
POP data	直接字节出栈,SP 减 1	2	2	D0
XCH A,Rn	寄存器与 A 交换	1	1	C8~CF
XCH A,data	直接字节与 A 交换	2	1	C5
XCH A,@Ri	间接 Rn 与 A 交换	1	1	C6;C7
XCHD A,@Ri	间接 Rn 与 A 低半字节交换	1	1	D6;D7
2. 逻辑运算指令(35 条)				
ANL A,Rn	寄存器与到 A	1	1	58~5F
ANL A,data	直接字节与到 A	2	1	55
ANL A,@Ri	间接 RAM 与到 A	1	1	56;57
ANL A,♯data	立即数与到 A	2	1	54
ANL data,A	A 与到直接字节	2	1	52
ANL data,♯data	立即数与到直接字节	3	2	53
ANL C,bit	直接位与到进位位	2	2	82
ANL C,/bit	直接位的反码与到进位位	2	2	B0
ORL A,Rn	寄存器或到 A	1	1	48~4F
ORL A,data	直接字节或到 A	2	1	45
ORL A,@Rn	间接 RAM 或到 A	1	1	46;47
ORL A,♯data	立即数或到 A	2	1	44
ORL data,A	A 或到直接字节	2	1	42
ORL data,♯data	立即数或到直接字节	3	2	43
ORL C,bit	直接位或到进位位	2	2	72
ORL C,/bit	直接位的反码或到进位位	2	2	A0
XRL A,Rn	寄存器异或到 A	1	1	68~6F
XRL A,data	直接字节异或到 A	2	1	65
XRL A,@Ri	间接 RAM 异或到 A	1	1	66;67
XRL A,♯data	立即数异或到 A	2	1	64

续表

助 记 符	说 明	字节	周期	代码
XRL data,A	A 异或到直接字节	2	1	62
XRL data,♯data	立即数异或到直接字节	3	2	63
SETB C	进位位置 1	1	1	D3
SETB bit	直接位置 1	2	1	D2
CLR A	A 清 0	1	1	E4
CLR C	进位位清 0	1	1	C3
CLR bit	直接位清 0	2	1	C2
CPL A	A 求反码	1	1	F4
CPL C	进位位取反	1	1	B3
CPL bit	直接位取反	2	1	B2
RL A	A 循环左移一位	1	1	23
RLC A	A 带进位左移一位	1	1	33
RR A	A 右移一位	1	1	03
RRC A	A 带进位右移一位	1	1	13
SWAP A	A 半字节交换	1	1	C4
3. 算术运算指令(24 条)				
ADD A,Rn	寄存器加到 A	1	1	28~2F
ADD A,data	直接字节加到 A	2	1	25
ADD A,@Ri	间接 RAM 加到 A	1	1	26;27
ADD A,♯data	立即数加到 A	2	1	24
ADDC A,Rn	寄存器带进位加到 A	1	1	38~3F
ADDC A,data	直接字节带进位加到 A	2	1	35
ADDC A,@Ri	间接 RAM 带进位加到 A	1	1	36;37
ADDC A,♯data	立即数带进位加到 A	2	1	34
SUBB A,Rn	从 A 中减去寄存器和进位	1	1	98~9F
SUBB A,data	从 A 中减去直接字节和进位	2	1	95
SUBB A,@Ri	从 A 中减去间接 RAM 和进位	1	1	96;97
SUBB A,♯data	从 A 中减去立即数和进位	2	1	94
INC A	A 加 1	1	1	04
INC Rn	寄存器加 1	1	1	08~0F
INC data	直接字节加 1	2	1	05

助 记 符	说 明	字节	周期	代码
INC @Ri	间接 RAM 加 1	1	1	06;07
INC DPTR	数据指针加 1	1	2	A3
DEC A	A 减 1	1	1	14
DEC Rn	寄存器减 1	1	1	18～1F
DEC data	直接字节减 1	2	1	15
DEC @Ri	间接 RAM 减 1	1	1	16;17
MUL AB	A 乘 B	1	4	A4
DIV AB	A 被 B 除	1	4	84
DA A	A 十进制调整	1	1	D4
4. 转移指令（22 条）				
AJMP addr11	绝对转移	2	2	*1
LJMP addr16	长转移	3	2	02
SJMP rel	短转移	2	2	80
JMP @A+DPTR	相对于 DPTR 间接转移	1	2	73
JZ rel	若 A=0 则转移	2	2	60
JNZ rel	若 A≠0 则转移	2	2	70
JC rel	若 C=1 则转移	2	2	40
JNC rel	若 C≠1 则转移	2	2	50
JB bit,rel	若直接位=1 则转移	3	2	20
JNB bit,rel	若直接位=0 则转移	3	2	30
JBC bit,rel	若直接位=1 则转移且清除	3	2	10
CJNE A,data,rel	直接数与 A 比较,不等转移	3	2	B5
CJNE A,♯data,rel	立即数与 A 比较,不等转移	3	2	B4
CJNE @Ri,♯data,rel	立即数与间接 RAM 比较,不等转移	3	2	B6;B7
CJNE Rn,♯data,rel	立即数与寄存器比较,不等转移	3	2	B8～BF
DJNZ Rn,rel	寄存器减 1 不为 0 移	2	2	D8～DF
DJNZ data,rel	直接字节减 1 不为 0 转移	3	2	D5
ACALL addr11	绝对子程序调用	2	2	*1
LCALL addr16	子程序调用	3	2	12
RET	子程序调用返回	1	2	22
RETI	中断子程序调用返回	1	2	32
NOP	空操作	1	1	00

附表 2　ASCII 编码表

低四位		高三位 $d_6 d_5 d_4$							
$d_3 d_2 d_1 d_0$		0	1	2	3	4	5	6	7
		000	001	010	011	100	101	110	111
0	0000	NUL	DLE	SP	0	@	P	`	p
1	0001	SOH	DC1	!	1	A	Q	a	q
2	0010	STX	DC2	"	2	B	R	b	r
3	0011	ETX	DC3	#	3	C	S	c	s
4	0100	EOT	DC4	$	4	D	T	d	t
5	0101	ENQ	NAK	%	5	E	U	e	u
6	0110	ACK	SYN	&	6	F	V	f	v
7	0111	BEL	ETB	'	7	G	W	g	w
8	1000	BS	CAN	(	8	H	X	h	x
9	1001	HT	EM	)	9	I	Y	i	y
A	1010	LF	SUB	*	:	J	Z	j	z
B	1011	VT	ESC	+	;	K	[	k	{
C	1100	FF	FS	,	<	L	\	l	|
D	1101	CR	GS	—	=	M	]	m	}
E	1110	SO	RS	.	>	N	^	n	~
F	1111	SI	US	/	?	O	_	o	DEL

参 考 文 献

[1] 曹克澄.单片机原理及应用(汇编语言与 C51 语言版)[M].3 版.北京:机械工业出版社,2018.

[2] 柴钰.单片机原理及应用[M].西安:西安电子科技大学出版社,2018.

[3] 陈忠平.基于 Proteus 的 51 系列单片机设计与仿真[M].2 版.北京:电子工业出版社,2012.

[4] 高惠芳.单片机原理与应用技术[M].北京:科学出版社,2018.

[5] 高玉芹.单片机原理与应用及 C51 编程技术[M].2 版.北京:机械工业出版社,2017.

[6] 公茂法,黄鹤松,杨学蔚.单片机原理与实践[M].北京:北京航空航天大学出版社,2009.

[7] 关丽荣.单片机原理及接口技术[M].西安:西安交通大学出版社,2018.

[8] 贺敬凯,刘德新,管明祥.单片机系统设计、仿真与应用:基于 Keil 和 Proteus 仿真[M].西安:西安电子科技大学出版社,2011.

[9] 胡健.单片机原理及接口技术[M].北京:机械工业出版社,2017.

[10] 胡亚琦.单片机原理及应用系统设计[M].西安:西安电子科技大学出版社,2010.

[11] 姜志海,黄玉清,刘连鑫.单片机原理及应用[M].3 版.北京:电子工业出版社,2013.

[12] 赖义汉.单片机原理及应用——基于 STC15 系列单片机＋C51[M].成都:西南交通大学出版社,2016.

[13] 李泉溪.单片机原理与应用实例仿真[M].3 版.北京:北京航空航天大学出版社,2016.

[14] 刘刚.单片机原理及其接口技术[M].北京:科学出版社,2018.

[15] 刘海成.单片机及应用系统设计原理与实践[M].北京:北京航空航天大学出版社,2009.

[16] 刘岩川.MCS-51 系列单片机原理及系统设计[M].北京:电子工

业大学出版社,2014.

[17] 马秀丽,周越,王红.单片机原理与应用系统设计[M].2 版.北京:清华大学出版社,2017.

[18] 毛谦敏.单片机原理及应用系统设计[M].北京:国防工业出版社,2010.

[19] 梅丽凤.单片机原理及接口技术[M].4 版.北京:北京交通大学出版社,2018.

[20] 牛晓伟,邓广福.单片机原理及接口技术[M].北京:中国电力出版社,2015.

[21] 唐耀武,罗忠宝,张立新.单片机控制技术及应用[M].北京:机械工业出版社,2016.

[22] 唐颖.单片机技术及 C51 程序设计[M].北京:电子工业出版社,2012.

[23] 王春阳.单片机系统设计仿真与开发技术[M].北京:国防工业出版社,2012.

[24] 王思明,张金敏,苟军年,等.单片机原理及应用系统设计[M].北京:科学出版社,2018.

[25] 王艳春.单片机原理、接口及应用——基于 C51 及 Proteus 仿真平台[M].哈尔滨:哈尔滨工业大学出版社,2018.

[26] 王迎旭.单片机原理与应用[M].3 版.北京:机械工业出版社,2017.

[27] 魏立峰.单片机原理与应用技术[M].2 版.北京:北京大学出版社,2016.

[28] 肖伸平.单片机原理及应用[M].北京:清华大学出版社,2016.

[29] 谢维成,杨加国.单片机原理与应用及 C51 程序设计[M].2 版.北京:清华大学出版社,2009.

[30] 徐煜明.C51 单片机及应用系统设计[M].北京:电子工业出版社,2009.

[31] 许爱钧.单片机原理与应用:基于 Proteus 虚拟仿真技术[M].北京:机械工业出版社,2010.

[32] 严天峰.单片机应用系统设计与仿真调试[M].北京:北京航空航天大学出版社,2005.

[33] 杨术明.单片机原理及接口技术[M].2 版.武汉:华中科技大学出版社,2018.

[34] 姚国林,朱卫国,苏闽.单片机原理与应用技术[M].2 版.北京:清

华大学出版社,2016.

[35] 叶钢,李三波,张莉.单片机原理与仿真设计[M].北京:北京航空航天大学出版社,2009.

[36] 张涵,任秀华,王全景,等.基于 PROTEUS 的电路及单片机设计与仿真[M].北京:电子工业出版社,2012.

[37] 张洪润,朱博,马鸣鹤.单片机应用技术教程[M].3 版.北京:清华大学出版社,2009.

[38] 张金敏,董海棠,高博,等.单片机原理与应用系统设计[M].成都:西南交通大学出版社,2010.

[39] 张齐,朱宁西,毕盛.单片机原理与嵌入式系统设计——原理、应用、Proteus 仿真、实验设计[M].北京:电子工业出版社,2011.

[40] 张仁彦.单片机原理及应用[M].北京:机械工业出版社,2016.

[41] 张欣,孙宏昌,尹霞.单片机原理与 C51 程序设计基础教程[M].北京:清华大学出版社,2010.

[42] 张毅刚.单片机原理及接口技术(C51 编程)[M].2 版.北京:人民邮电出版社,2016.

[43] 张迎新.单片机原理及应用[M].3 版.北京:电子工业出版社,2017.

[44] 周润景,张丽娜,丁莉.基于 PROTEUS 的电路及单片机设计与仿真[M].北京:北京航空航天大学出版社,2009.

[45] 朱兆优.单片机原理与应用——基于 STC 系列增强型 80C51 单片机[M].3 版.北京:电子工业出版社,2016.